開始玩花樣！

鉤針編織進階聖典

針法記號118款&花樣編123款

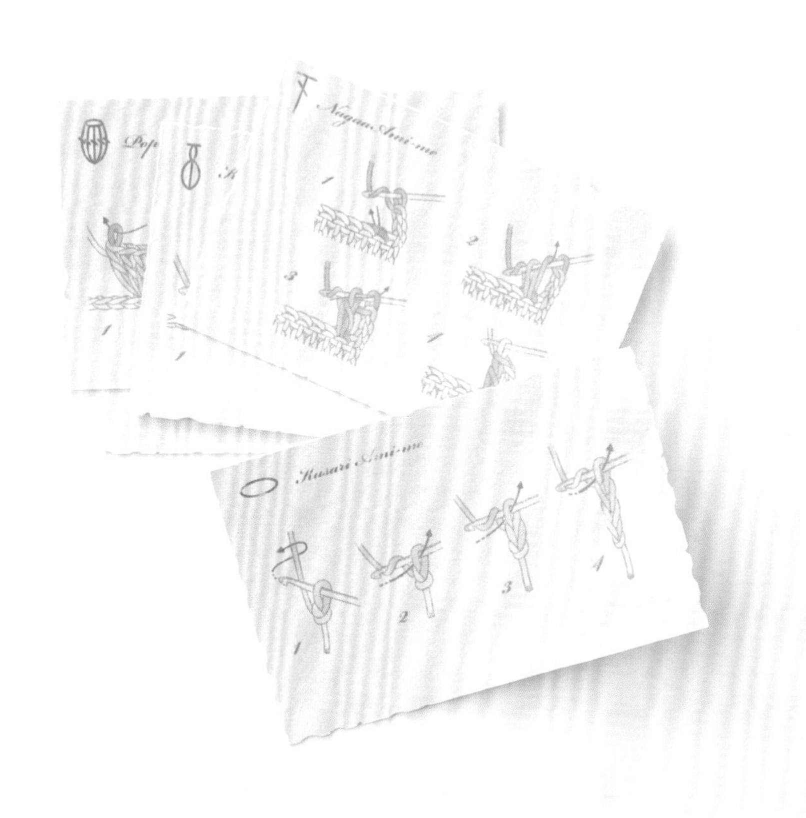

日本Vogue社◎著

目錄 Contents

爆米花針 p.50

結粒針 p.56

交叉針 p.62

引上針 p.68

變化款針目 Ⅰ p.76

變化款針目 Ⅱ p.84

織入圖案＆改換配色線的方法 p.90

緣飾（短針變化款） p.98

編織線繩 p.104

index

鉤針編織針法記號速查一覽表

快速方便找到你要的針目記號！

基本針法

這些都是鉤針編織最基本的針法。

使用基本針目作出各式各樣的組合，就能創作出無限的花樣。

從小巧的花樣編到大膽的圖案，可以展現出不同的風貌。

鎖針
引拔針
短針
中長針
長針
長長針
三捲長針
四捲長針

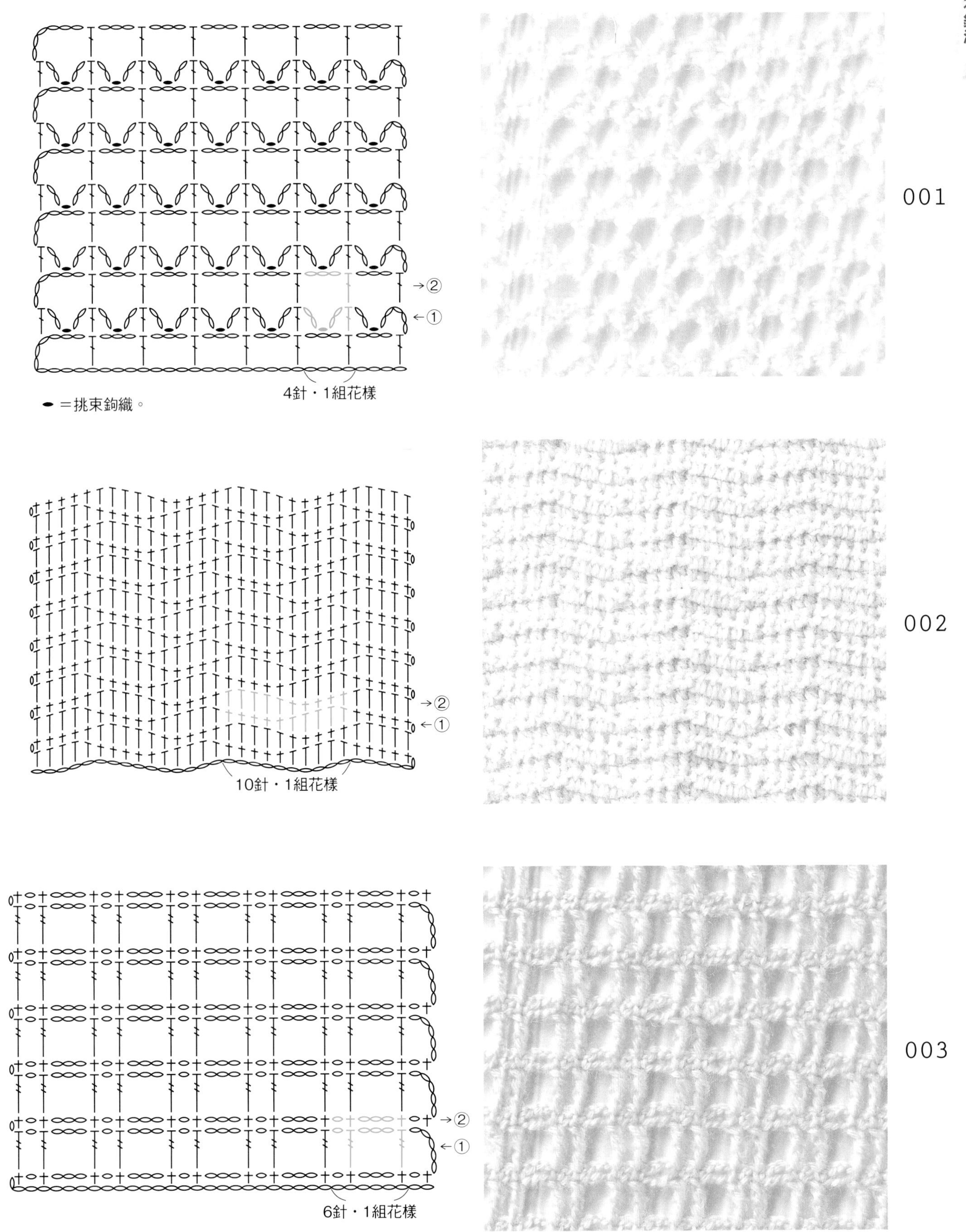
→②
←①
4針・1組花樣
● ＝挑束鉤織。
001
→②
←①
10針・1組花樣
002
→②
←①
6針・1組花樣
003

設計／風工房　使用線材／40g・約180m

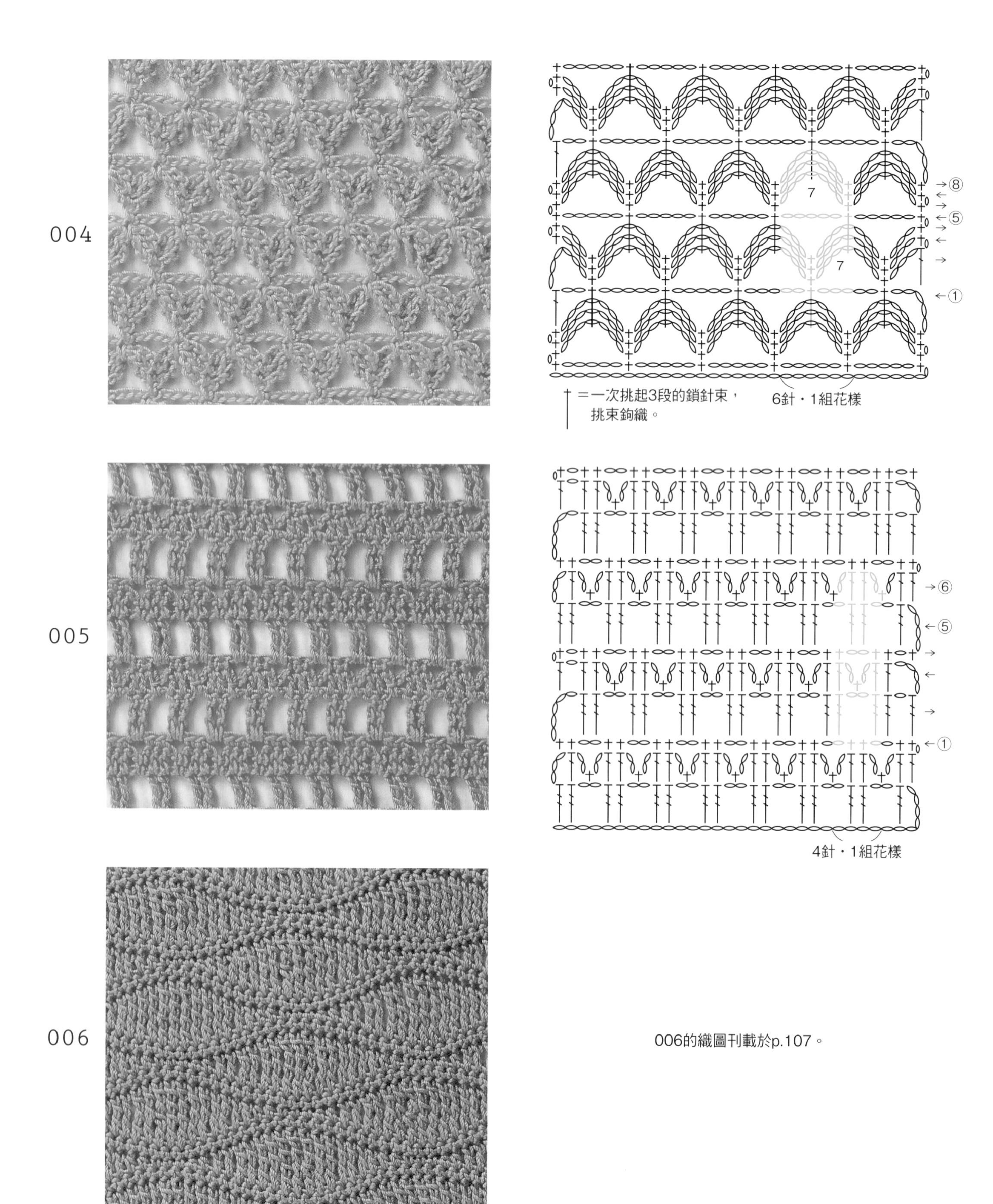
004
=一次挑起3段的鎖針束，
挑束鉤織。
6針・1組花樣
7
7
⑧
⑤
①
005
⑥
⑤
①
4針・1組花樣
006
006的織圖刊載於p.107。

設計／岡本真希子　使用線材／004＝10g・約44m　005＝50g・約218m　006＝20g・約88m

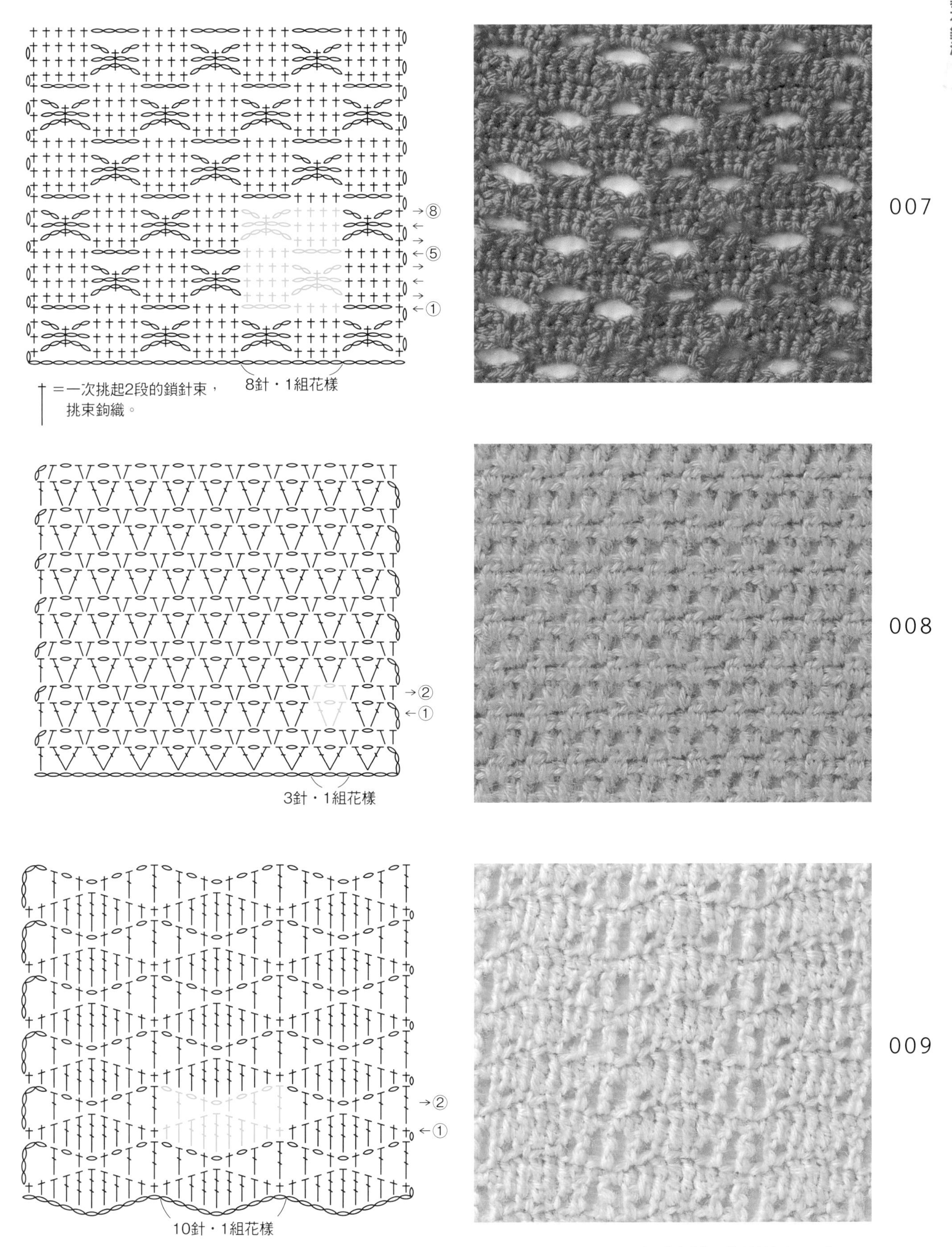

=一次挑起2段的鎖針束，
挑束鉤織。
8針・1組花樣
→⑧
←⑤
←①
007
3針・1組花樣
→②
←①
008
10針・1組花樣
→②
←①
009

關於針法記號

針法記號是表示針目狀態的記號，是依據日本工業規格（Japanese Industriarl Standards）所制定的通用記號。一般常見的說法，是各取第一個字母簡稱的「JIS記號」。使用JIS記號構成的織片，全部皆是「織片正面所呈現的織圖」。

本書即是運用書中刊載的針目記號，組合出各種花樣編款式。

花樣編的織圖中，以藍色部分來表示1組花樣的針數與段數。不斷重複鉤織1組花樣，便能形成連續的花樣編。織片比例為實物的80%。

鎖針

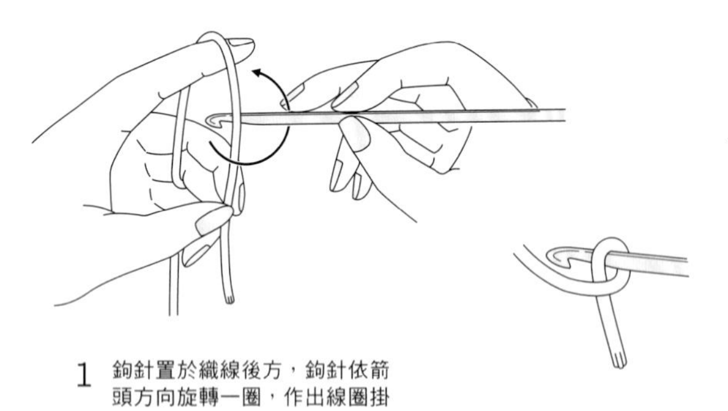

1 鉤針置於織線後方，鉤針依箭頭方向旋轉一圈，作出線圈掛在針上。

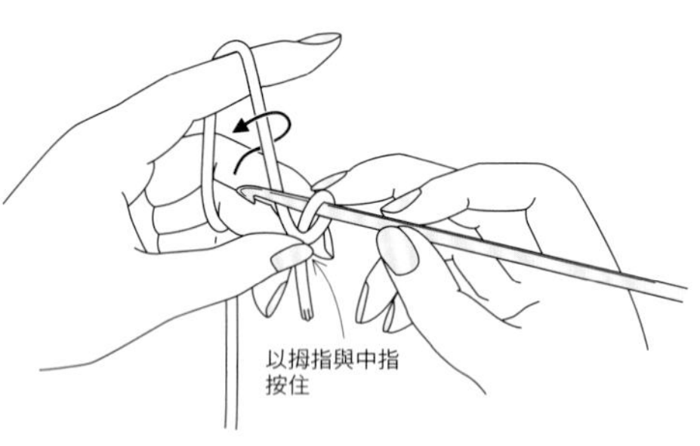
以拇指與中指
按住

2 以拇指與中指按住交叉處，鉤針依箭頭方向鉤住織線，完成掛線。

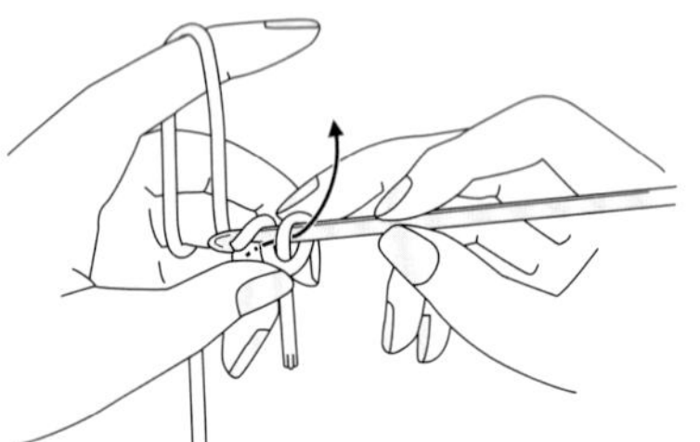

3 依箭頭方向鉤出織線。

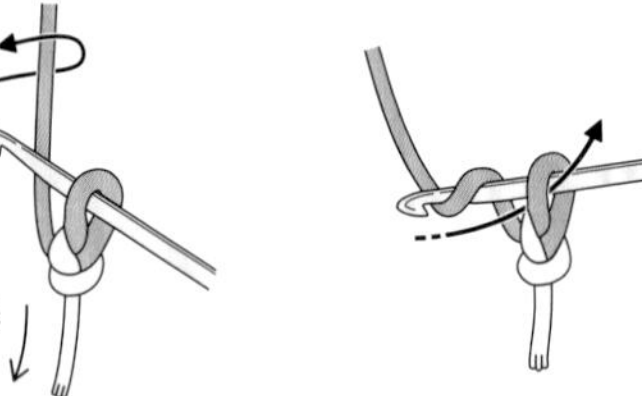
拉緊

4 下拉線頭收緊針目。此針目不包含在針數內。接下來鉤針依箭頭方向掛線。

5 將織線鉤出掛在針上的線圈。

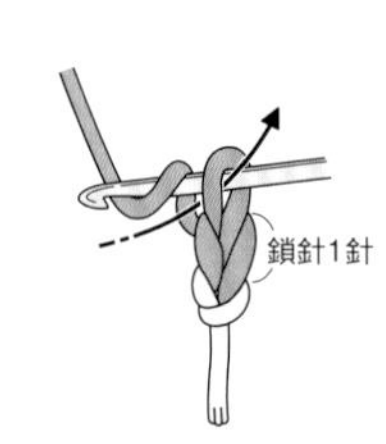
鎖針1針

6 重複「鉤針掛線，將織線鉤出線圈」的動作，鉤織必要針數。

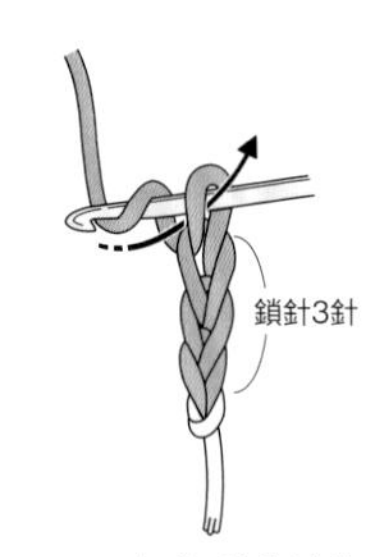
鎖針3針

7 完成3針鎖針的模樣。

引拔針

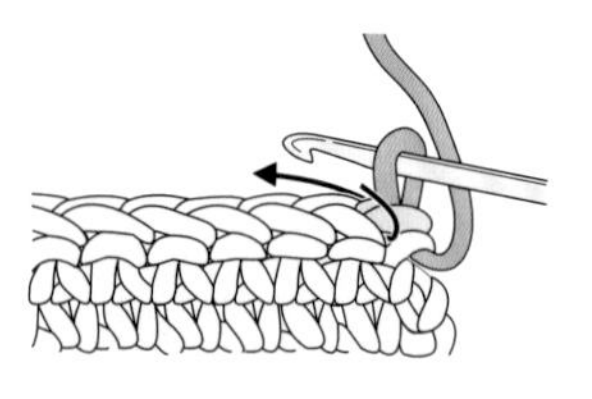

1 鉤針依箭頭指示，穿入前段針頭的2條線。

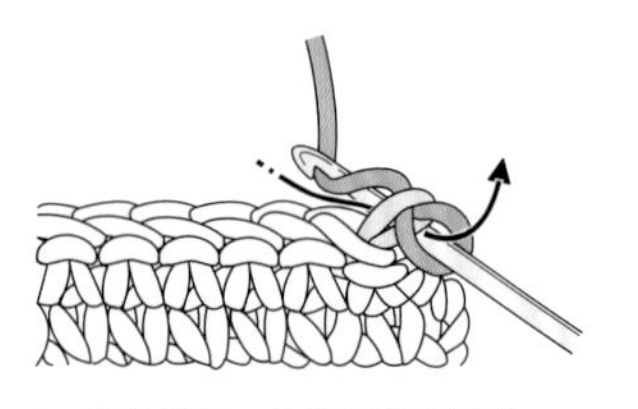

2 鉤針掛線，依箭頭指示引拔織線。

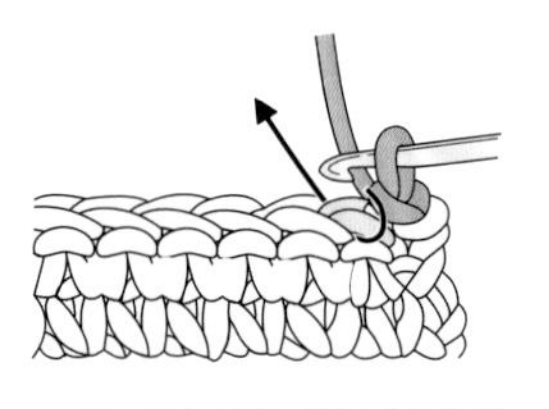

3 第2針也是挑前段針頭的鎖狀2條線，引拔鉤出織線。

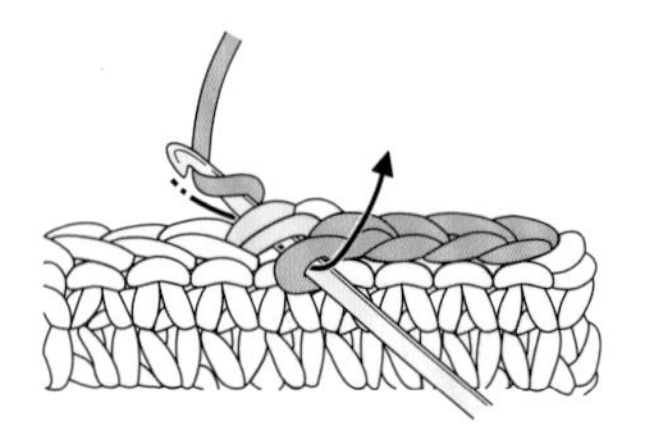

4 繼續重複挑前段針頭的鎖狀2條線，引拔鉤出織線的動作。

在長針上鉤織時

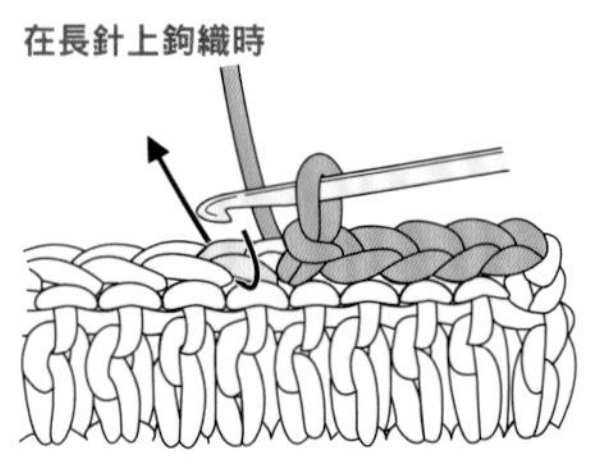

織片針目為長針時，挑針方式與織法皆同短針，也是挑前段針頭的鎖狀2條線。

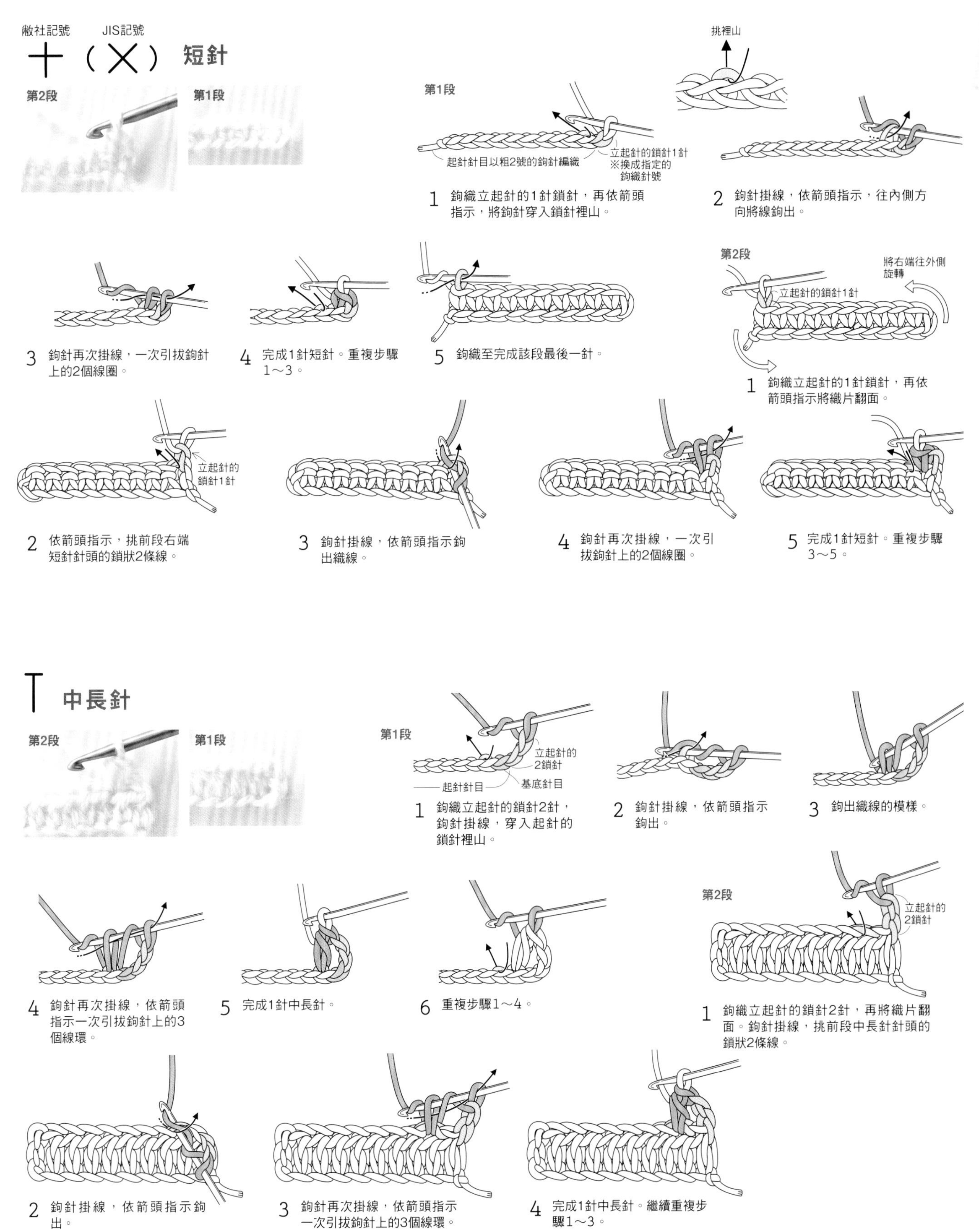
敝社記號
JIS記號
十（╳）短針
第2段
第1段
第1段
挑裡山
起針針目以粗2號的鉤針編織
立起針的鎖針1針
※換成指定的
鉤織針號
1 鉤織立起針的1針鎖針，再依箭頭指示，將鉤針穿入鎖針裡山。
2 鉤針掛線，依箭頭指示，往內側方向將線鉤出。
3 鉤針再次掛線，一次引拔鉤針上的2個線圈。
4 完成1針短針。重複步驟1～3。
5 鉤織至完成該段最後一針。
第2段
將右端往外側旋轉
立起針的鎖針1針
1 鉤織立起針的1針鎖針，再依箭頭指示將織片翻面。
立起針的鎖針1針
2 依箭頭指示，挑前段右端短針針頭的鎖狀2條線。
3 鉤針掛線，依箭頭指示鉤出織線。
4 鉤針再次掛線，一次引拔鉤針上的2個線圈。
5 完成1針短針。重複步驟3～5。
T 中長針
第2段
第1段
第1段
立起針的2鎖針
起針針目
基底針目
1 鉤織立起針的鎖針2針，鉤針掛線，穿入起針的鎖針裡山。
2 鉤針掛線，依箭頭指示鉤出。
3 鉤出織線的模樣。
4 鉤針再次掛線，依箭頭指示一次引拔鉤針上的3個線環。
5 完成1針中長針。
6 重複步驟1～4。
第2段
立起針的2鎖針
1 鉤織立起針的鎖針2針，再將織片翻面。鉤針掛線，挑前段中長針針頭的鎖狀2條線。
2 鉤針掛線，依箭頭指示鉤出。
3 鉤針再次掛線，依箭頭指示一次引拔鉤針上的3個線環。
4 完成1針中長針。繼續重複步驟1～3。

長針

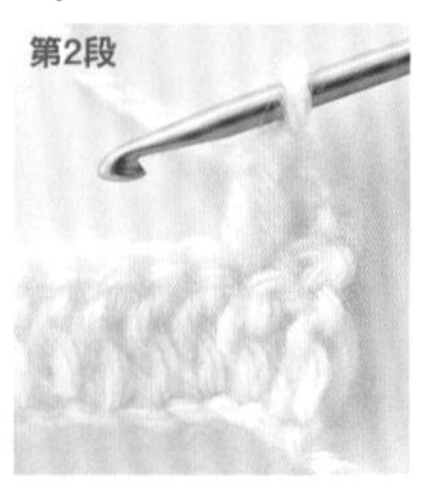

第2段

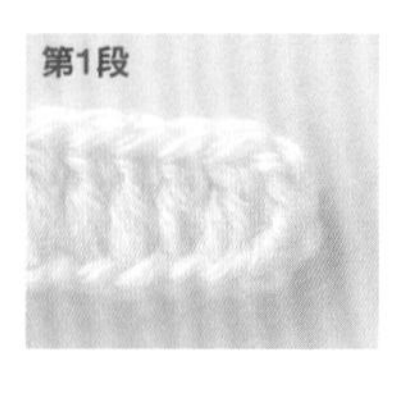

第1段

第1段

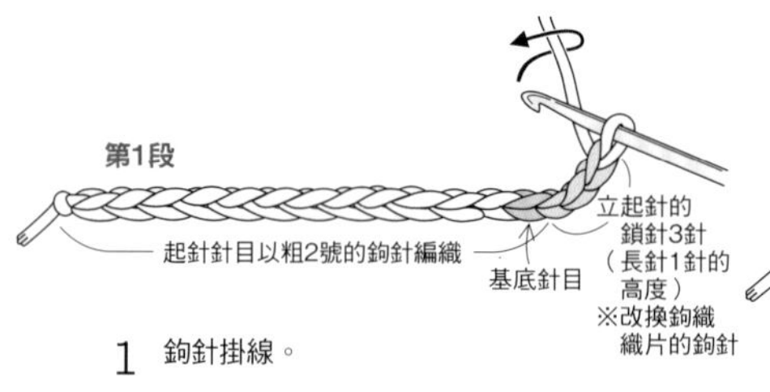

起針針目以粗2號的鉤針編織
基底針目
立起針的
鎖針3針
（長針1針的
高度）
※改換鉤織
織片的鉤針

1 鉤針掛線。

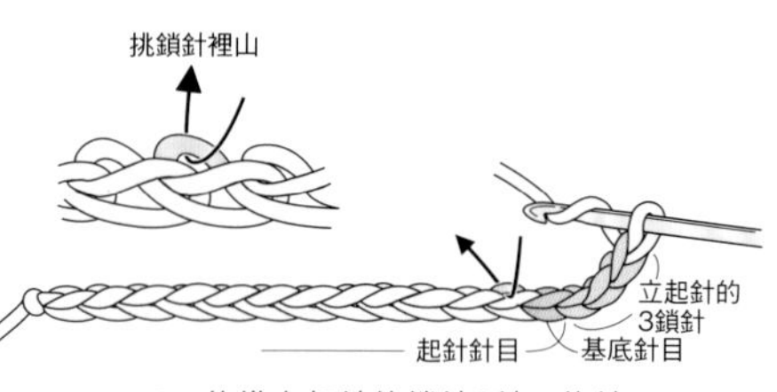

挑鎖針裡山
立起針的
3鎖針
起針針目
基底針目

2 鉤織立起針的鎖針2針，鉤針掛線，穿入起針的鎖針裡山。

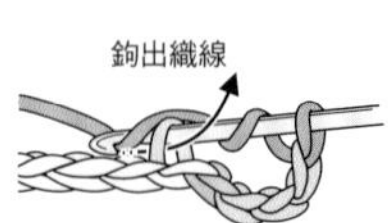

鉤出織線

3 鉤針掛線，依箭頭指示鉤出。

1

4 鉤針掛線，依箭頭指示一次引拔鉤針上的前2個線環。

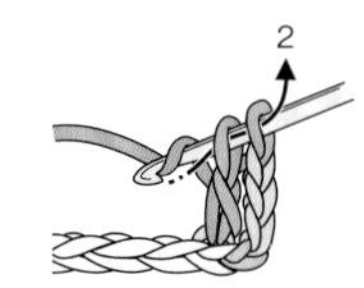

2

5 鉤針再次掛線，一次引拔鉤針上的最後2個線環。

6 完成1針長針。

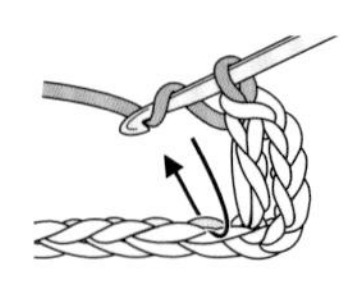

7 重複步驟1～5。

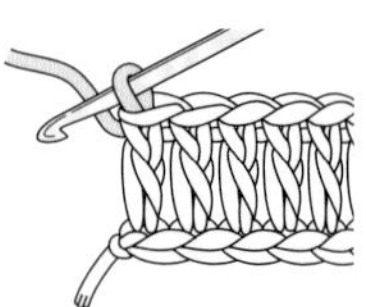

8 進行至該段結束，鉤織立起針的鎖針3針，再將織片翻面。

第2段

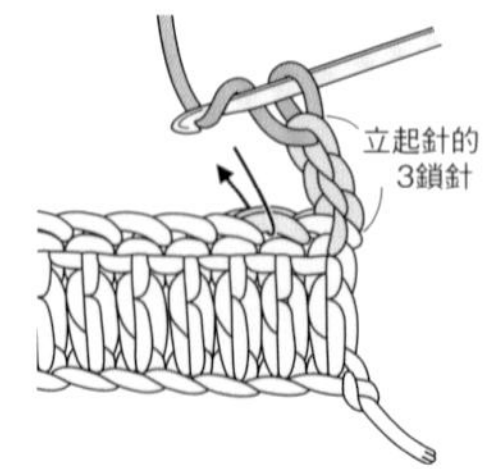

立起針的
3鎖針

1 鉤針掛線，挑前段長針針頭的鎖狀2條線。

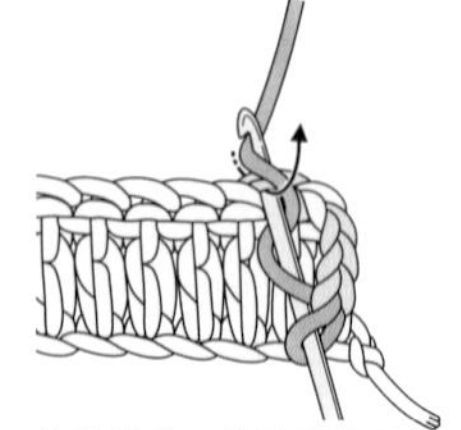

2 鉤針掛線，依箭頭指示鉤出。

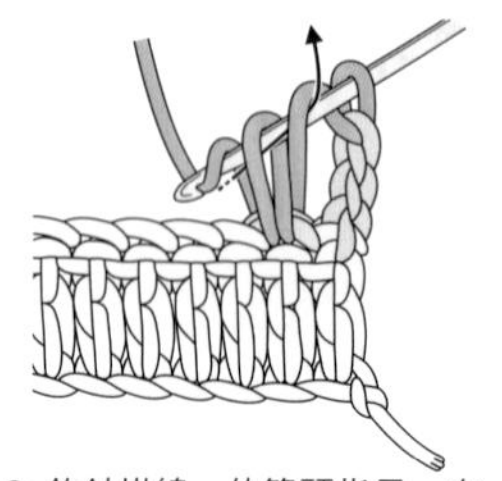

3 鉤針掛線，依箭頭指示一次引拔鉤針上的前2個線環。

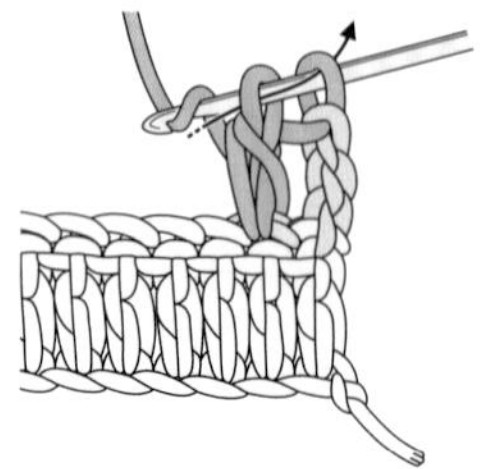

4 鉤針再次掛線，一次引拔鉤針上的最後2個線環。

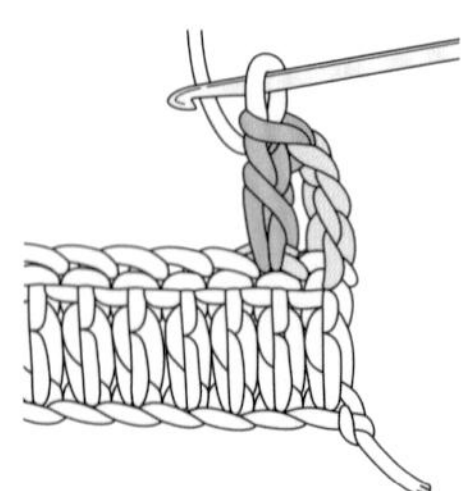

5 完成1針長針。繼續重複步驟1～4。

長長針

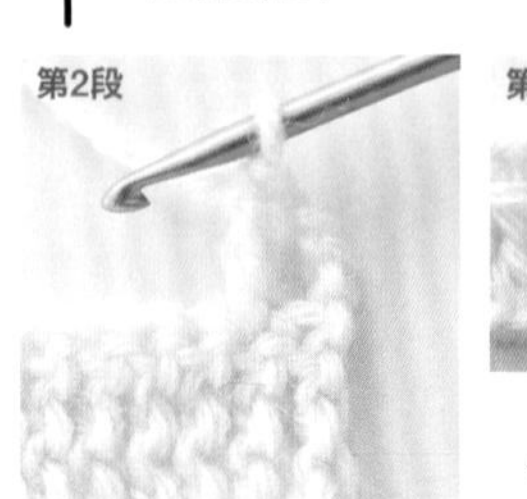

第2段
第1段

第1段

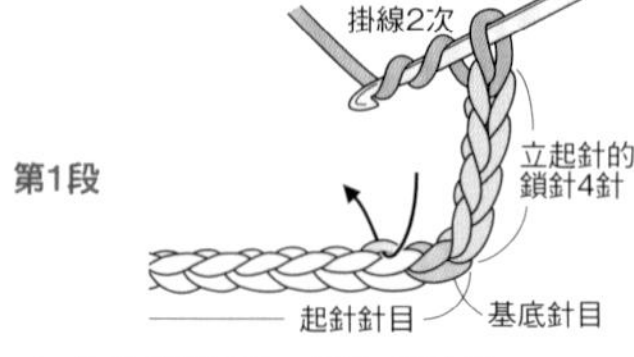

掛線2次
立起針的
鎖針4針
起針針目
基底針目

1 鉤針掛線2次，穿入起針的鎖針裡山。

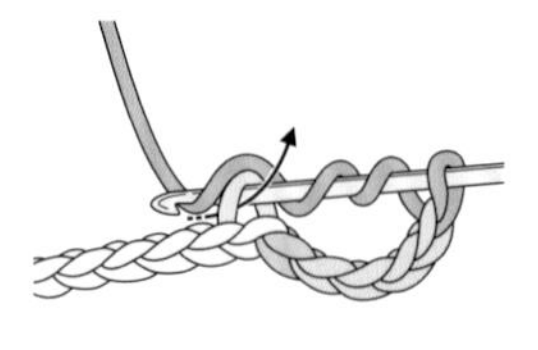

2 鉤針掛線，依箭頭指示鉤出。

3 鉤出織線的模樣。

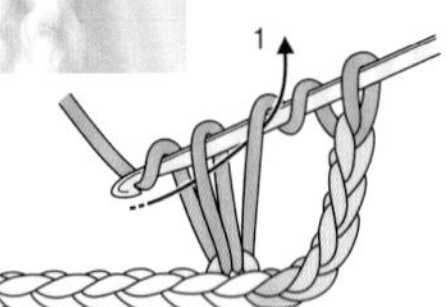

1

4 鉤針掛線，依箭頭指示一次引拔前2個線環。

2

5 再次掛線，一次引拔前2個線環。

3

6 鉤針再次掛線，一次引拔鉤針上的最後2個線環。

7 完成1針長長針。

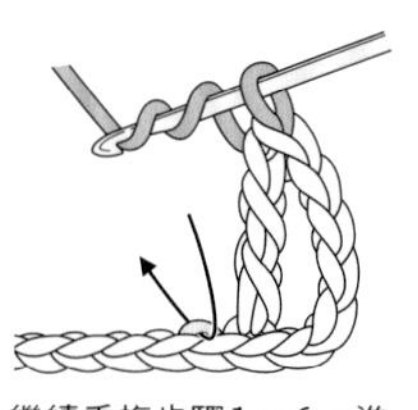

8 繼續重複步驟1～6。進行至該段結束，鉤織立起針的鎖針4針，再將織片翻面。

第2段

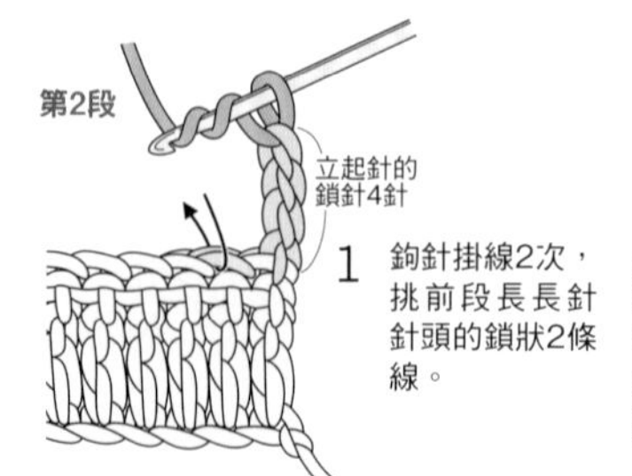

立起針的
鎖針4針

1 鉤針掛線2次，挑前段長長針針頭的鎖狀2條線。

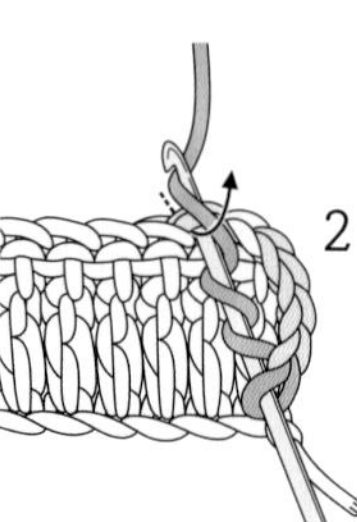

2 鉤針掛線，依箭頭指示鉤出。

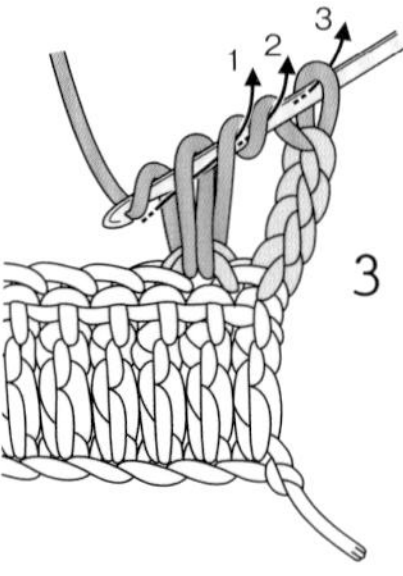

1
2
3

3 鉤針掛線，引拔鉤針上的前2個線環，重複3次，直到針上只剩1個線環為止。

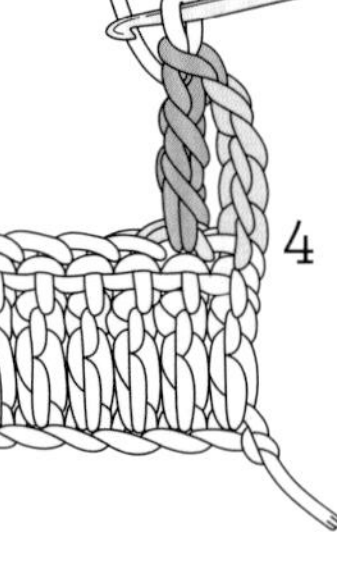

4 完成1針長長針。繼續重複步驟1～3。

三捲長針

第2段　第1段

第1段

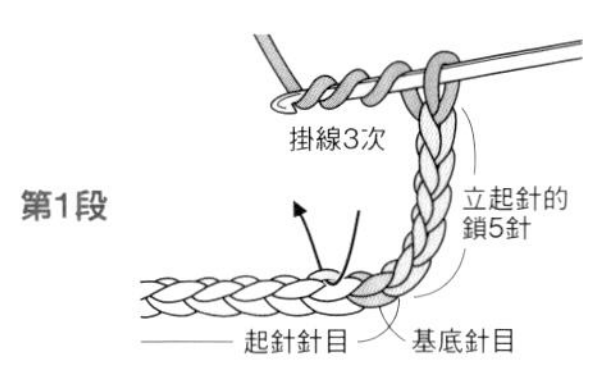

掛線3次
立起針的
鎖5針
起針針目
基底針目

1 鉤針先掛線3次，再穿入起針的鎖針裡山。

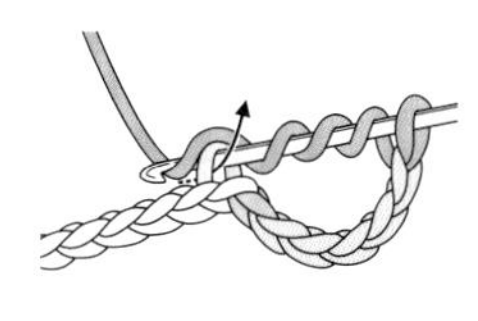

2 鉤針掛線，依箭頭指示鉤出。

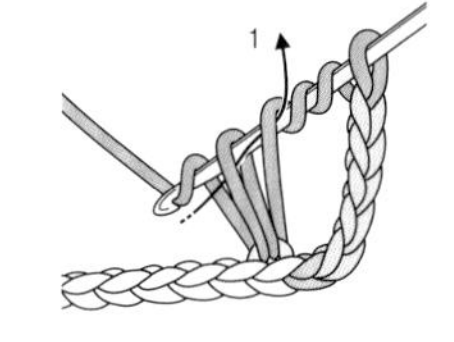

3 鉤針掛線，依箭頭指示一次引拔鉤針上的前2個線環。

4 鉤針再次掛線，每次引拔鉤針上的2個線環（重複2次）。

5 鉤針再次掛線，一次引拔鉤針上的最後2個線環。

6 完成1針三捲長針。

7 繼續重複步驟1～5。進行至該段結束，鉤織立起針的鎖針5針，再將織片翻面。

第2段

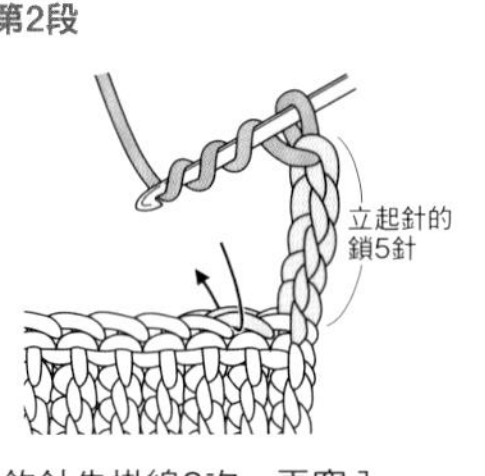

立起針的
鎖5針

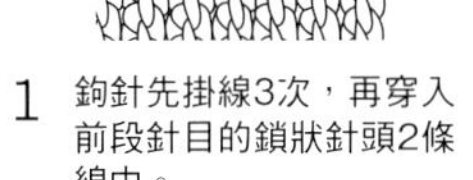

1 鉤針先掛線3次，再穿入前段針目的鎖狀針頭2條線中。

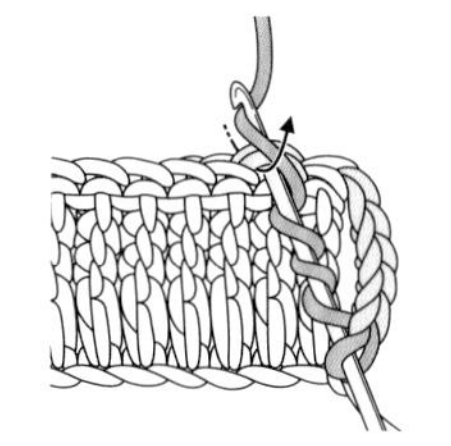

2 鉤針掛線，依箭頭指示鉤出。

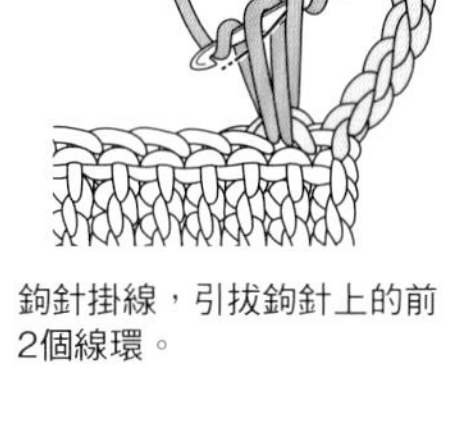

3 鉤針掛線，引拔鉤針上的前2個線環。

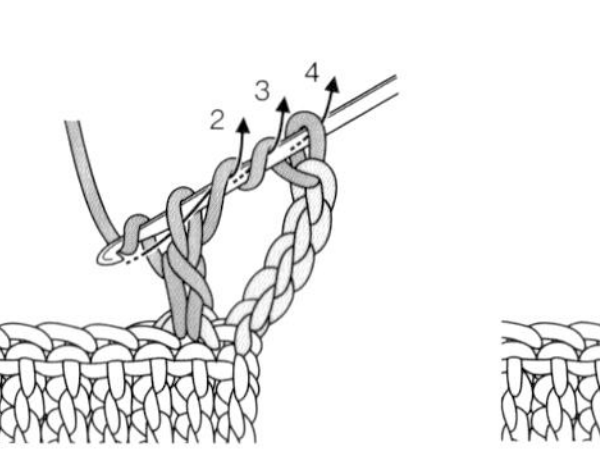

4 鉤針再次掛線，重複引拔鉤針上的前2個線環，直到針上只剩1個線環為止。

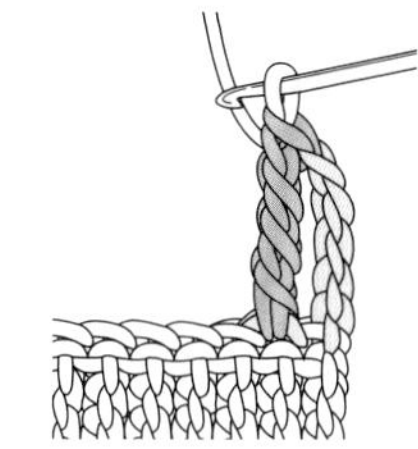

5 完成1針三捲長針。繼續重複步驟1～4。

四捲長針

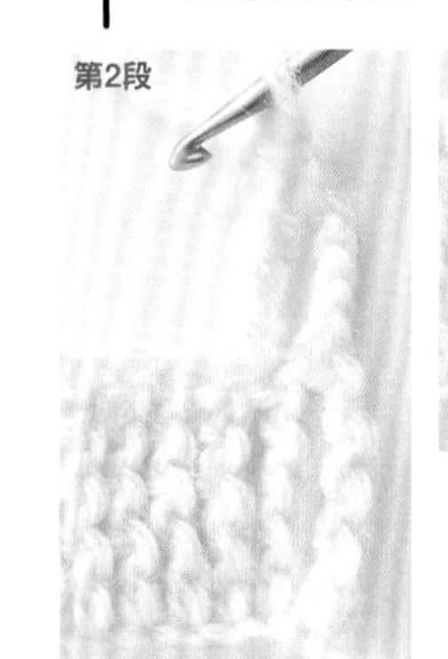

第2段　第1段

第1段

掛線4次
立起針的
鎖6針
起針針目
基底針目

1 鉤針先掛線4次，再穿入起針的鎖針裡山。

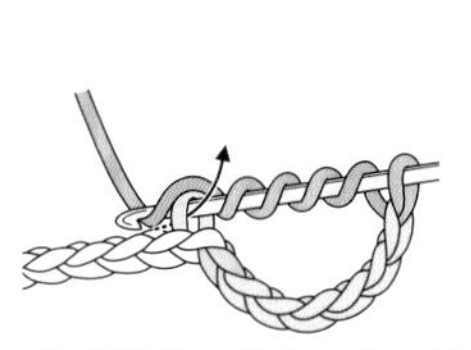

2 鉤針掛線，依箭頭指示鉤出。

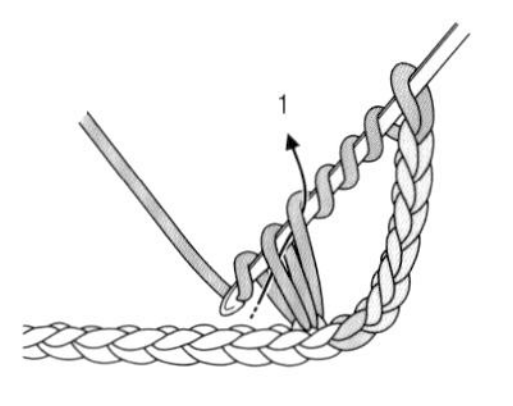

3 鉤針掛線，依箭頭指示一次引拔鉤針上的前2個線環。

4 鉤針再次掛線，每次引拔鉤針上的前2個線環（重複3次）。

5 鉤針再次掛線，一次引拔鉤針上的最後2個線環。

6 完成1針四捲長針。

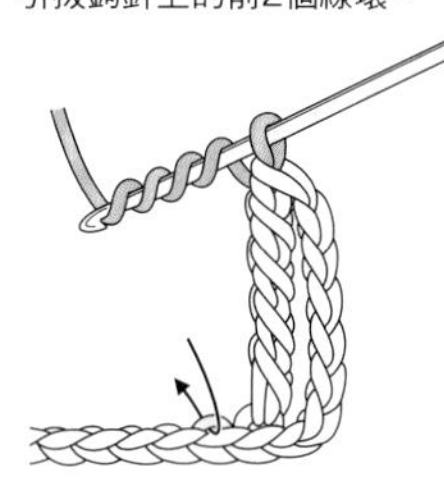

7 繼續重複步驟1～5。進行至該段結束，鉤織立起針的鎖針5針，再將織片翻面。

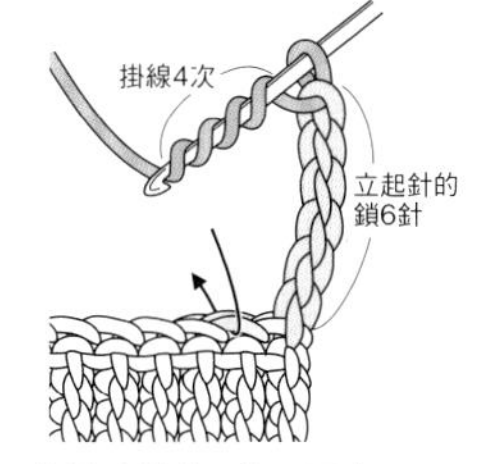

掛線4次
立起針的
鎖6針

1 鉤針先掛線4次，再穿入前段針目的鎖狀針頭2條線中。

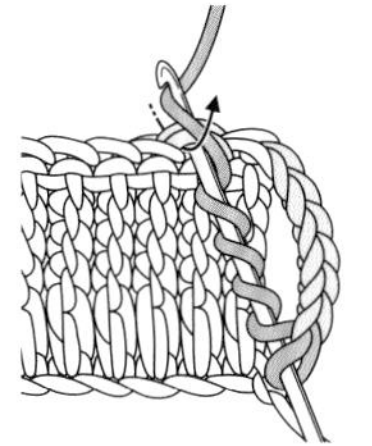

2 鉤針掛線，依箭頭指示鉤出。

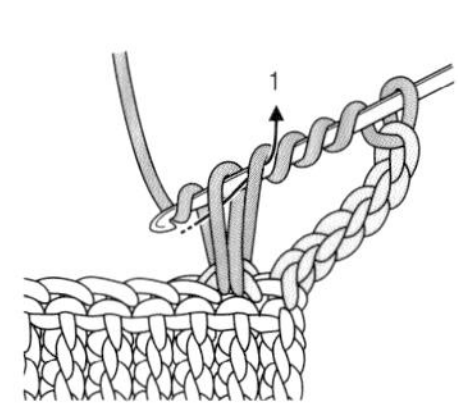

3 鉤針掛線，引拔鉤針上的前2個線環。

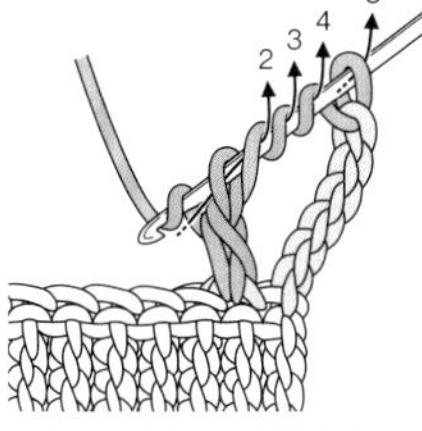

4 鉤針再次掛線，重複引拔鉤針上的前2個線環，直到針上只剩1個線環為止。

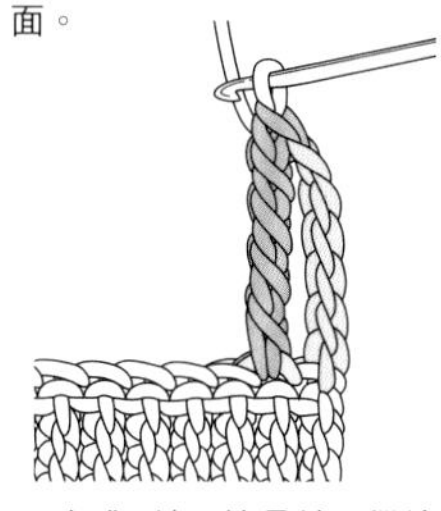

5 完成1針四捲長針。繼續重複步驟1～4。

由1針鉤出的針法（加針）

在前段的1個針目中挑針，
鉤織2針以上的技法。
由於是在1個針目中織入數針，
因此針數也會隨之增加。
花樣編的構成當中，
經常會搭配跳過針目不織，
或合併成1針的針目一起組合，
來增加變化的情形。

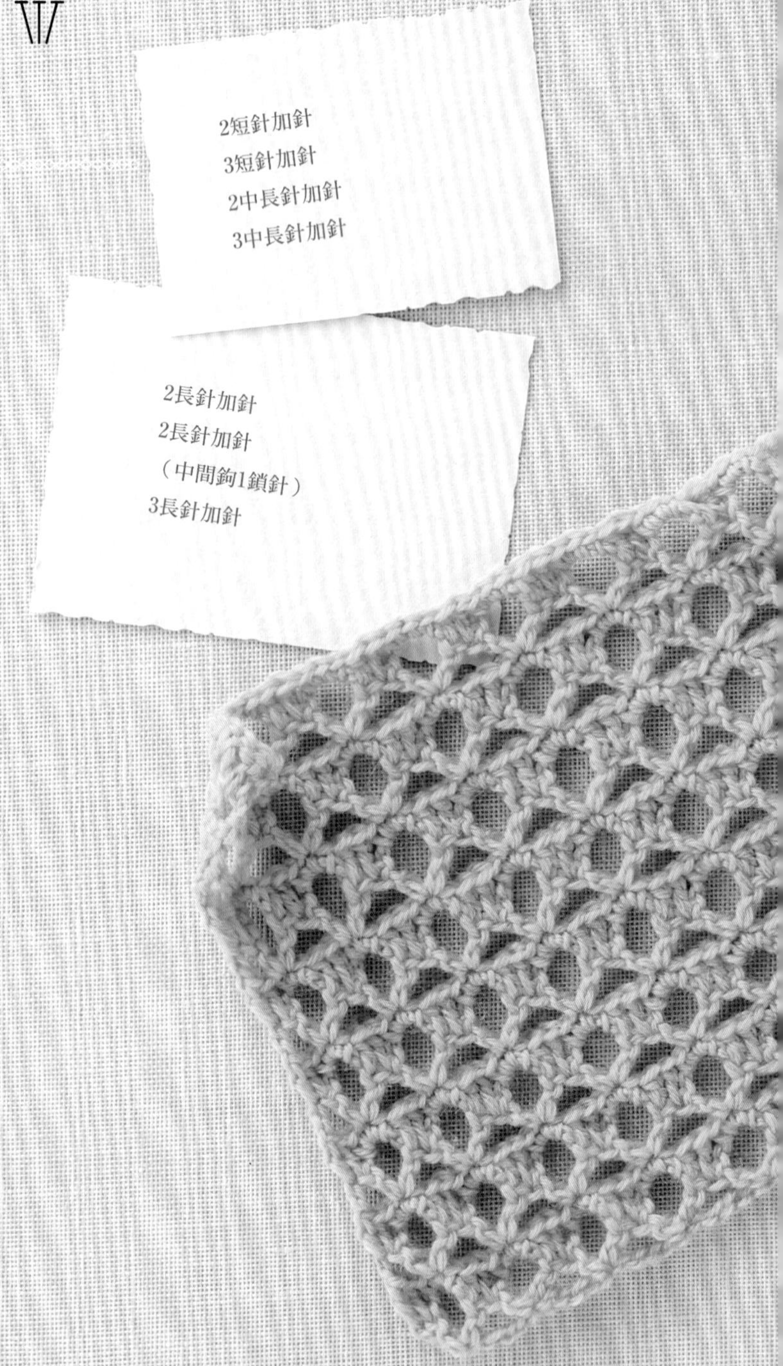
2短針加針
3短針加針
2中長針加針
3中長針加針
2長針加針
2長針加針
（中間鉤1鎖針）
3長針加針

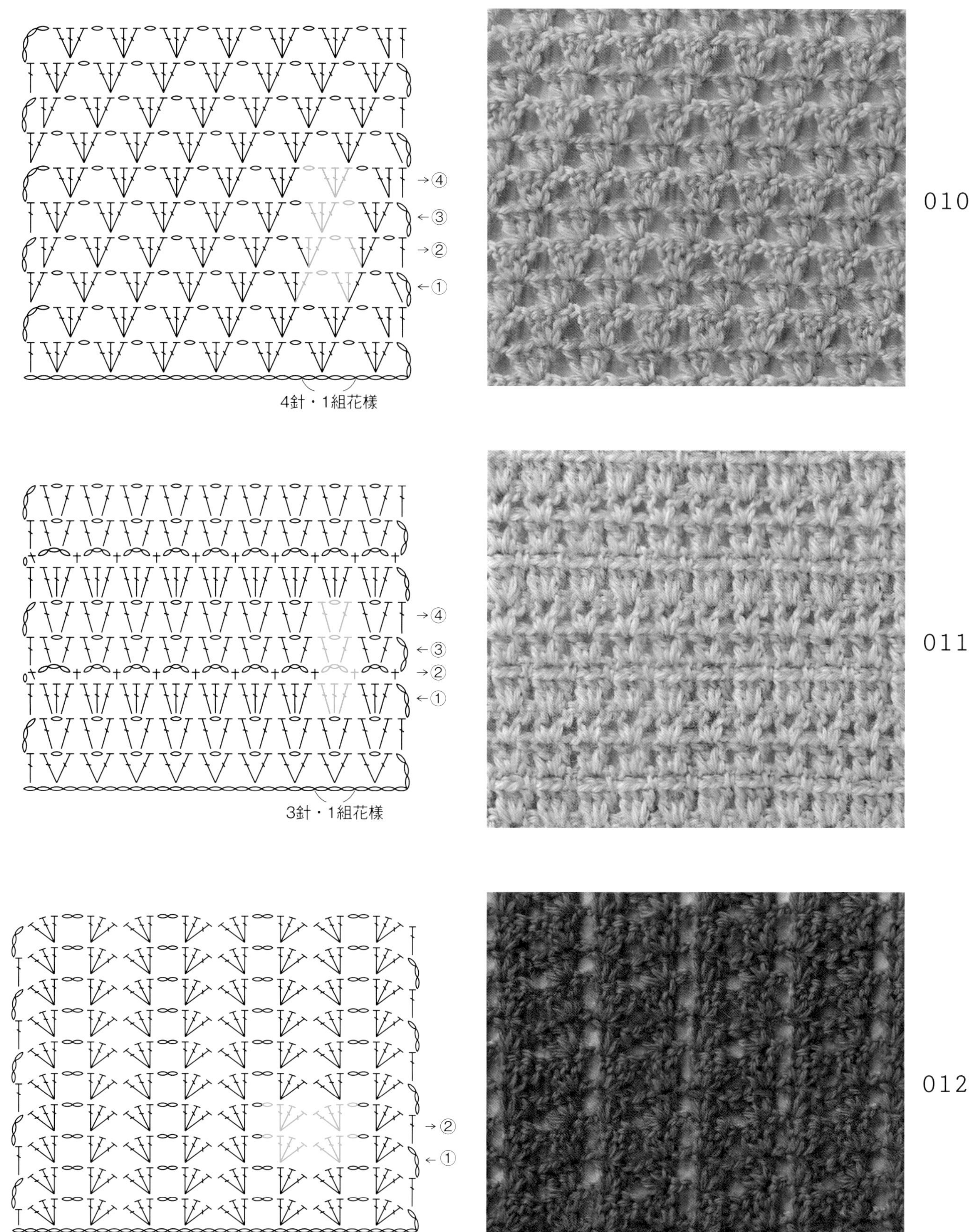
→④
←③
→②
←①
4針・1組花樣
010
→④
←③
→②
←①
3針・1組花樣
011
→②
←①
8針・1組花樣
012

設計／風工房　使用線材／40g・約180m

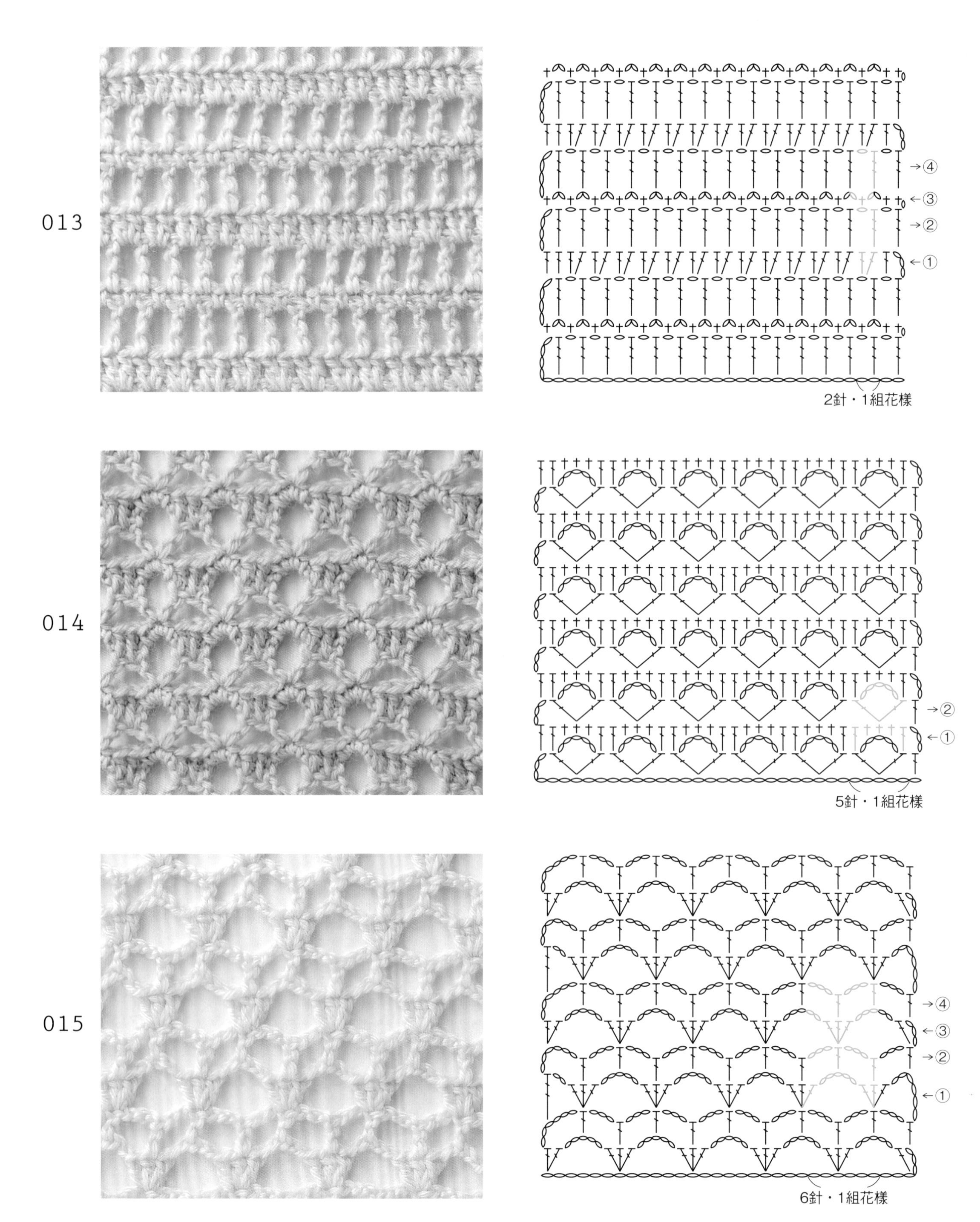
013
→④
←③
→②
←①
2針・1組花樣
014
→②
←①
5針・1組花樣
015
→④
←③
→②
←①
6針・1組花樣

設計／柴田 淳　使用線材／40g・約160m

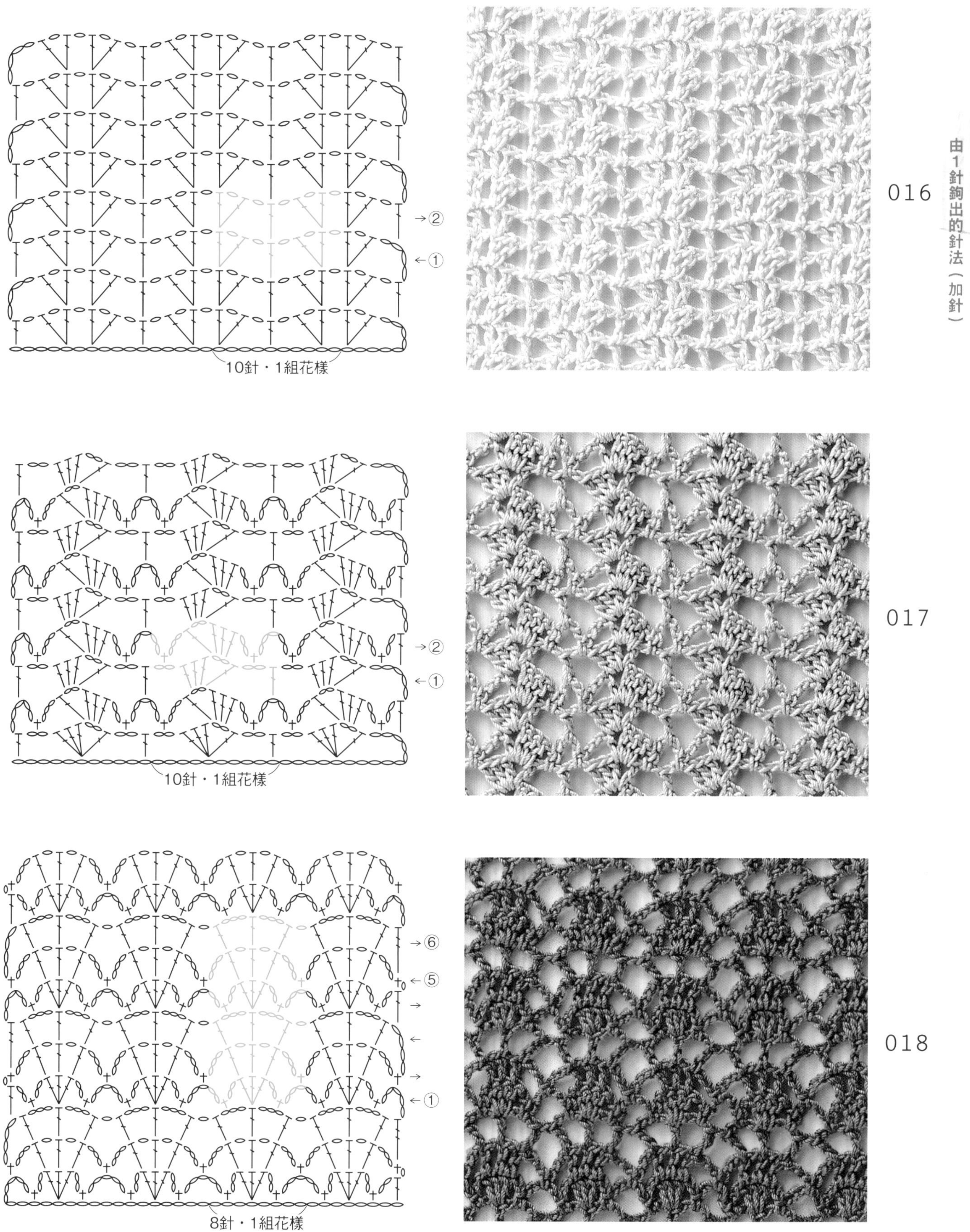

→②
←①
10針・1組花樣
016
→②
←①
10針・1組花樣
017
→⑥
←⑤
→
←
→
←①
8針・1組花樣
018

設計／風工房　使用線材／016、018＝50g・約218m　017＝10g・約44m

2短針加針

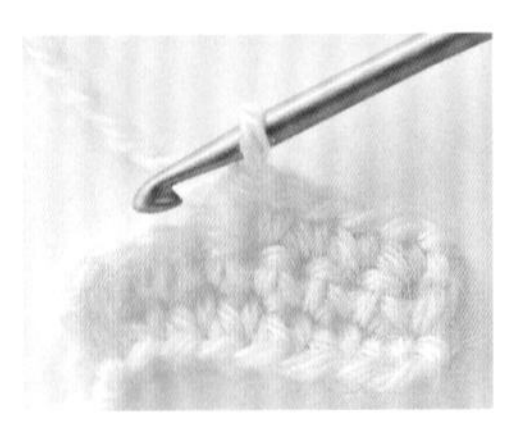

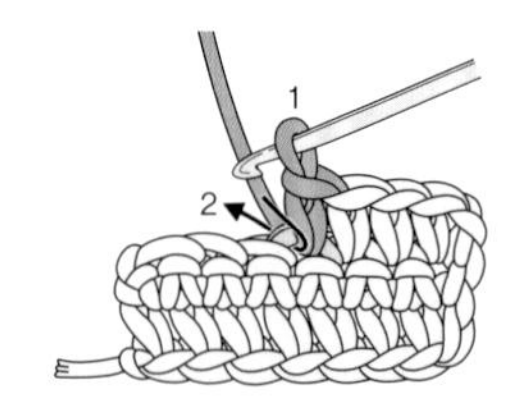
1
2

1 鉤針穿入前段針頭的2條線，鉤織第1針的短針。

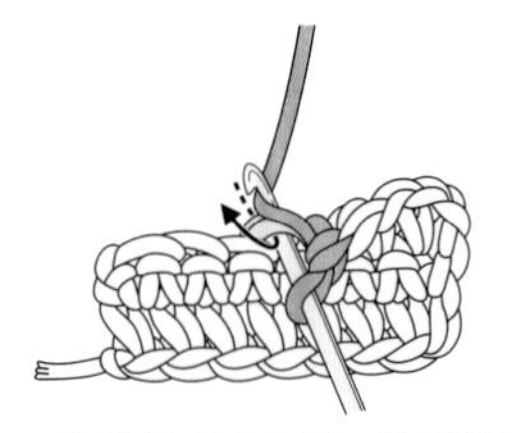

2 鉤針再次穿入同一針頭的2條線，掛線鉤出。

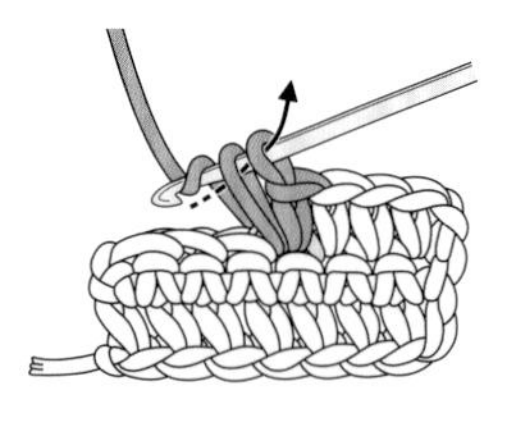

3 鉤針掛線，一次引拔鉤針上的2個線環。

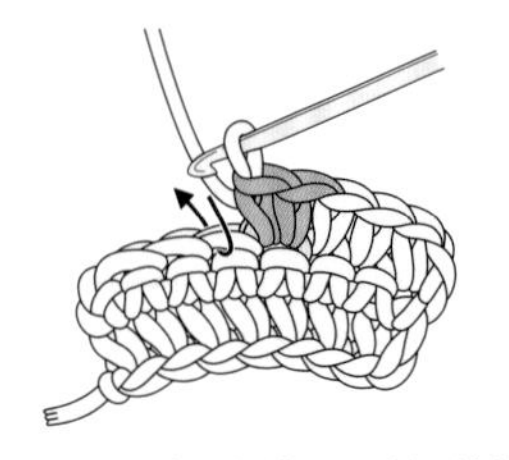

4 在1個針目中織入2針短針的模樣。

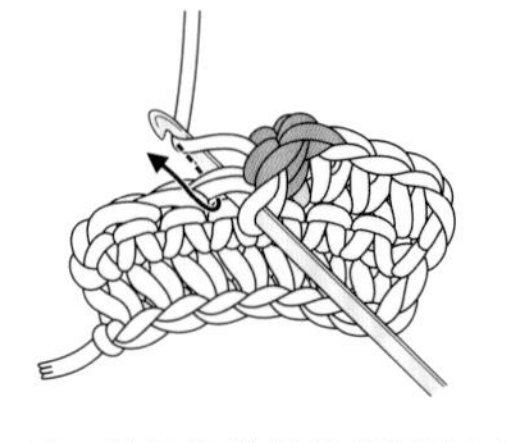

5 下一針同樣挑前段針頭的2條線，鉤織短針。

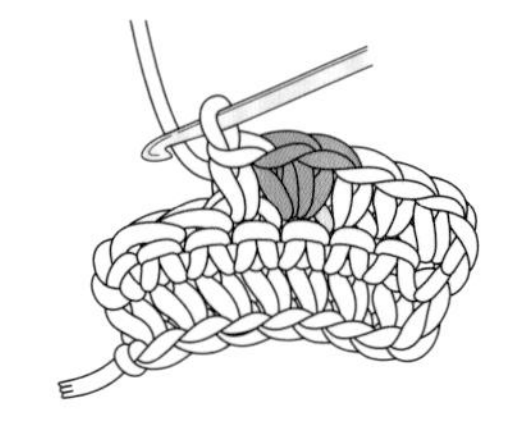

6 在1針中織入2針，織片就會稍微擴大。

2短針加針

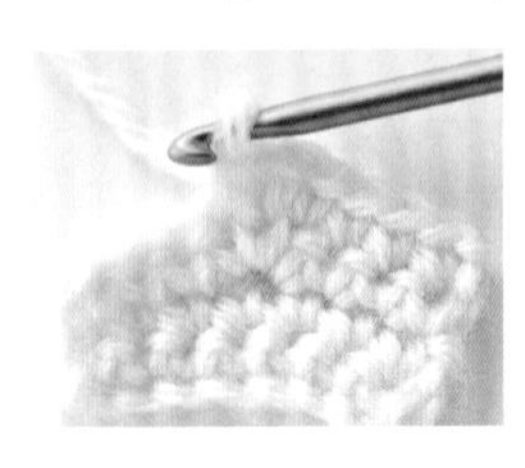

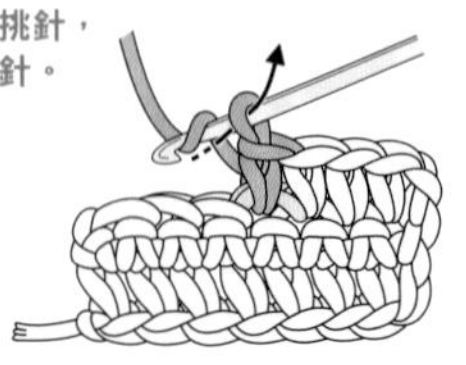
在1個針目中挑針，
且中間鉤1鎖針。

1 挑前段針頭2條線，鉤織第1針的短針後，再鉤1針鎖針。

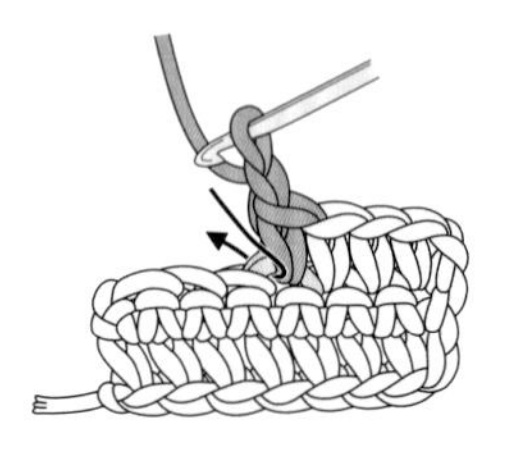

2 鉤針再次穿入同一針目。

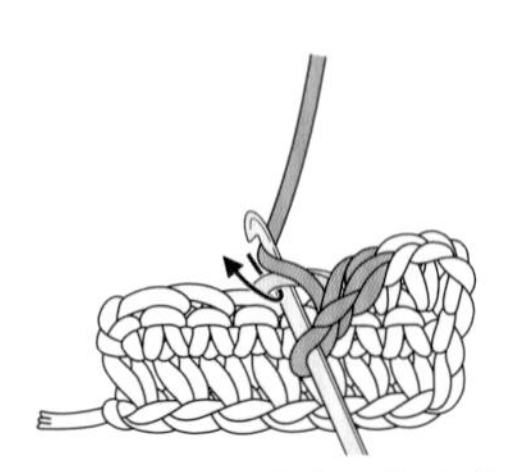

3 鉤針掛線，鉤出織線。

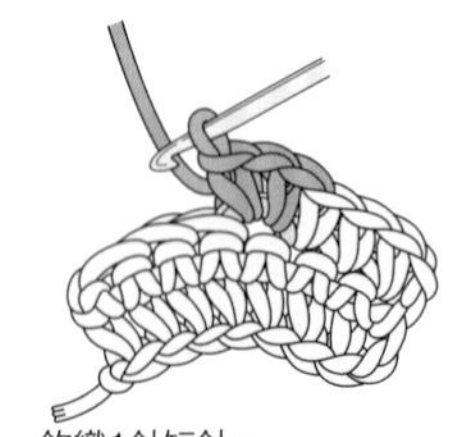

4 鉤織1針短針。

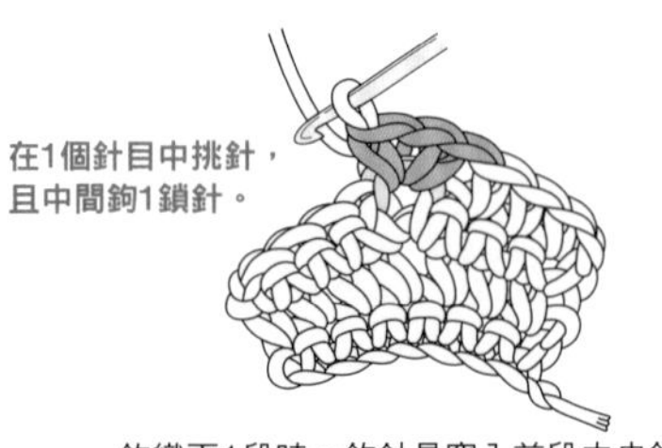
在1個針目中挑針，
且中間鉤1鎖針。

鉤織下1段時，鉤針是穿入前段中央鎖針下的空間（挑束），鉤織短針。

3短針加針

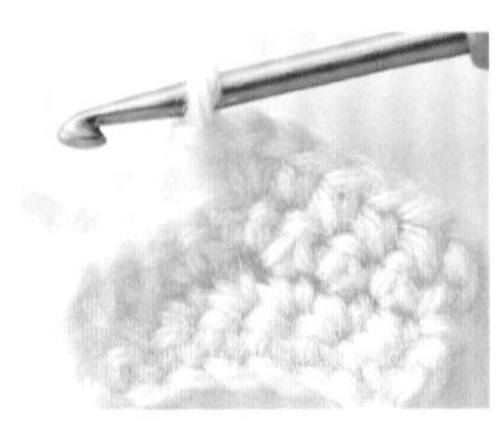

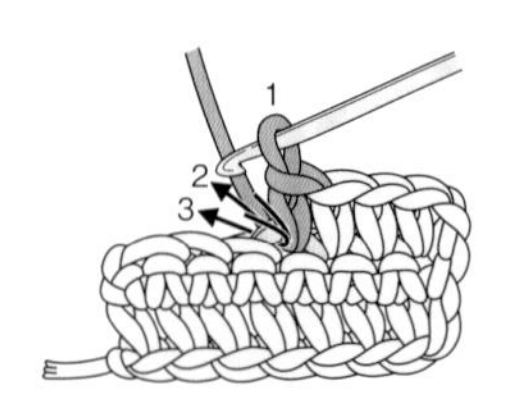
1
2
3

1 鉤針穿入前段針頭的2條線，鉤織第1針的短針。

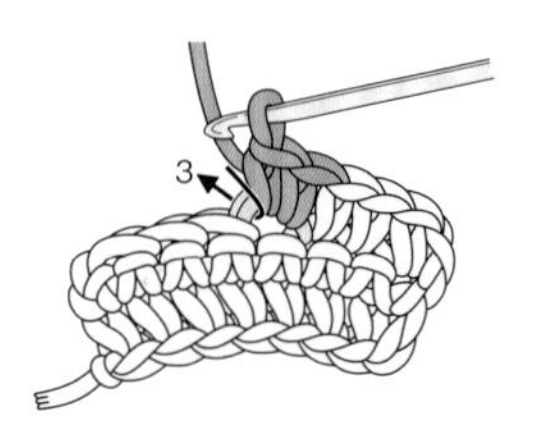
3

2 在同一針目鉤織另1針的短針。

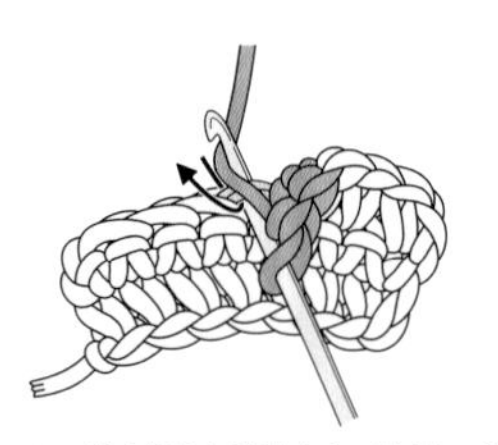

3 鉤針再次穿入同一針目，鉤織短針。

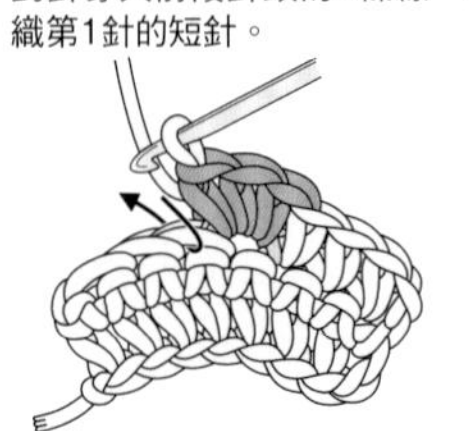

4 在1針中織入3針短針的模樣。

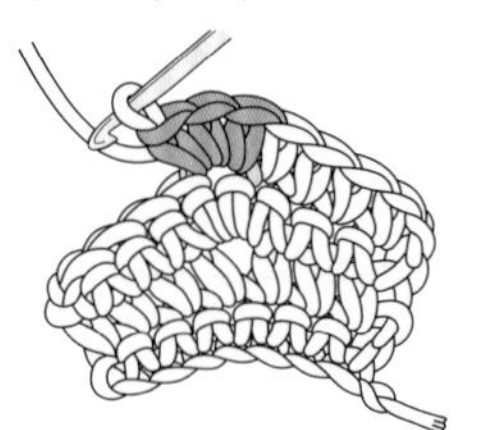

5 鉤織下1段時，鉤針是挑前段加針中央的鎖針，鉤織3短針加針。

∨ 2中長針加針

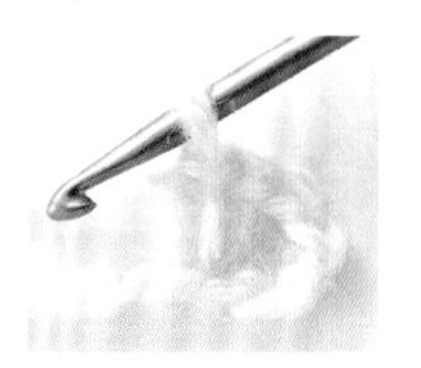

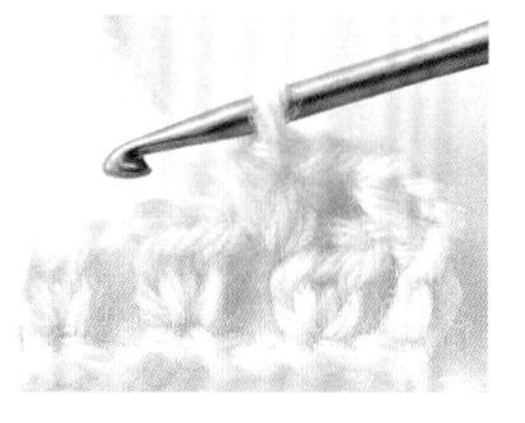

挑針鉤織

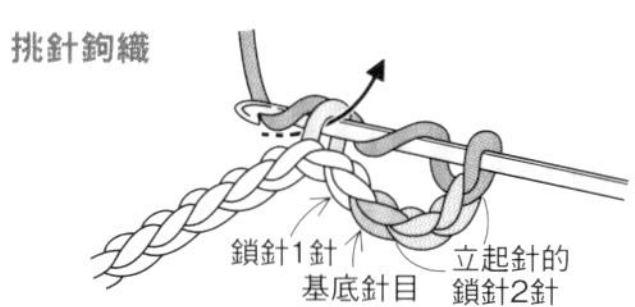
鎖針1針
基底針目
立起針的
鎖針2針

1 鉤針掛線，穿入起針的鎖針裡山，鉤出織線。

2 鉤針掛線，一次引拔鉤針上的3個線圈（完成中長針）。

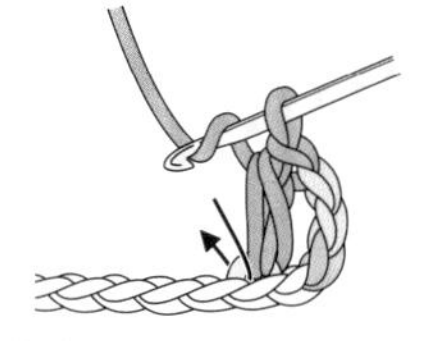

3 鉤針掛線，再次穿入同一針目。

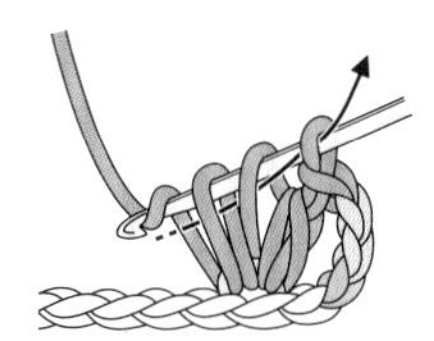

4 鉤針掛線鉤出，接著再次掛線，一次引拔鉤針上的3個線圈。

5 完成挑針鉤織的2中長針加針。

挑束鉤織

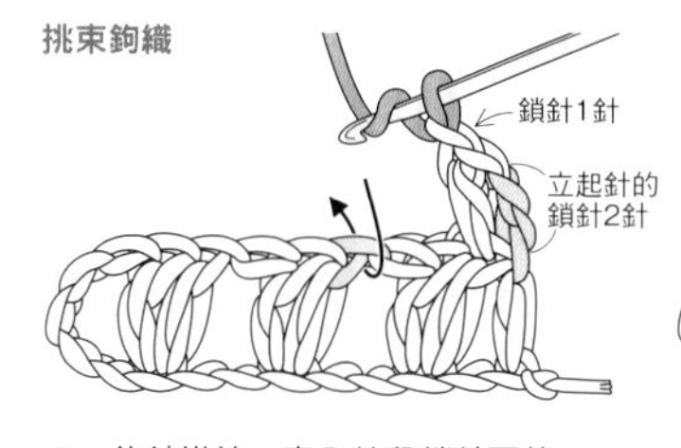
鎖針1針
立起針的
鎖針2針

1 鉤針掛線，穿入前段鎖針下的空間（挑束）。

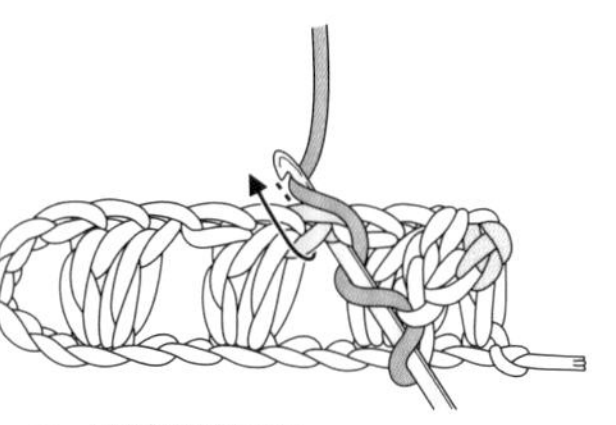

2 鉤針掛線鉤出。

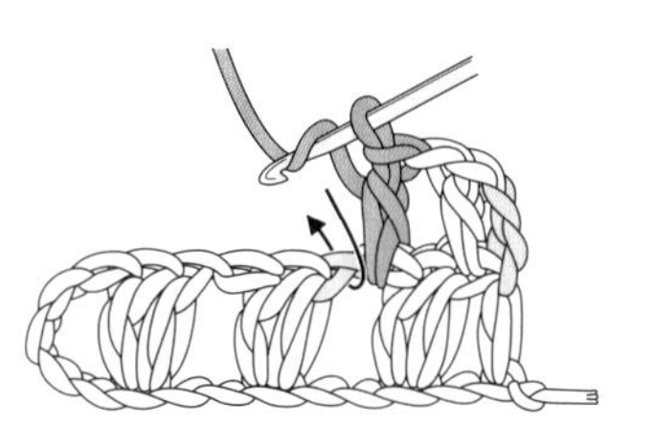

3 鉤織中長針。鉤針再次穿入第1針挑束的空間，再織入另1針中長針。

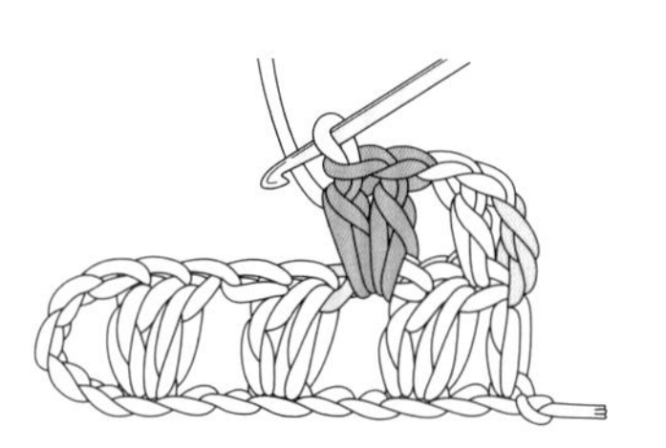

4 完成挑束鉤織的2中長針加針。

∨ 3中長針加針

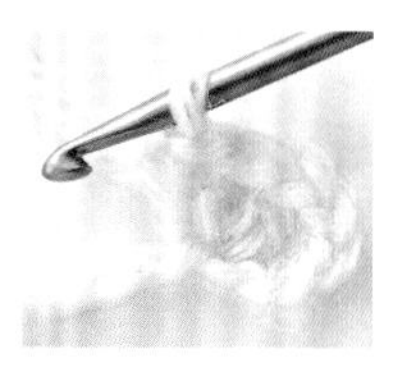

挑針鉤織

立起針的
鎖針2針
基底針目
鎖針1針

1 挑鎖針裡山鉤織第1針的中長針。接著，鉤針掛線。

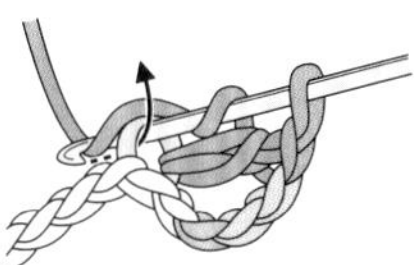

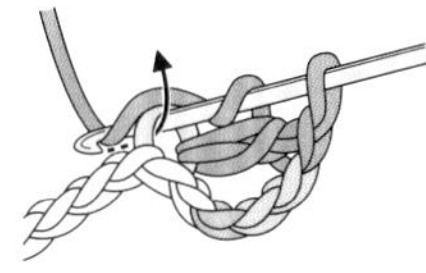

2 鉤針穿入同一針目，再鉤1針中長針。

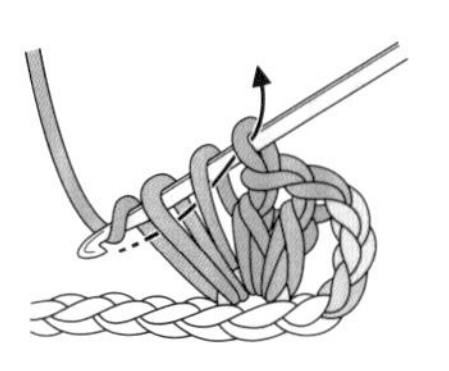

3 鉤針掛線，再次穿入同一針目，鉤織1針中長針。

4 完成挑針鉤織的2中長針加針。

挑束鉤織

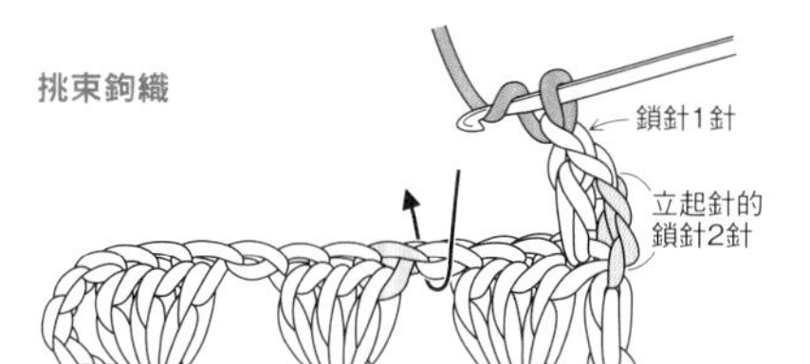
鎖針1針
立起針的
鎖針2針

1 鉤針掛線，穿入前段鎖針下的空間（挑束）。

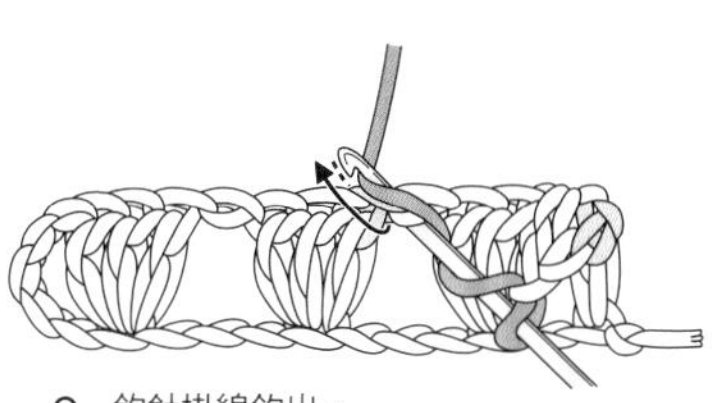

2 鉤針掛線鉤出。

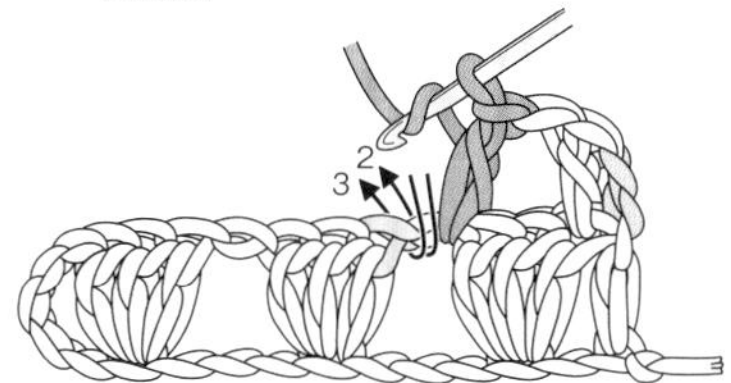
2
3

3 鉤織中長針。鉤針再次穿入第1針挑束的空間，再織入另2針中長針。

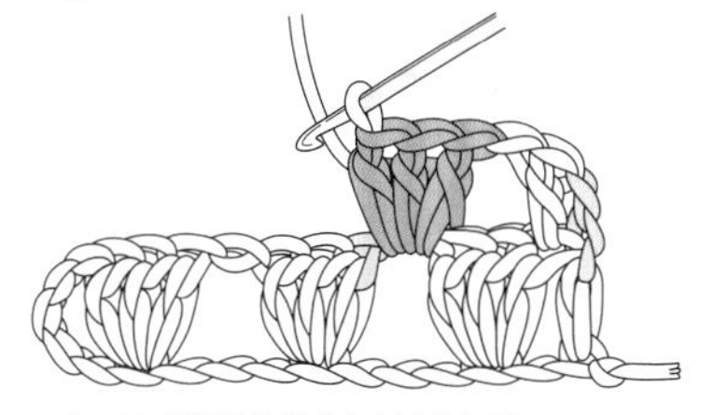

4 完成挑束鉤織的3中長針加針。

2長針加針

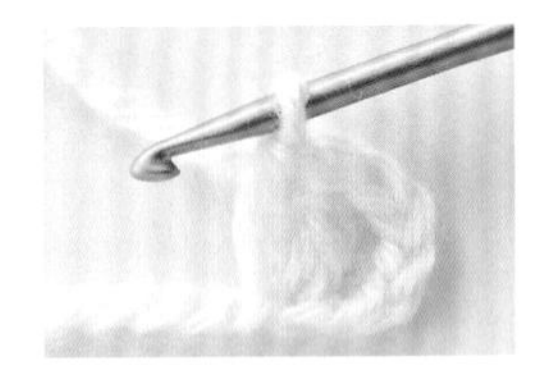

挑針鉤織

立起針的鎖針3針
鎖針1針　基底針目

1 鉤針掛線，挑起針針目的鎖針裡山。

2 鉤織1針長針後，鉤針再次掛線，穿入同一針目。

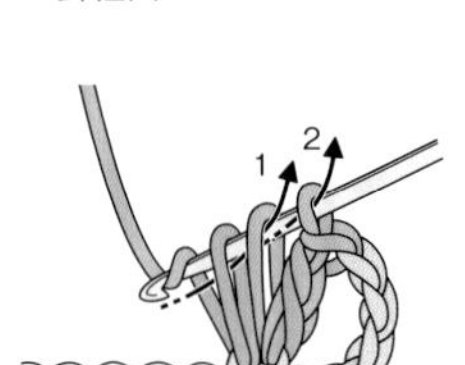
1
2

3 鉤織第2針長針。

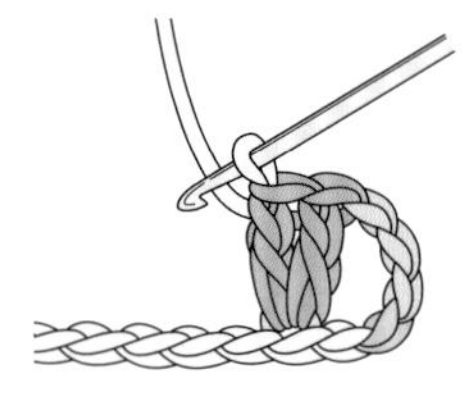

4 完成挑針鉤織的2長針加針。

2長針加針

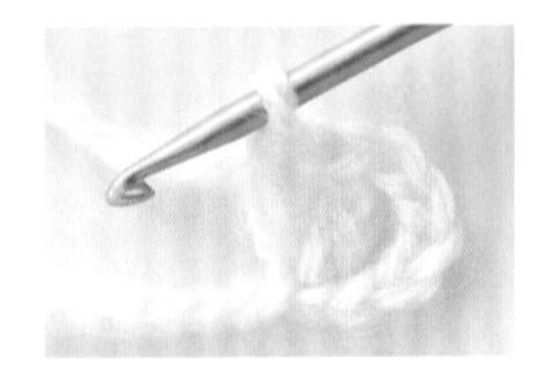

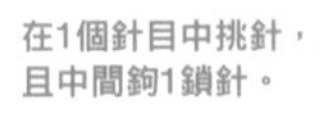
在1個針目中挑針，且中間鉤1鎖針。

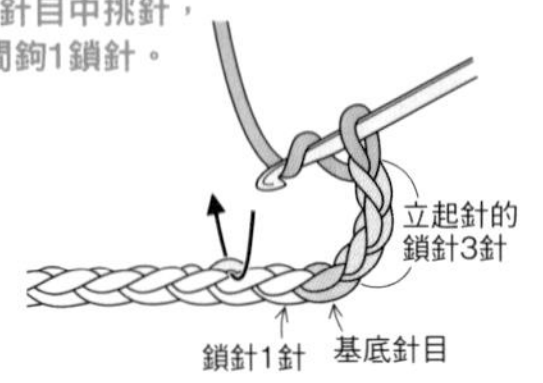
立起針的
鎖針3針
鎖針1針
基底針目

1 鉤針掛線，穿入起針的鎖針裡山。

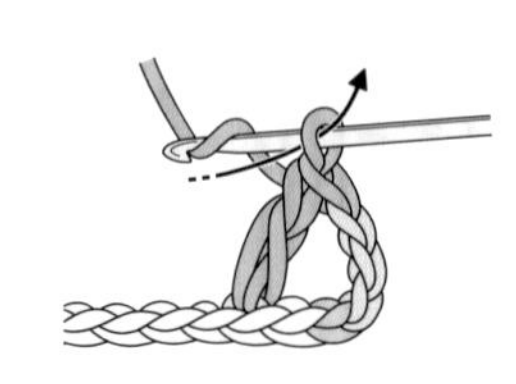

2 鉤織長針，再鉤1針鎖針。

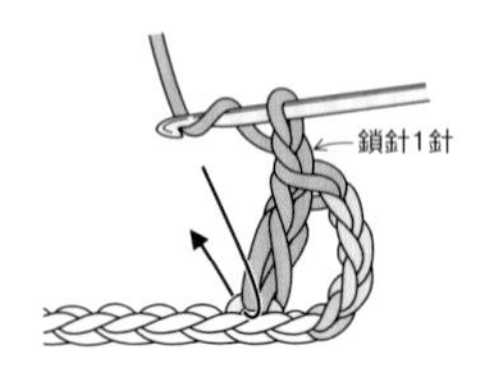
鎖針1針

3 鉤針掛線，再次穿入同一針目。

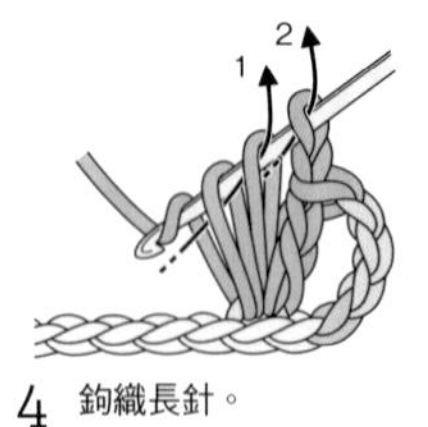
1
2

4 鉤織長針。

5 完成在1針中織入2長針的加針。

3長針加針

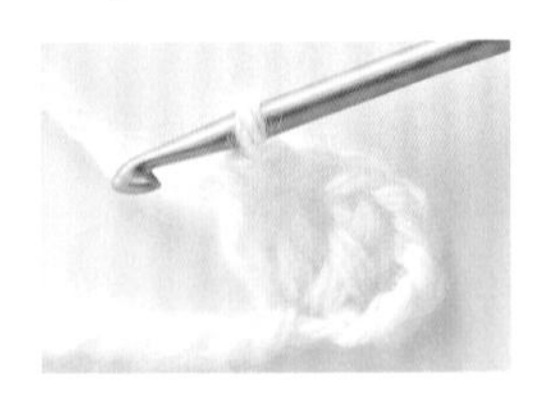

挑針鉤織

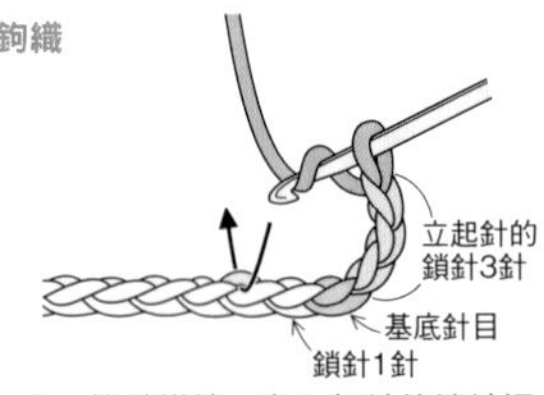
立起針的
鎖針3針
基底針目
鎖針1針

1 鉤針掛線，穿入起針的鎖針裡山。

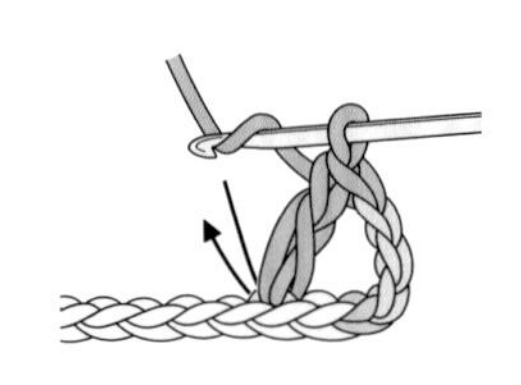

2 鉤織長針後，同樣先在鉤針上掛線。

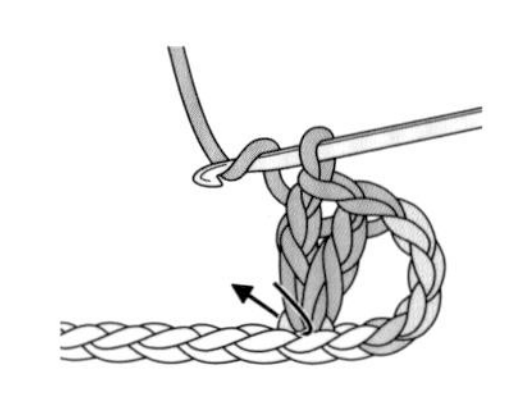

3 下一針也是挑同一針目鉤織長針。鉤針掛線，再次穿入同一針目。

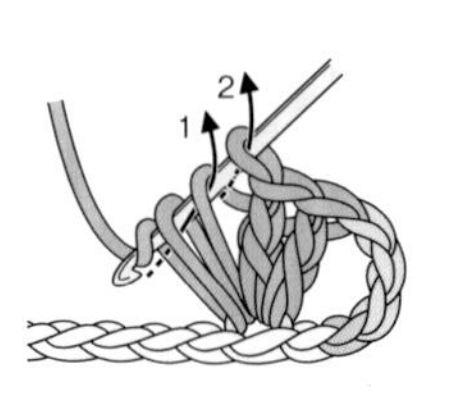
1
2

4 鉤織第3針的長針。

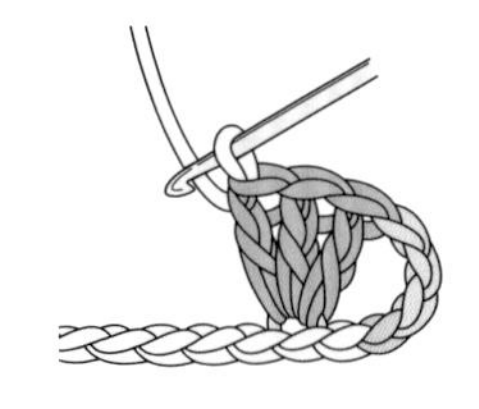

5 完成挑針鉤織的3長針加針。

2長針加針

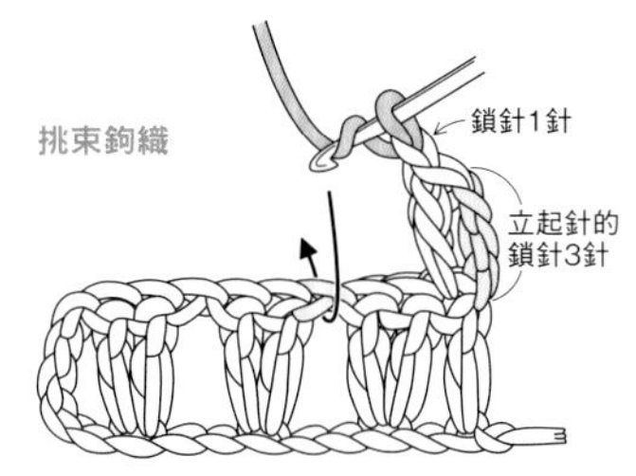
挑束鉤織
鎖針1針
立起針的
鎖針3針

1 鉤針掛線，穿入前段鎖針下的空間（挑束）。

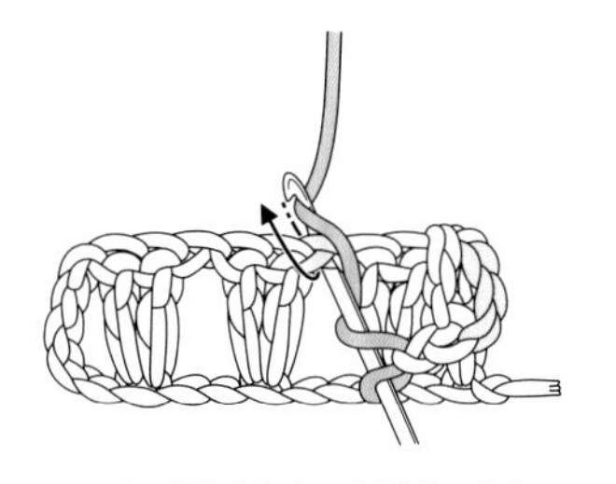

2 鉤針掛線鉤出，鉤織第1針的長針。

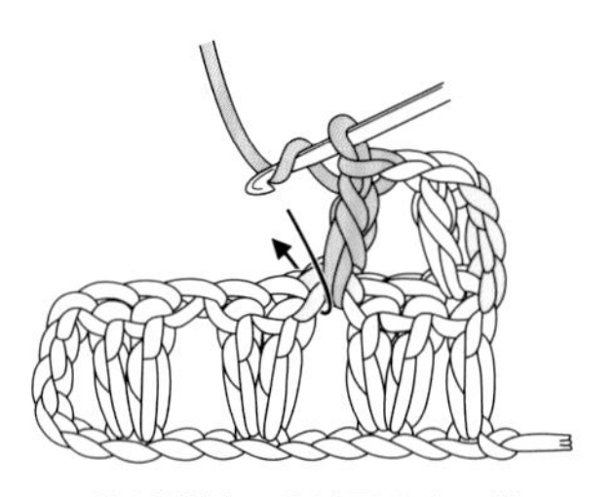

3 鉤針掛線，鉤針再次穿入第1針挑束的空間，再織入另1針長針。

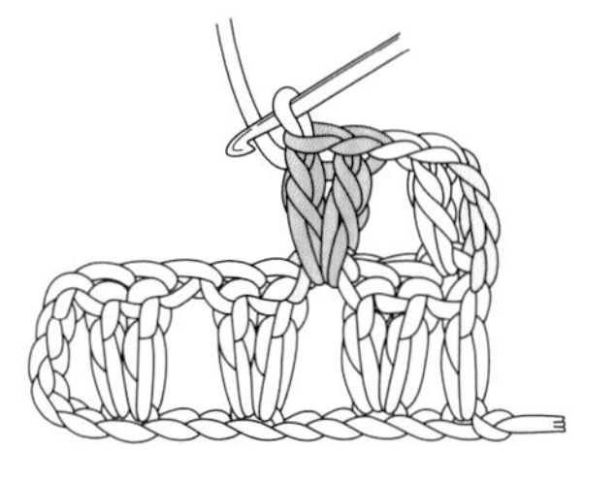

4 完成挑束鉤織的2長針加針。

2長針加針

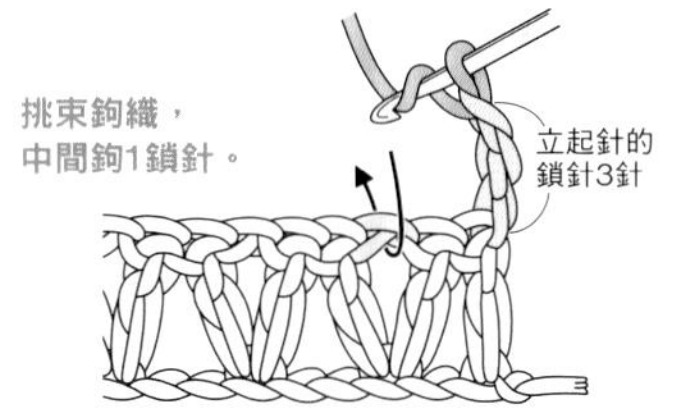
挑束鉤織，
中間鉤1鎖針。
立起針的
鎖針3針

1 鉤針掛線，穿入前段鎖針下的空間（挑束）。

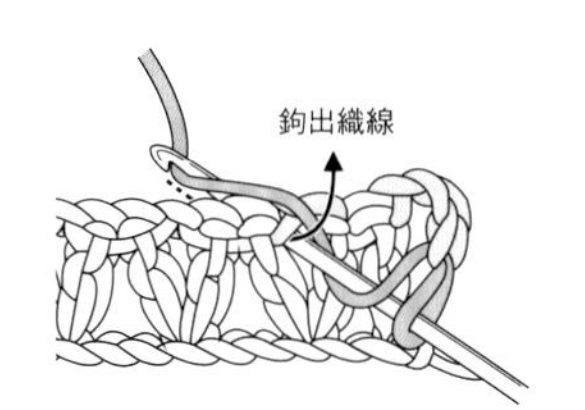
鉤出織線

2 鉤針掛線鉤出。

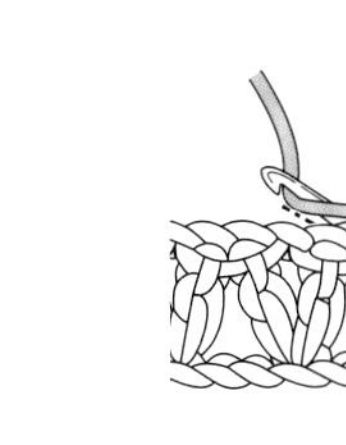

3 鉤織長針，再鉤1針鎖針。

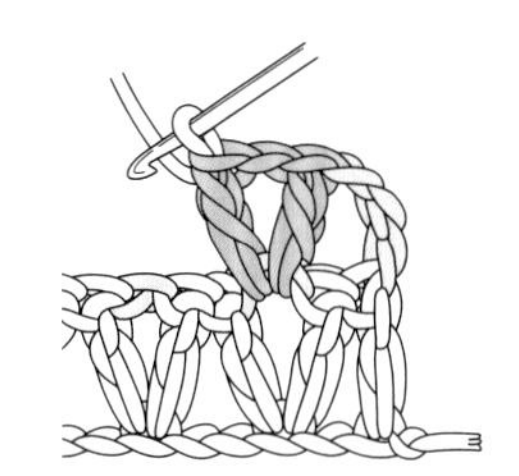
鉤出織線

4 下一針也是先在鉤針上掛線，再次穿入第1針挑束的空間，織入另1針長針。

5 完成挑束鉤織的2長針加針。

3長針加針

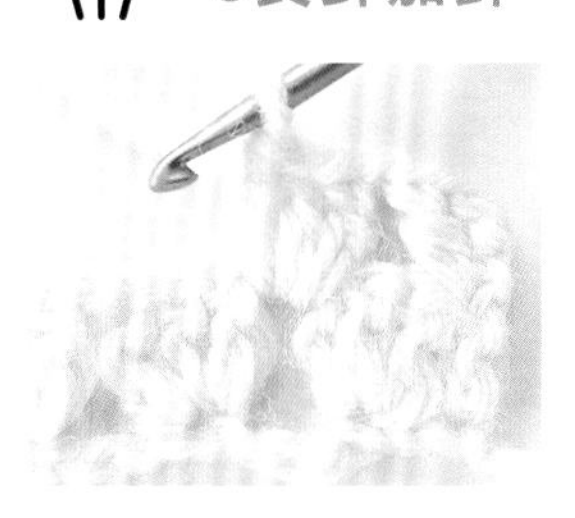

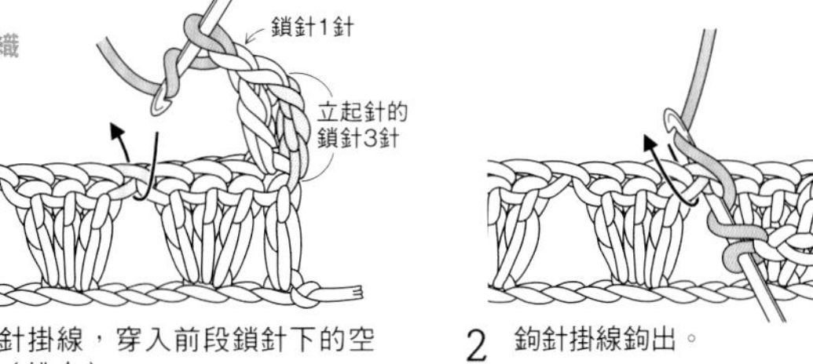
挑束鉤織
鎖針1針
立起針的
鎖針3針

1 鉤針掛線，穿入前段鎖針下的空間（挑束）。

2 鉤針掛線鉤出。

1
2

3 鉤織長針。

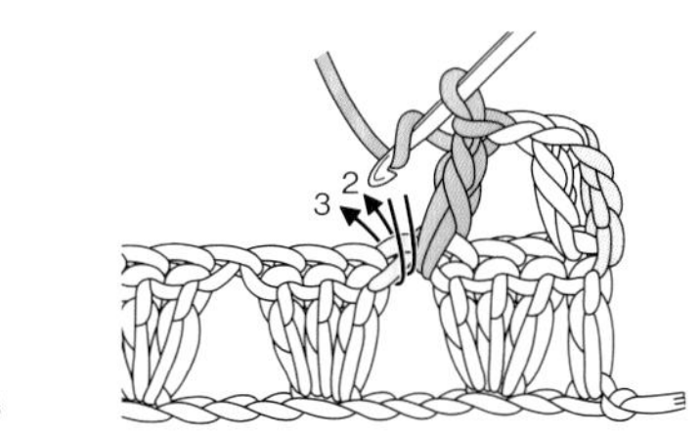
3
2

4 接下來，同樣先在鉤針上掛線，再次穿入第1針挑束的空間，織入另2針長針。

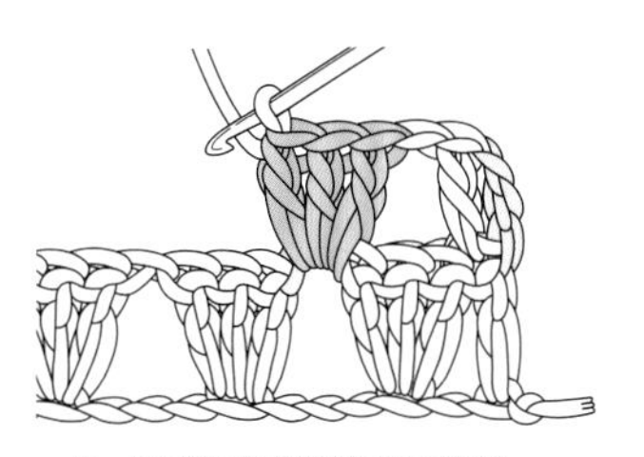

5 完成挑束鉤織的3長針加針。

松編・貝殼編
畝編・筋編

這是在前段的1個針目中，鉤織4針以上的技法。

由於是在1針或1針之下的空間織入許多針，

因此針目會如同松枝或貝殼般，呈扇形往外展開。

畝編與筋編則是只挑前段針目外側或內側半針的技法。

以浮凸的線條，讓織片呈現出立體感。

5長針加針＝松編

4長針加針（中間鉤1鎖針）

＝貝殼編

6長針加針（挑束鉤織，

中間鉤2鎖針）＝貝殼編

3長針加針（同短針，

在同一針目中鉤織）＝松編變化款

3長針加針（挑短針針腳鉤織）

＝松編變化款

短針的畝編・筋編

中長針的筋編

長針的筋編

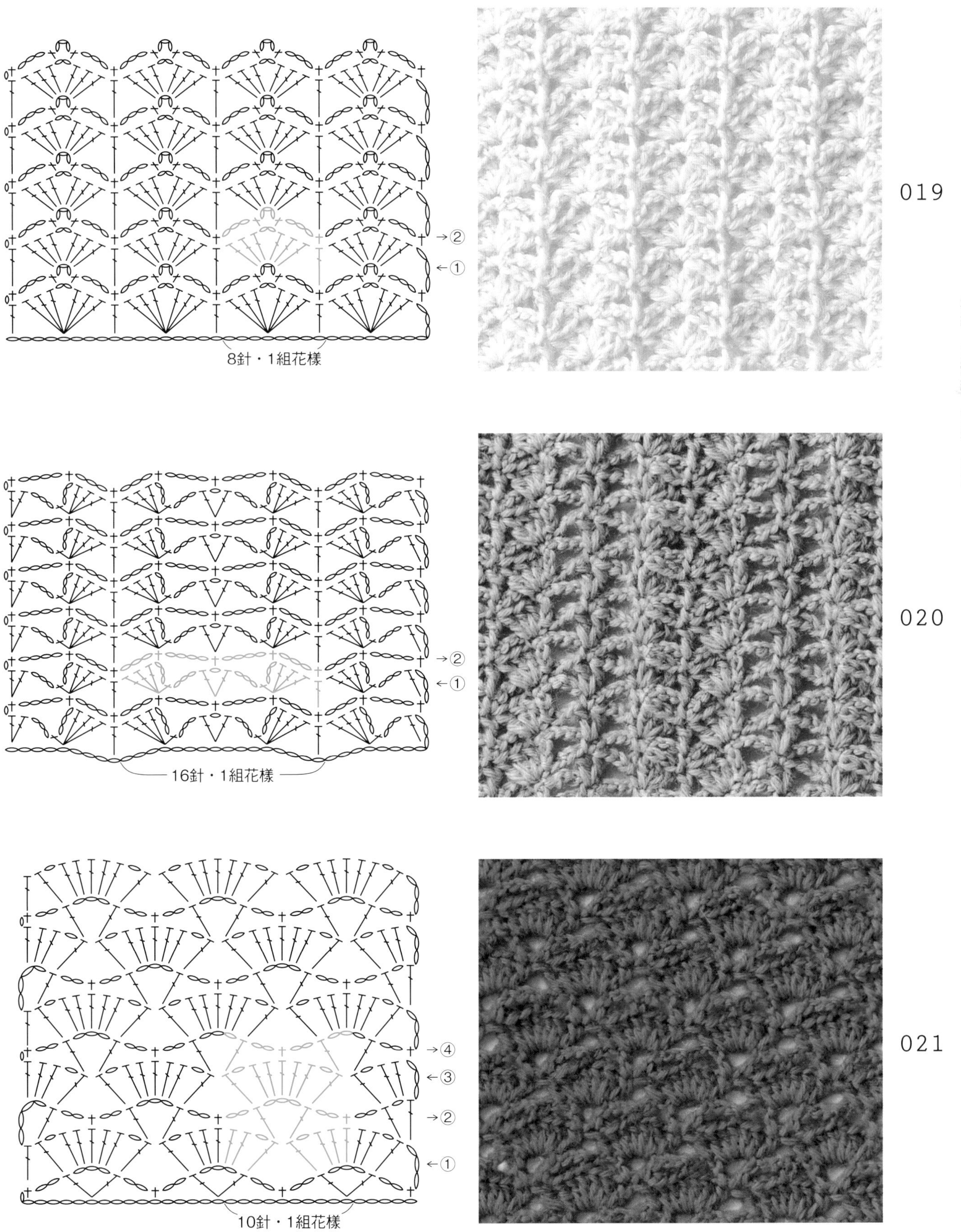
→②
←①
8針・1組花様
019
→②
←①
16針・1組花様
020
→④
←③
→②
←①
10針・1組花様
021

設計／風工房　使用線材／019、020＝40g・約160m　021＝40g・約180m

022
022的織圖刊載於p.108。
023
7
7
→④
←③
→②
←①
9針・1組花樣
024
→②
←①
7針・1組花樣

 設計／柴田 淳　使用線材／40g・約160m

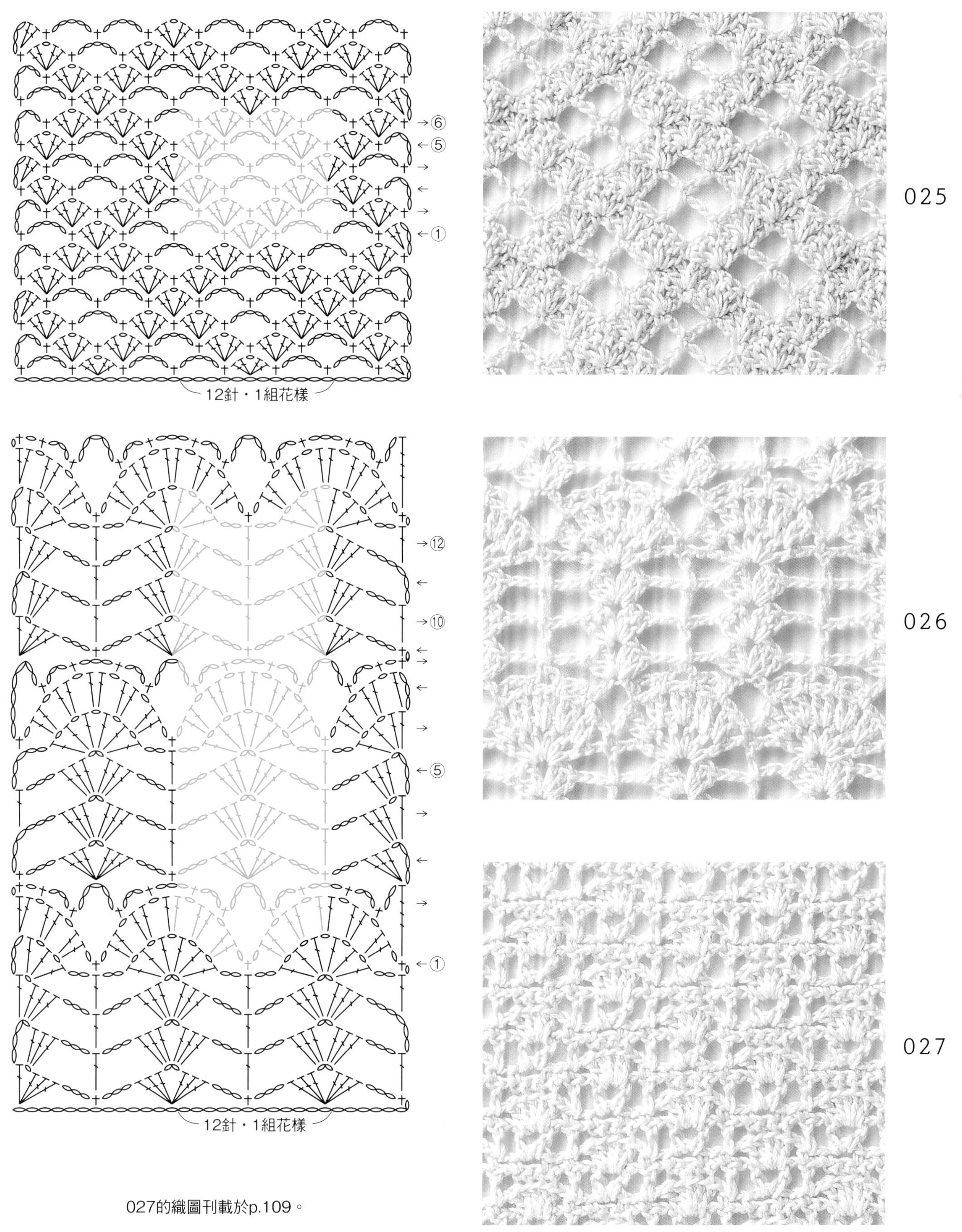
→⑥
←⑤
→
←
→
←①
12針・1組花樣
025
→⑫
←
→⑩
←
→
←
→
←⑤
→
←
→
←①
12針・1組花樣
026
027
松編・貝殼編・畝編・筋編

027的織圖刊載於p.109。

設計／武田敦子　使用線材／025＝20g・約88m　026＝50g・約218m　027＝40g・約170m

5長針加針＝松編

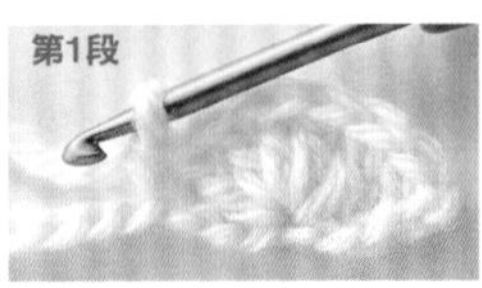
第1段

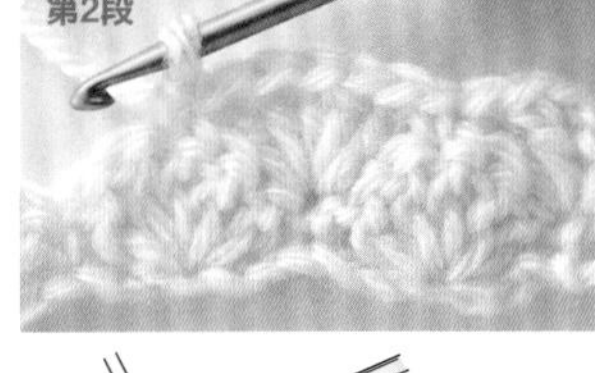
第2段

挑針鉤織　**第1段**

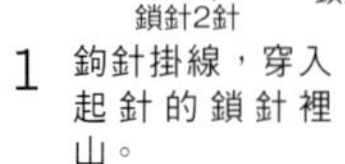
在1個針目中
鉤織5針長針
短針1針
立起針的
鎖針1針
鎖針2針

1 鉤針掛線，穿入起針的鎖針裡山。

鉤出織線

2 鉤針掛線，鉤出織線。

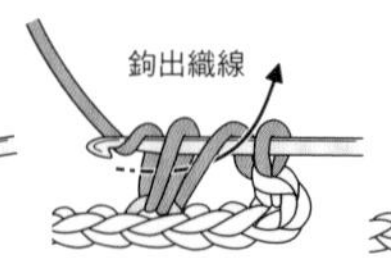
鉤出織線

3 鉤針掛線，引拔前2條織線。

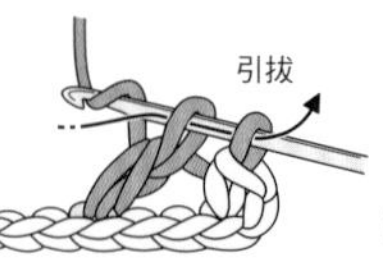
引拔

4 鉤針再次掛線，一次引拔針上的2線圈。

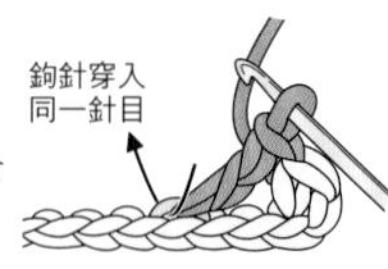
鉤針穿入
同一針目

5 繼續在同一針目挑針，鉤入其餘4針長針。

第2段

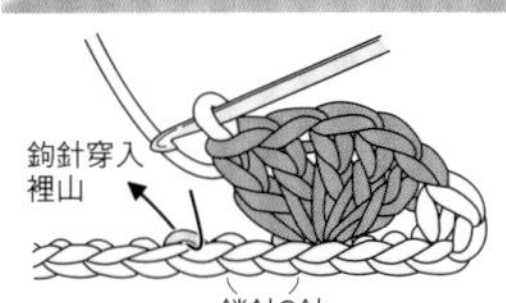
鉤針穿入
裡山
鎖針2針

6 完成挑針鉤織的5長針加針（松編）。

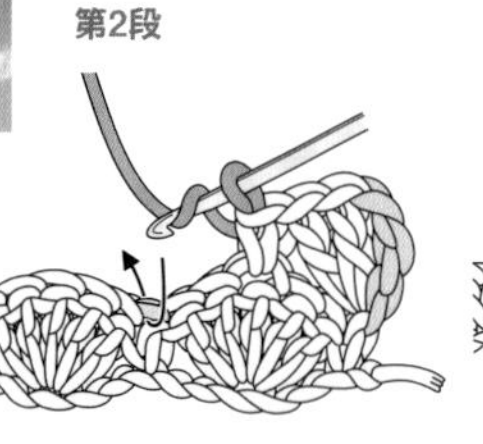

7 鉤織下1段時，鉤針掛線，挑前段短針針頭的2條線。

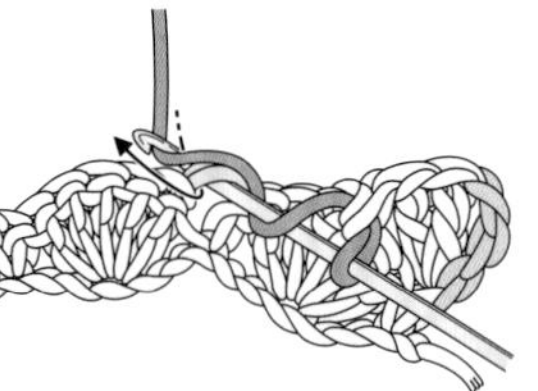

8 鉤針掛線，鉤出織線。

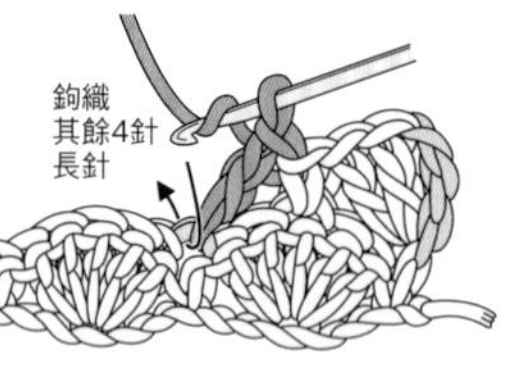
鉤織
其餘4針
長針

9 鉤織長針。繼續在同一針目挑針，鉤入其餘4針長針。

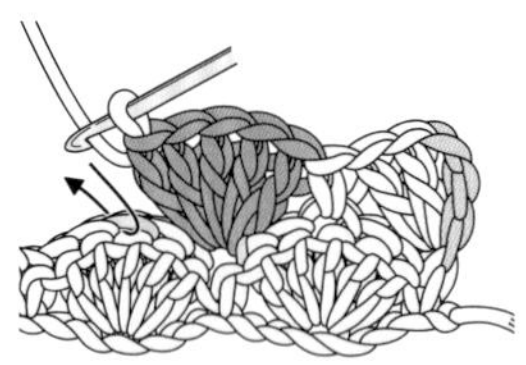

10 完成挑針鉤織的5長針加針。

4長針加針＝貝殼編

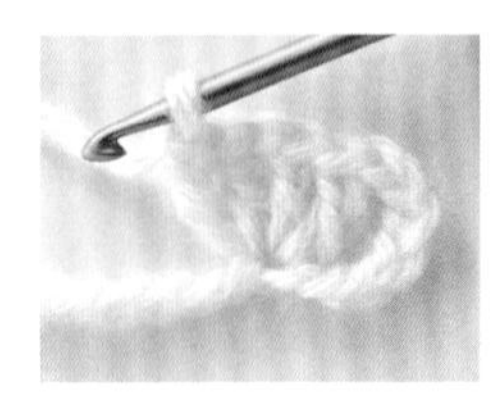

挑針鉤織，
中間鉤1鎖針。

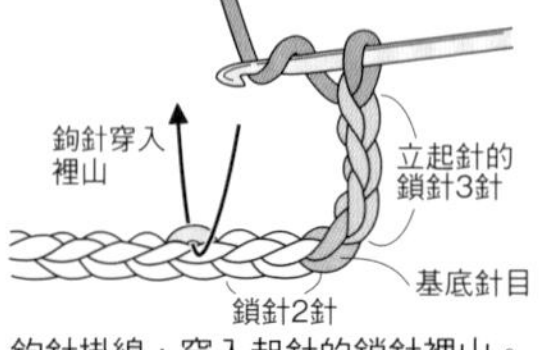
鉤針穿入
裡山
立起針的
鎖針3針
鎖針2針
基底針目

1 鉤針掛線，穿入起針的鎖針裡山。

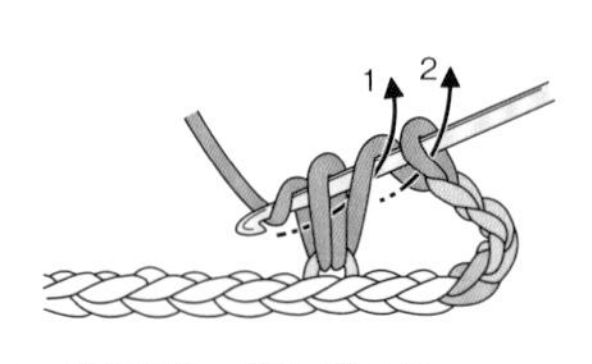

2 鉤出織線，鉤織1針長針。

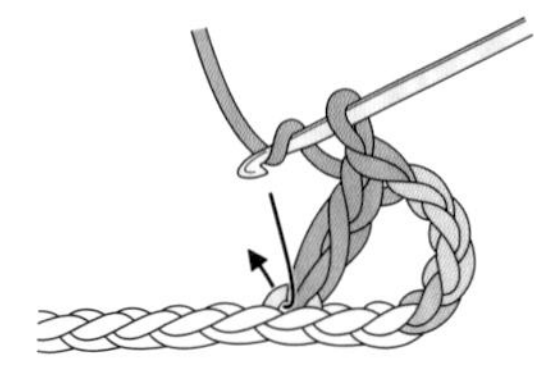

3 在同一針目中，鉤入另1針長針。

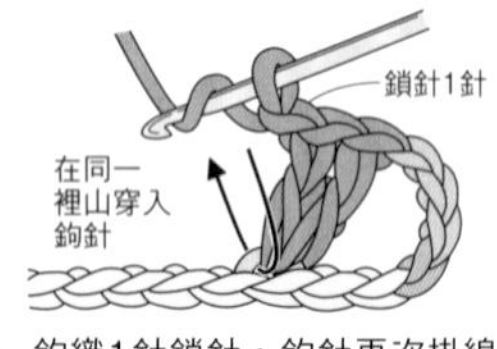
鎖針1針
在同一
裡山穿入
鉤針

4 鉤織1針鎖針。鉤針再次掛線，穿入同一針的裡山。

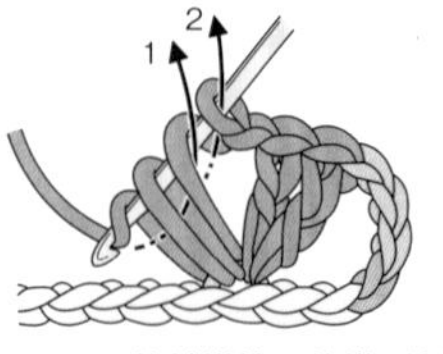

5 鉤針掛線，鉤織1針長針。

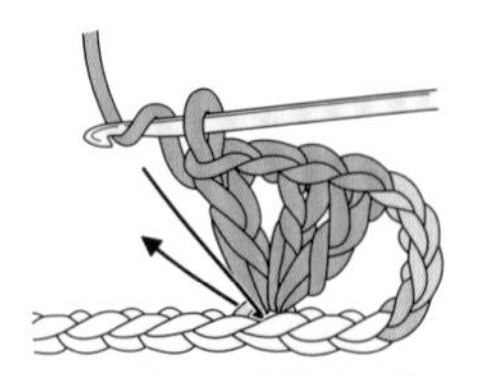

6 在同一針目中，鉤入另1針長針。

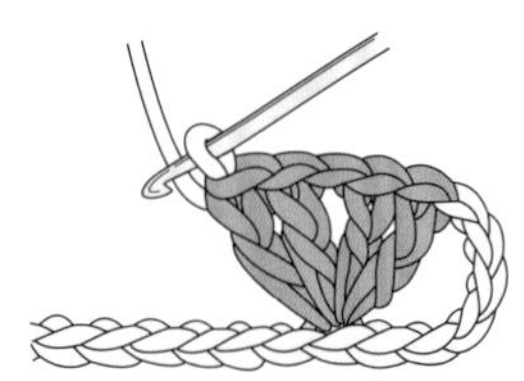

7 完成挑針鉤織的4長針加針。

3長針加針＝松編變化款

同短針，
在同一針目中鉤織。

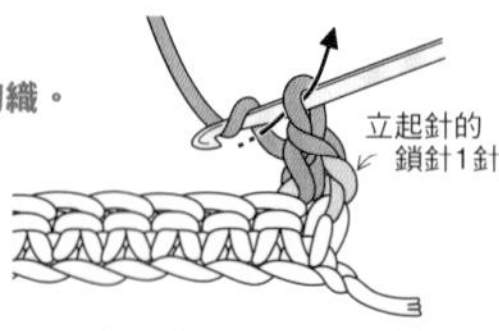
立起針的
鎖針1針

1 鉤1針短針，接著鉤針掛線。

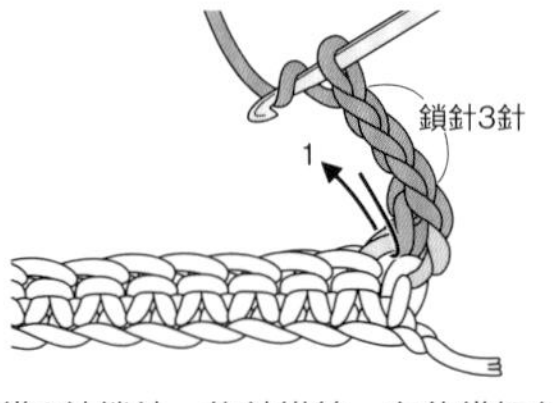
鎖針3針

2 鉤織3針鎖針。鉤針掛線，在鉤織短針的同一針目挑針。

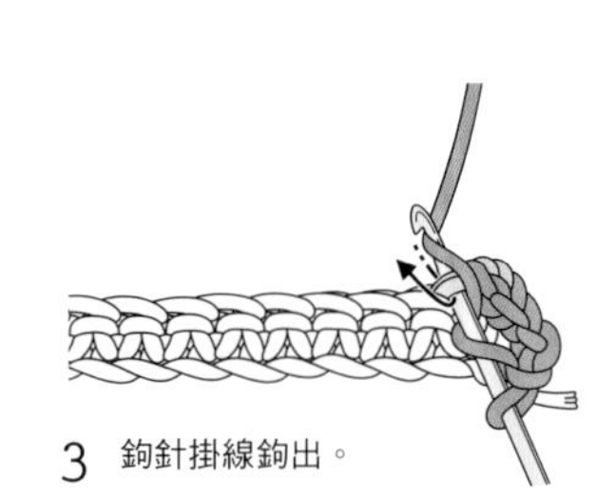

3 鉤針掛線鉤出。

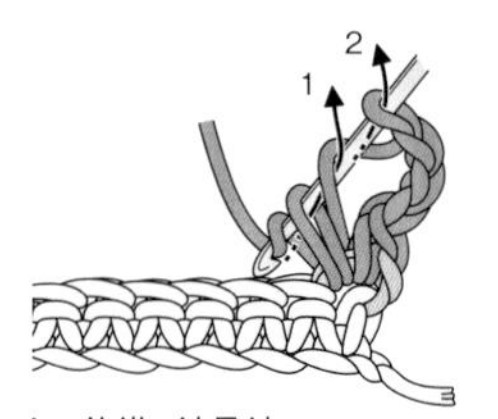

4 鉤織1針長針。

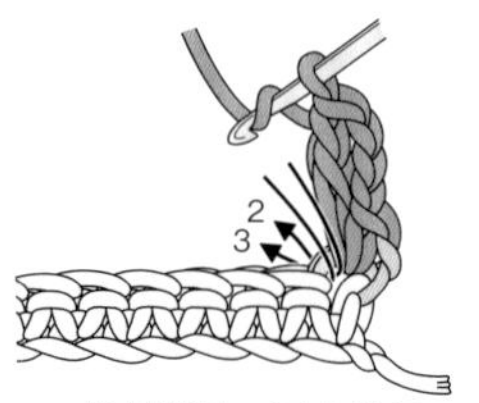

5 鉤針掛線，再次於同一針目挑針，鉤織另2針長針。

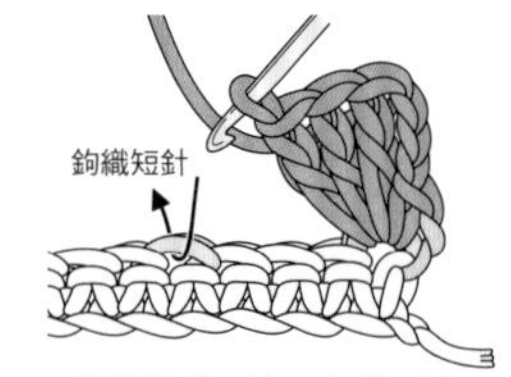
鉤織短針

6 跳過前段3針，在第4針鉤織下一個短針。

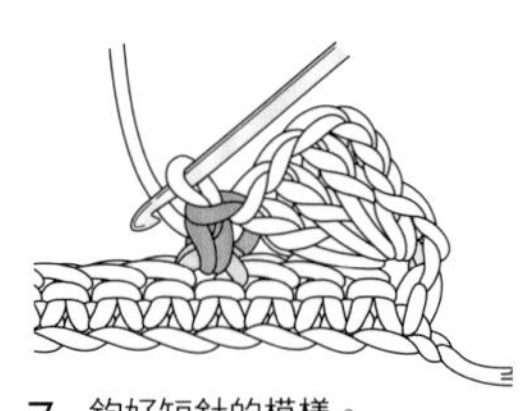

7 鉤好短針的模樣。

5長針加針＝松編

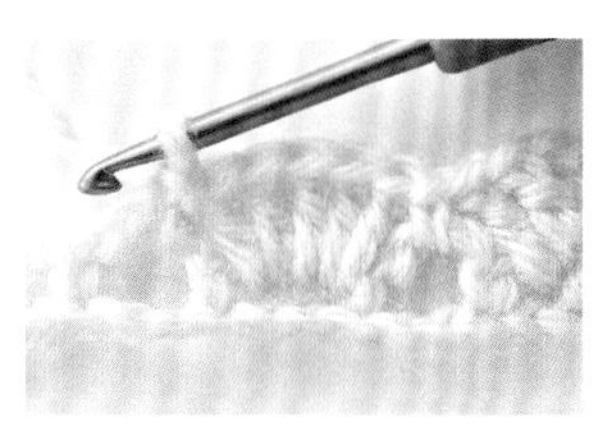

挑束鉤織

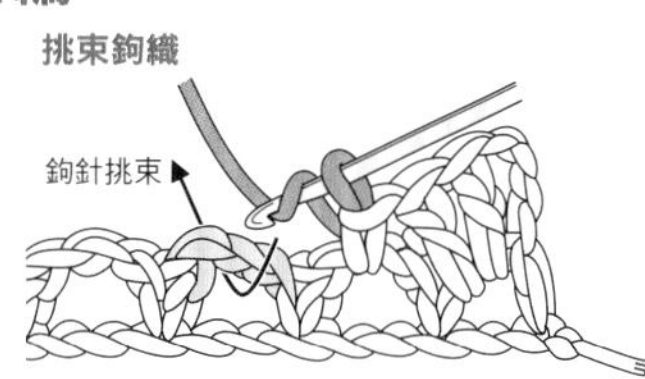
鉤針挑束

1 鉤針掛線，穿入前段鎖針下的空間（挑束）。

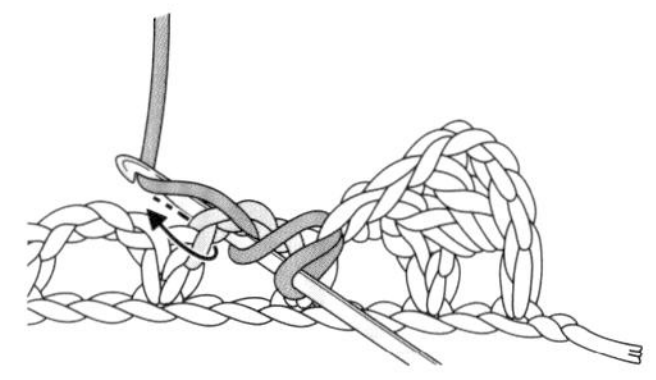

2 鉤針掛線鉤出。

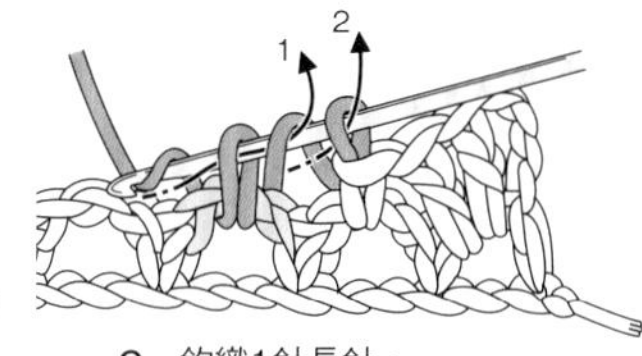
1
2

3 鉤織1針長針。

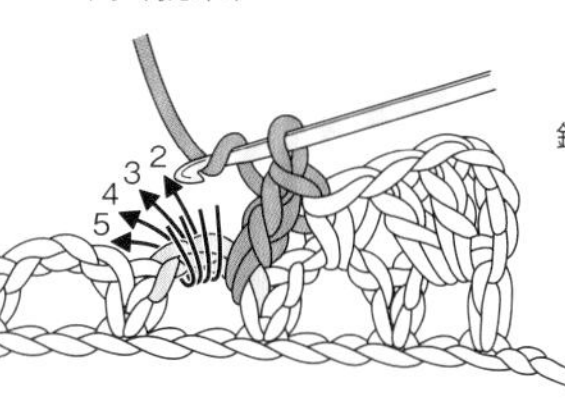
2
3
4
5

4 鉤針掛線，再次穿入第1針挑束的空間，織入另4針長針。

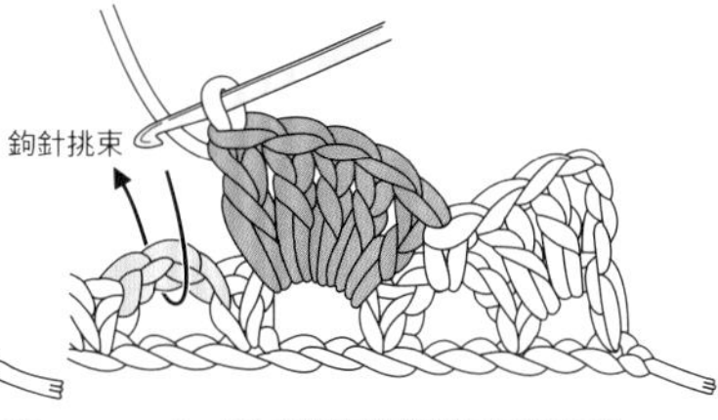
鉤針挑束

5 完成挑束鉤織的5長針加針。

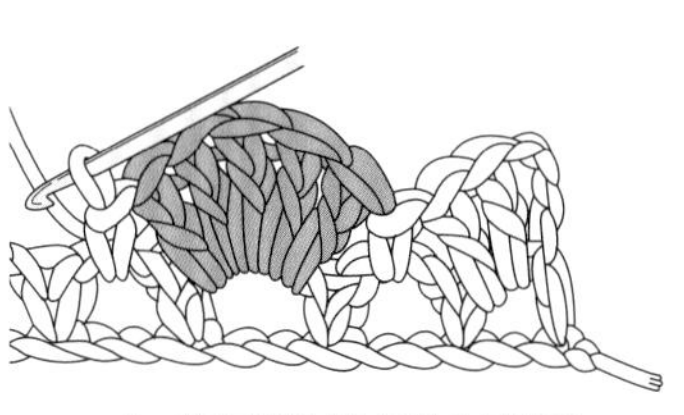

6 接下來的1針短針也是挑束鉤織。

4長針加針＝貝殼編

挑束鉤織，中間鉤1鎖針。

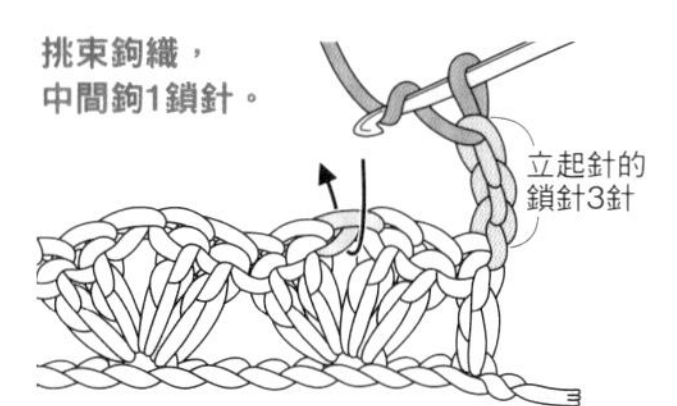
立起針的
鎖針3針

1 鉤針掛線，穿入前段鎖針下的空間（挑束）。

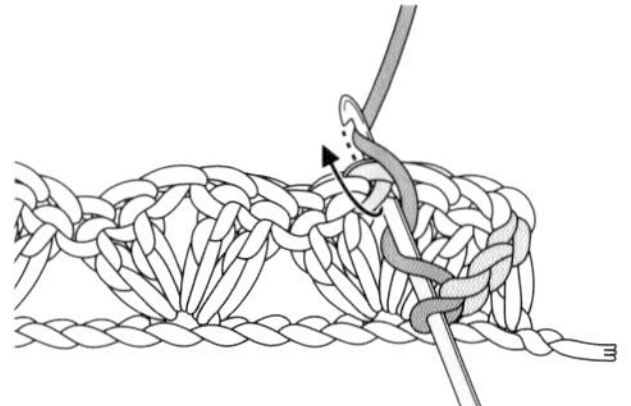

2 鉤針掛線鉤出。

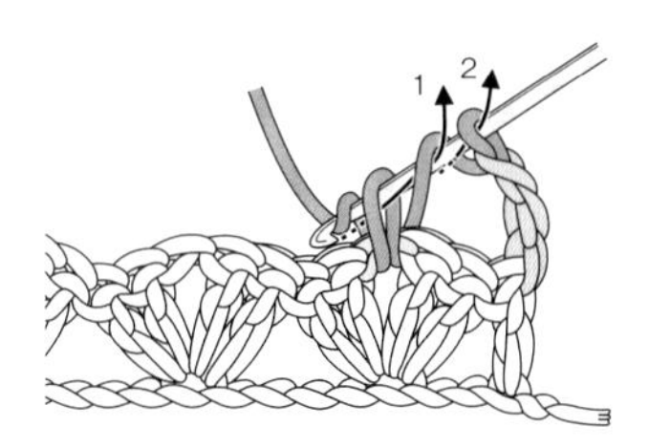
1
2

3 鉤織1針長針。

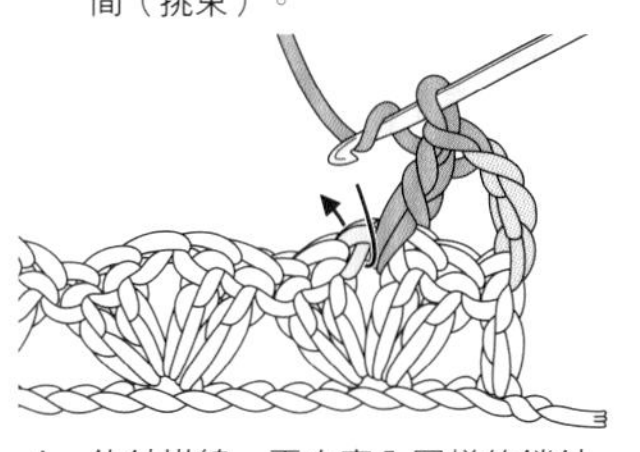

4 鉤針掛線，再次穿入同樣的鎖針下空間，織入另1針長針。

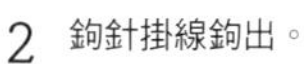

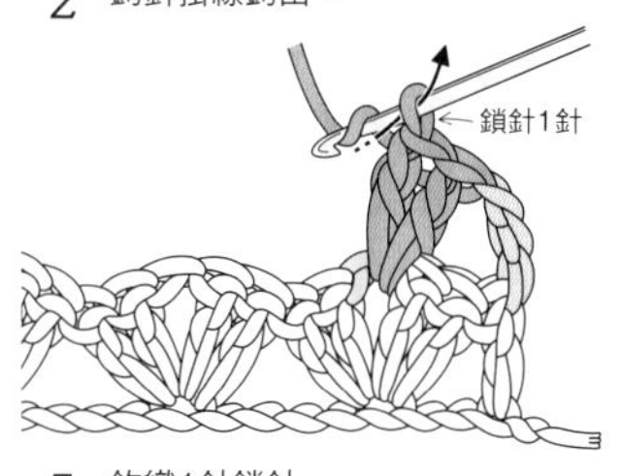
鎖針1針

5 鉤織1針鎖針。

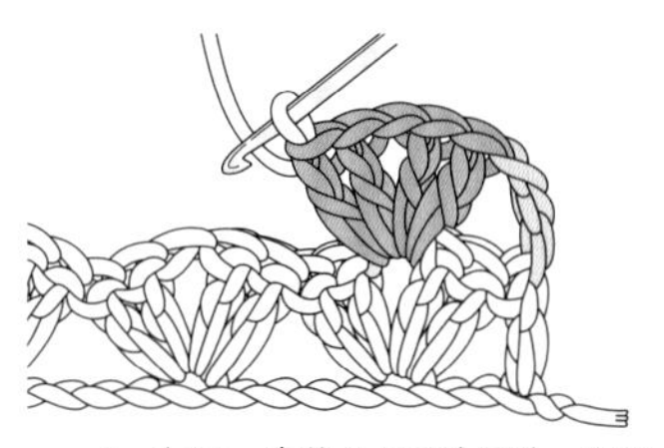

6 在同一處鉤入另2針長針。完成挑束鉤織的4長針加針。

3長針加針＝松編變化款

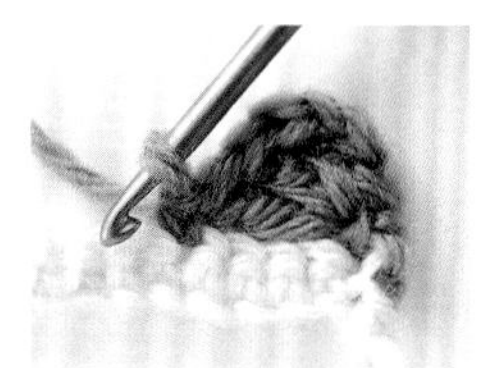

挑短針針腳鉤織

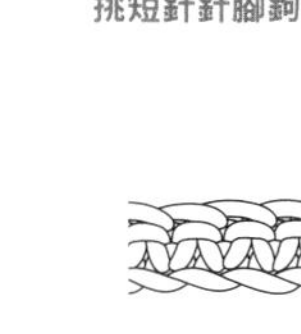
立起針的
鎖針1針

1 鉤1針短針，接著在鉤針掛線。

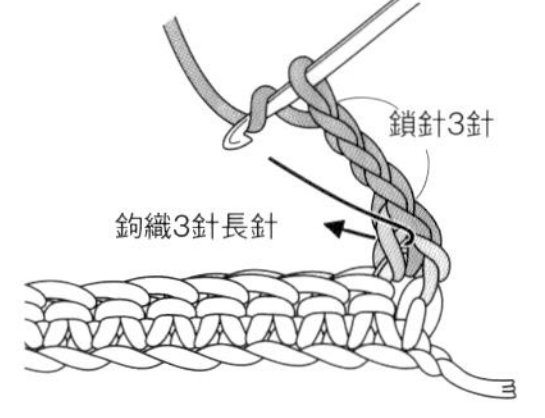
鎖針3針
鉤織3針長針

2 鉤織3針鎖針。鉤針掛線，如圖示在短針的針腳挑針。

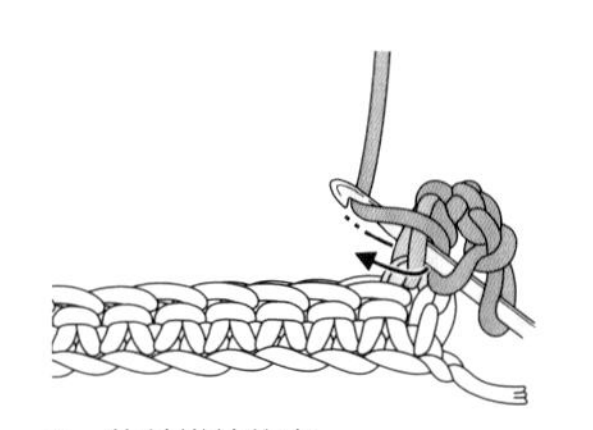

3 鉤針掛線鉤出。

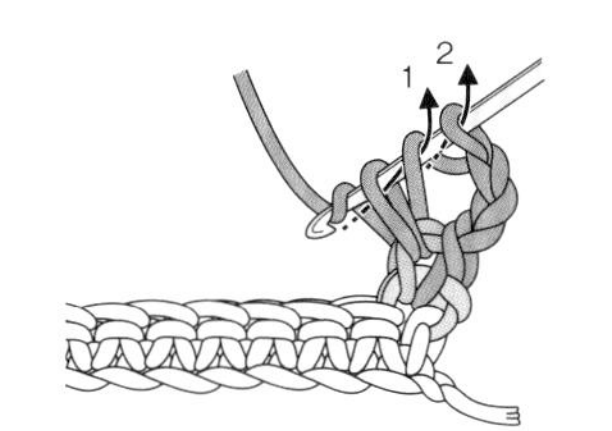
1
2

4 鉤織1針長針。

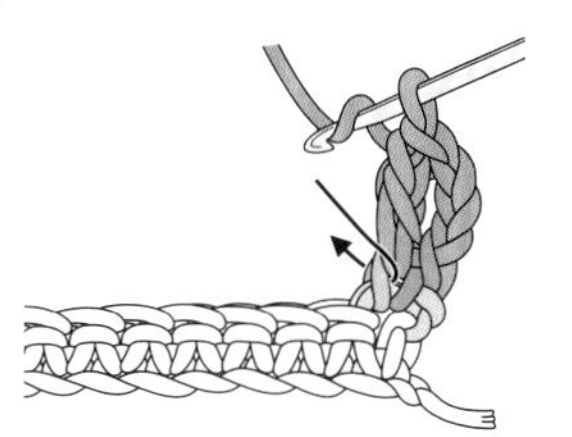

5 鉤針掛線，再次於同一短針的針腳處挑針，鉤織另2針長針。

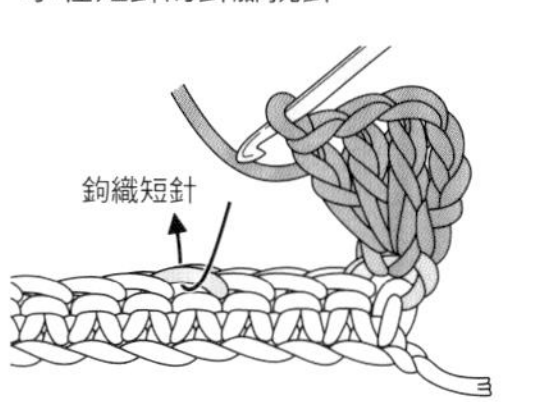
鉤織短針

6 跳過前段3針，在第4針鉤織下一個短針。

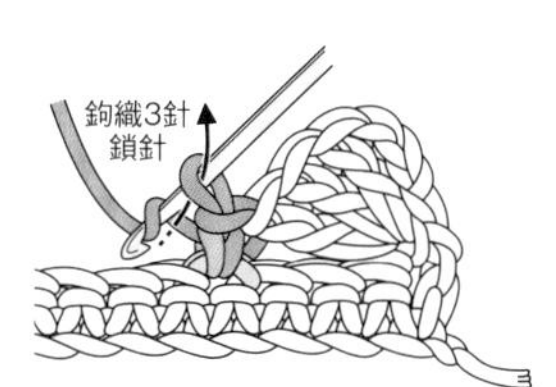
鉤織3針
鎖針

7 鉤好短針的模樣。

6長針加針＝貝殼編

挑束鉤織，
中間鉤2鎖針。

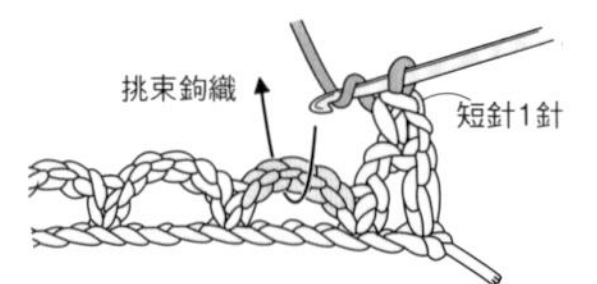

挑束鉤織
短針1針

1 鉤針掛線，穿入前段鎖針下的空間（挑束）。

2 鉤針掛線鉤出。

3 鉤織1針長針，鉤針掛線。

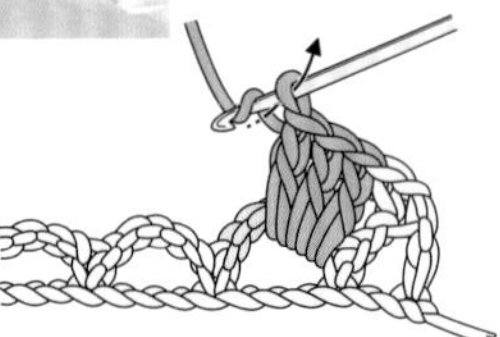

4 再次穿入同樣的鎖針下空間，織入另2針長針。

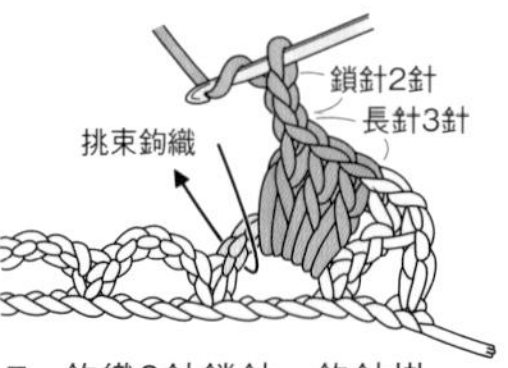

鎖針2針
長針3針
挑束鉤織

5 鉤織2針鎖針。鉤針掛線，再次穿入同樣的鎖針下空間。

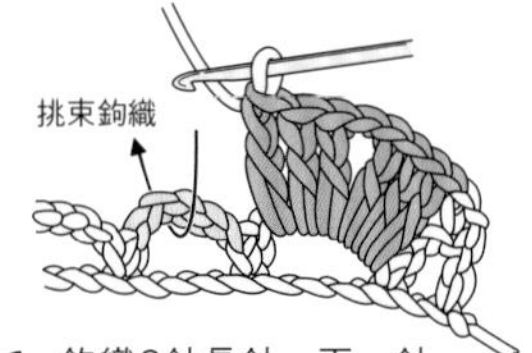

挑束鉤織

6 鉤織3針長針。下一針也是穿入鎖針下方挑束鉤織。

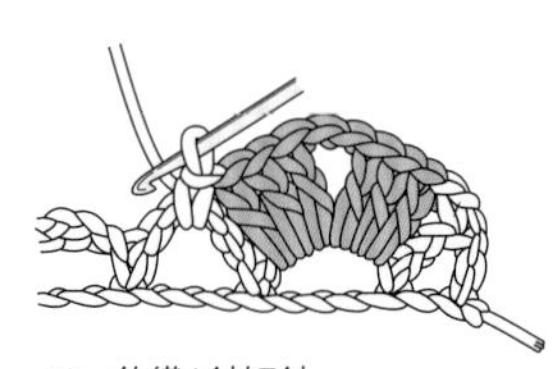

7 鉤織1針短針。

短針の畝編・筋編

畝編

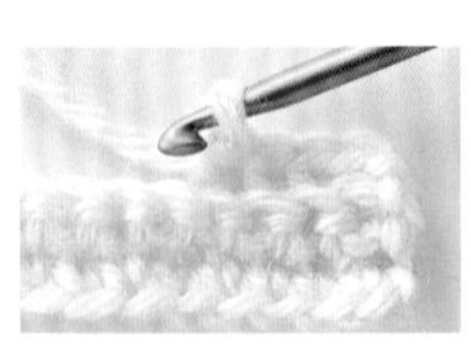

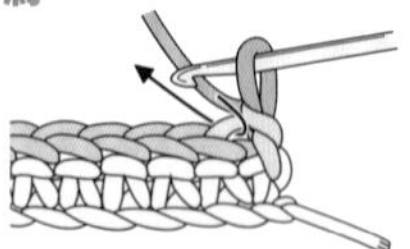

1 鉤針依箭頭方向，穿入前段右端短針針頭的外側1條線。

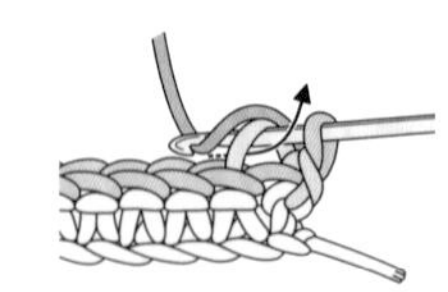

2 鉤針掛線鉤出，鉤織短針。

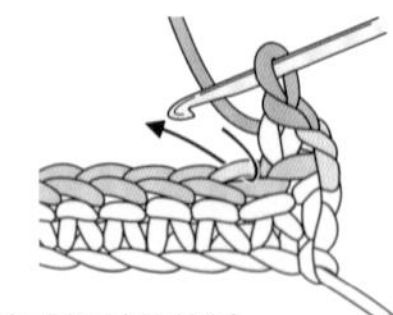

3 完成短針的畝編。

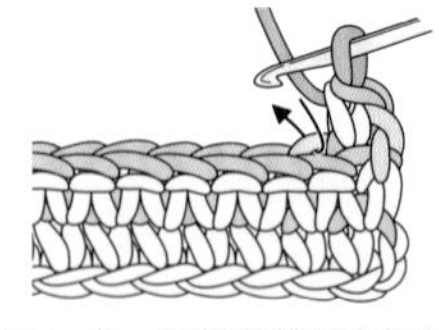

4 下一段，同樣是挑前段短針針頭的外側1條線鉤織。

筋編

背面段

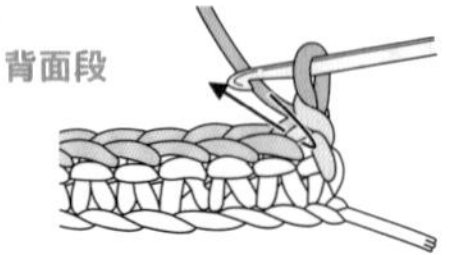

1 鉤針依箭頭方向，穿入前段第1個短針針頭的內側1條線。

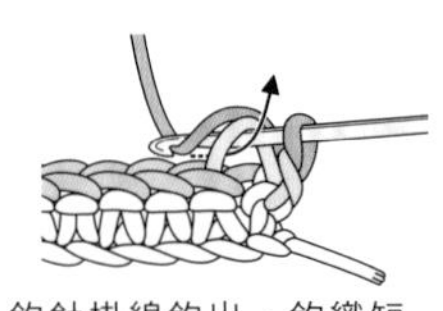

2 鉤針掛線鉤出，鉤織短針。

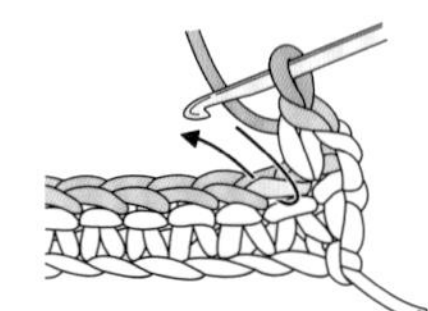

3 完成短針的筋編。

正面段

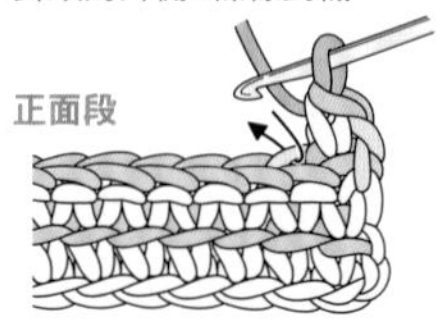

4 下一段是挑前段短針針頭的外側1條線鉤織。

環編時

立起針的鎖針1針
引拔針

1 鉤織立起針的鎖針1針，鉤針穿入前段第1個短針針頭的外側1條線。

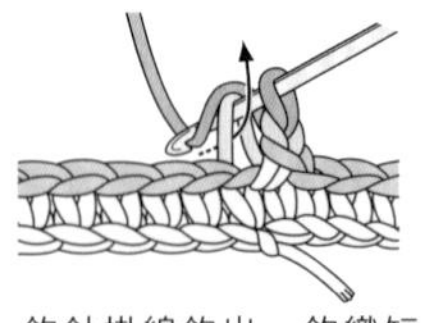

2 鉤針掛線鉤出，鉤織短針。

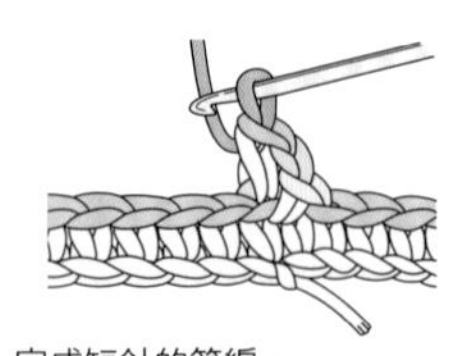

3 完成短針的筋編。

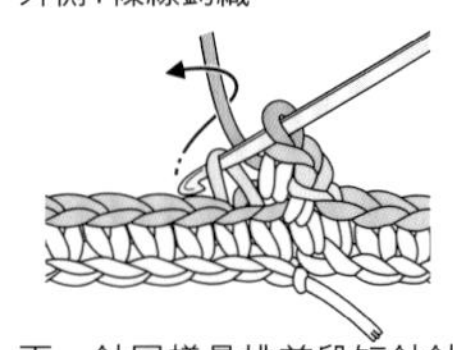

4 下一針同樣是挑前段短針針頭的外側1條線鉤織。

中長針的筋編

1 鉤針掛線，依箭頭方向穿入前段針頭的外側1條線。

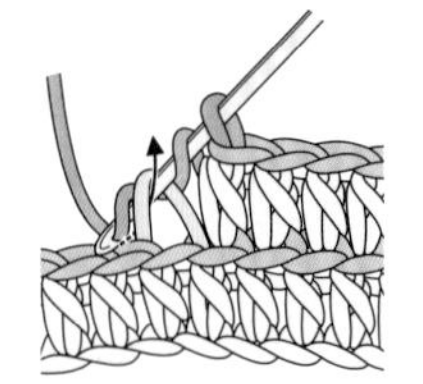

2 鉤針掛線，依箭頭方向將線鉤出。

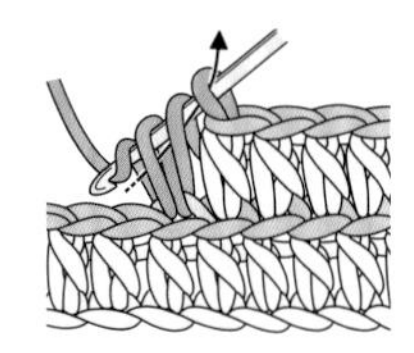

3 鉤針再次掛線，一次引拔針上3線圈。

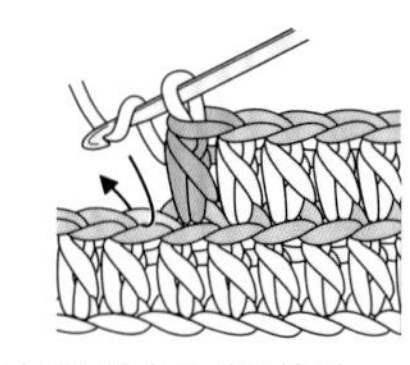

4 完成1針中長針的筋編。

長針的筋編

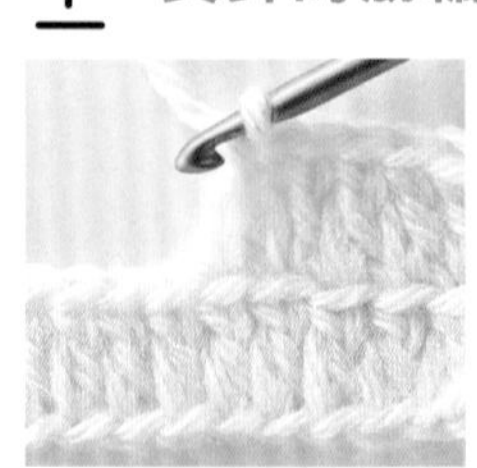

1 鉤針掛線，依箭頭方向穿入前段針頭的外側1條線。

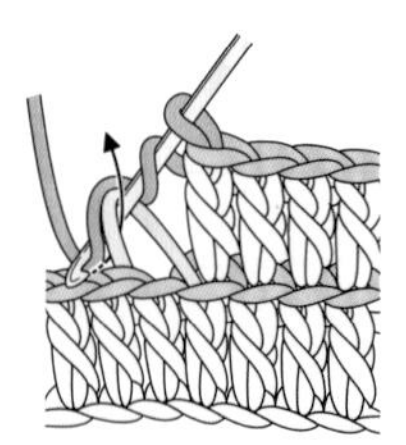

2 鉤針掛線，依箭頭方向將線鉤出。

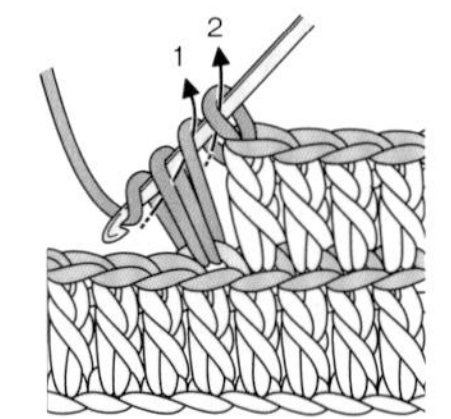

3 鉤針掛線，依箭頭方向引拔針上前2個線圈，鉤針再次掛線，一次引拔剩餘的2個線圈。

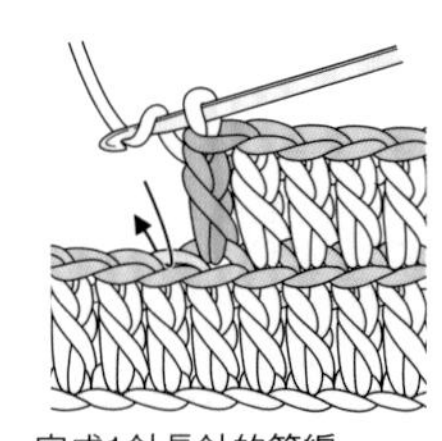

4 完成1針長針的筋編。

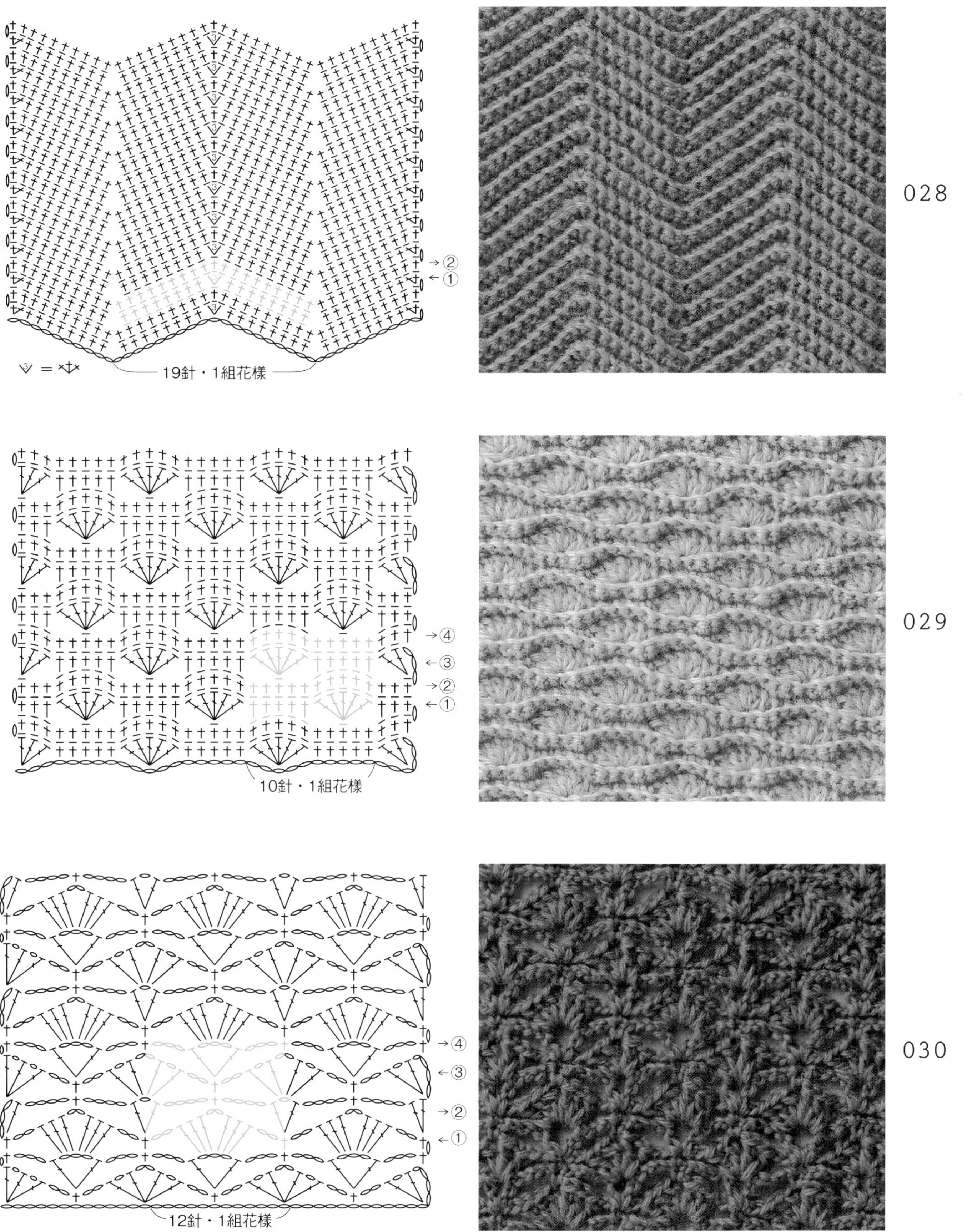

19針・1組花樣
028
10針・1組花樣
029
12針・1組花樣
030

設計／風工房　使用線材／40g・約180m

031
4針・1組花樣
＝長針是挑短針針頭內側1條線與針腳1條線鉤織
（參照p.60的引拔結粒針）。
032
10針・1組花樣
033
7針・1組花樣

設計／岡本真希子　使用線材／40g・約180m

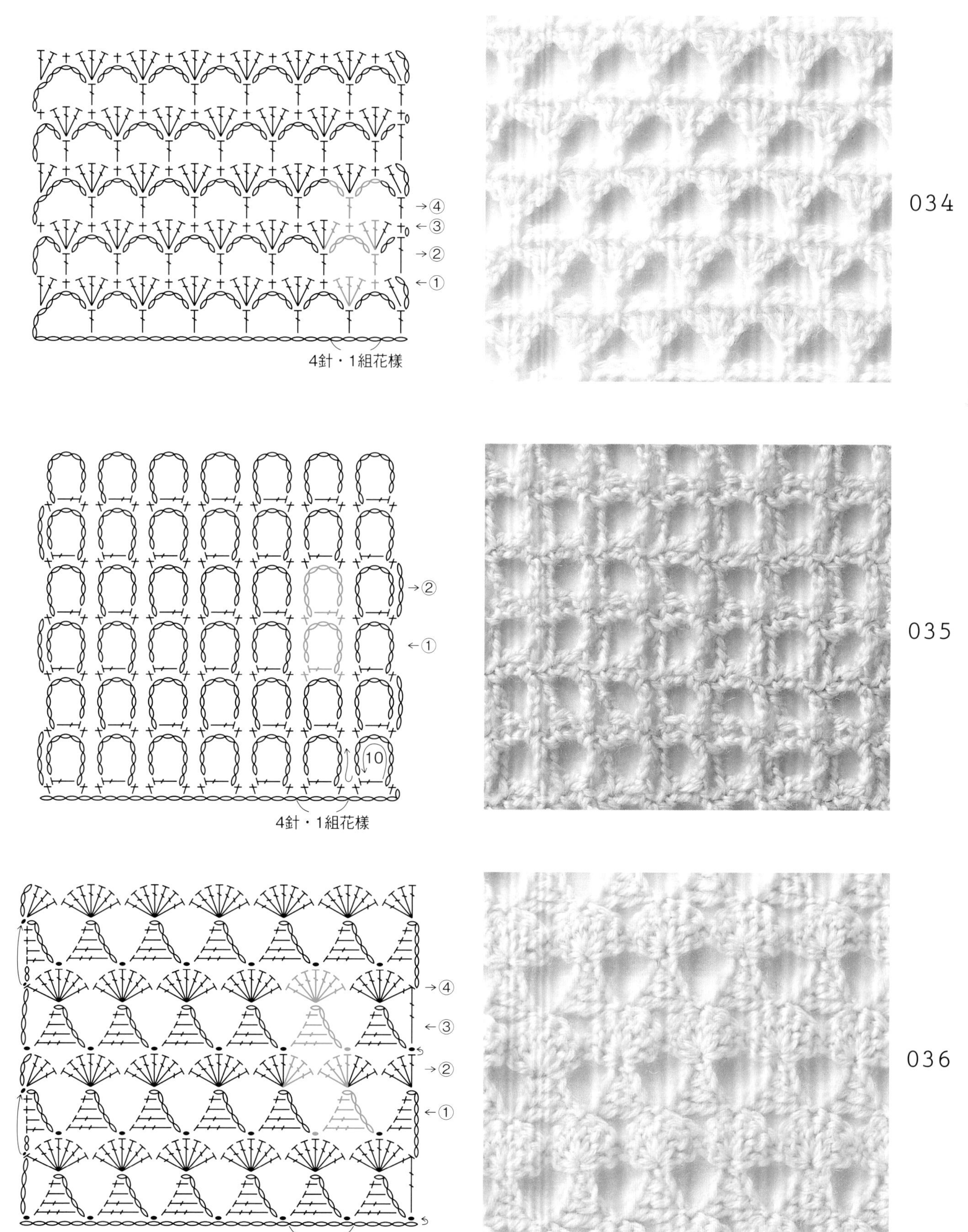
→④
←③
→②
←①
4針・1組花樣
034
→②
←①
10
4針・1組花樣
035
→④
←③
→②
←①
5針・1組花樣
036
基本針法・由1針鉤出的針法・松編・貝殼編・畝編・筋編

設計／柴田 淳　使用線材／40g・約160m

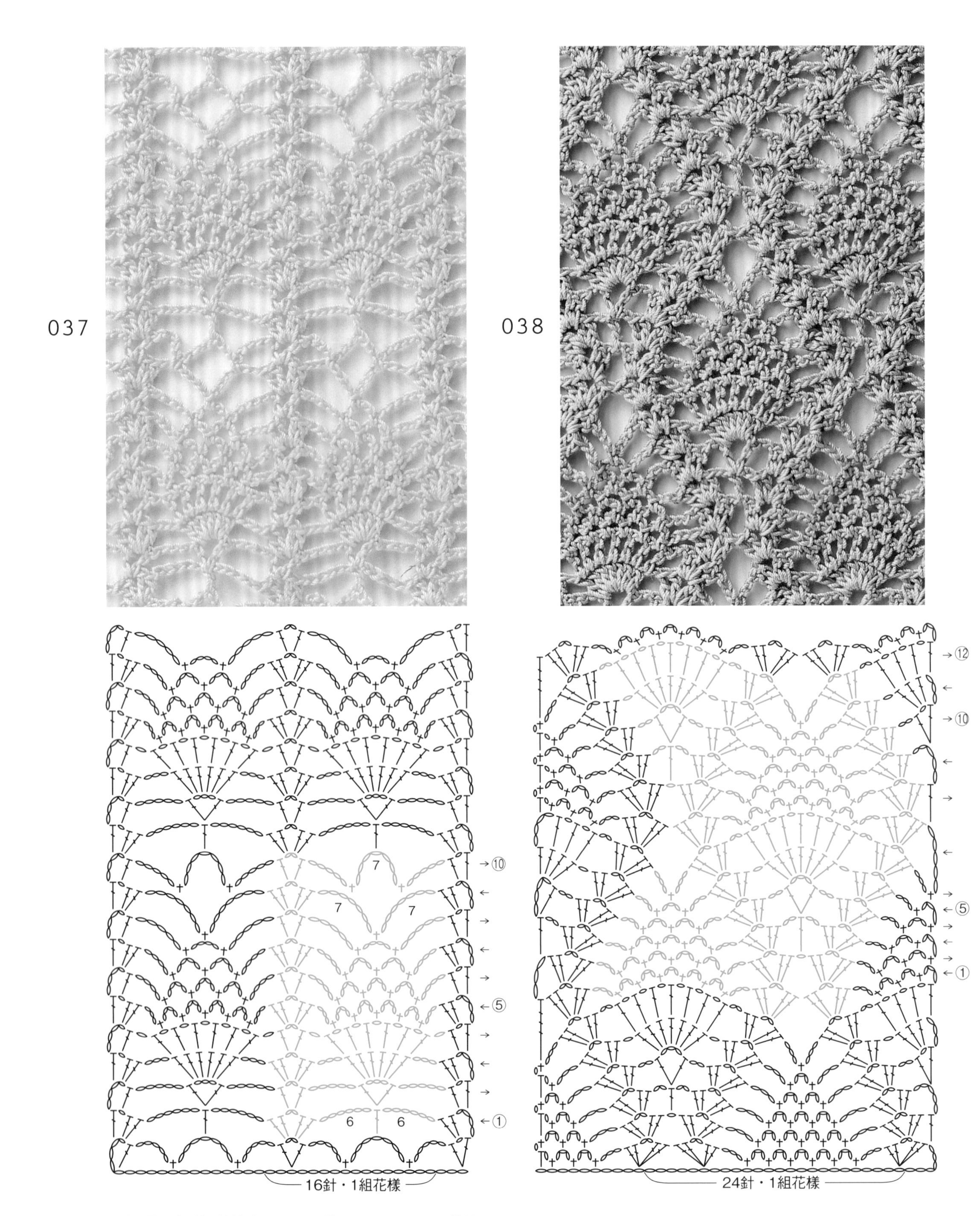
037
038
→⑩
←
→
←
→
←⑤
→
←
→
←①
7
7
7
6
6
16針・1組花様
→⑫
←
→⑩
←
→
←
→
←⑤
→
←
→
←①
24針・1組花様

設計／風工房　使用線材／037＝50g・約218m　038＝20g・約88m

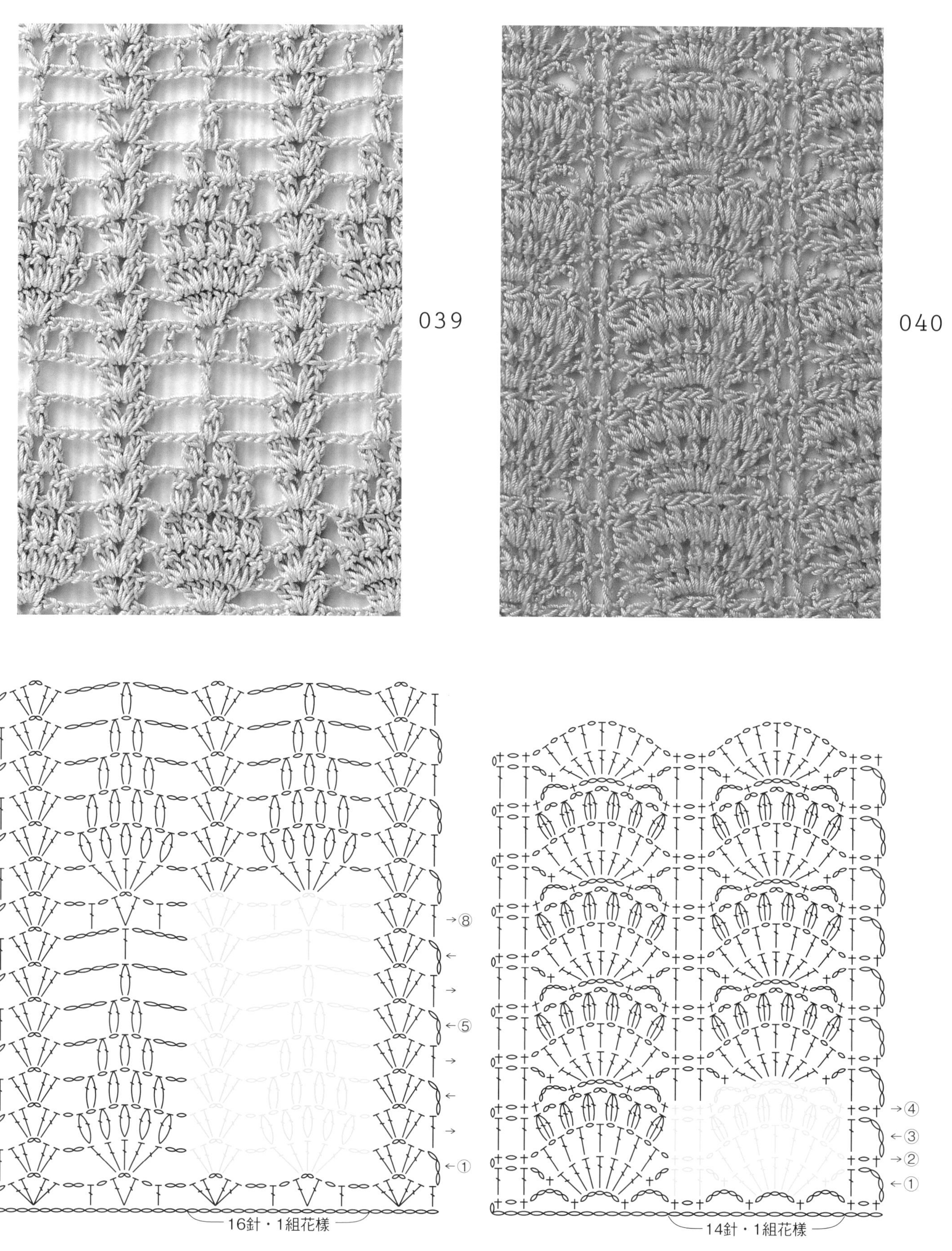
039
040
基本針法・由1針鉤出的針法・松編・貝殼編・畝編・筋編
→⑧
←⑤
←①
16針・1組花様
→④
←③
→②
←①
14針・1組花様

合併成1針的針法

這是將數針合併成1針的技法。
將各針目鉤織至未完成的狀態，
並且在最後，一次引拔所有針目。
通常搭配由1針鉤出的針法或鎖針，組合出花樣。

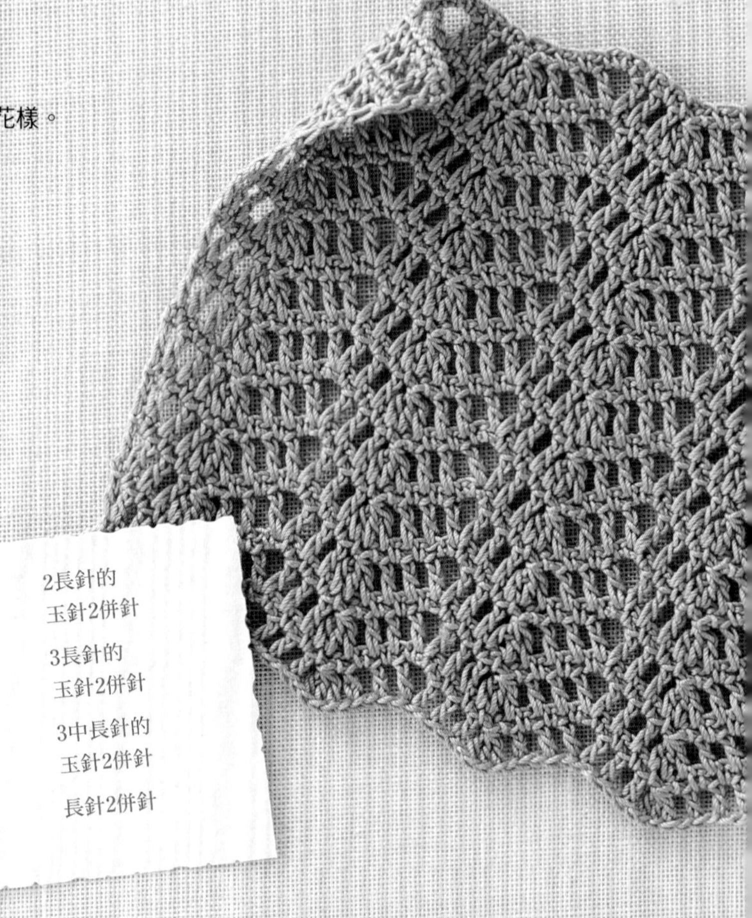

短針2併針
短針3併針
中長針2併針
中長針3併針
長針2併針
長針3併針
長針4併針
長針5併針
2長針的玉針2併針
3長針的玉針2併針
3中長針的玉針2併針
長針2併針

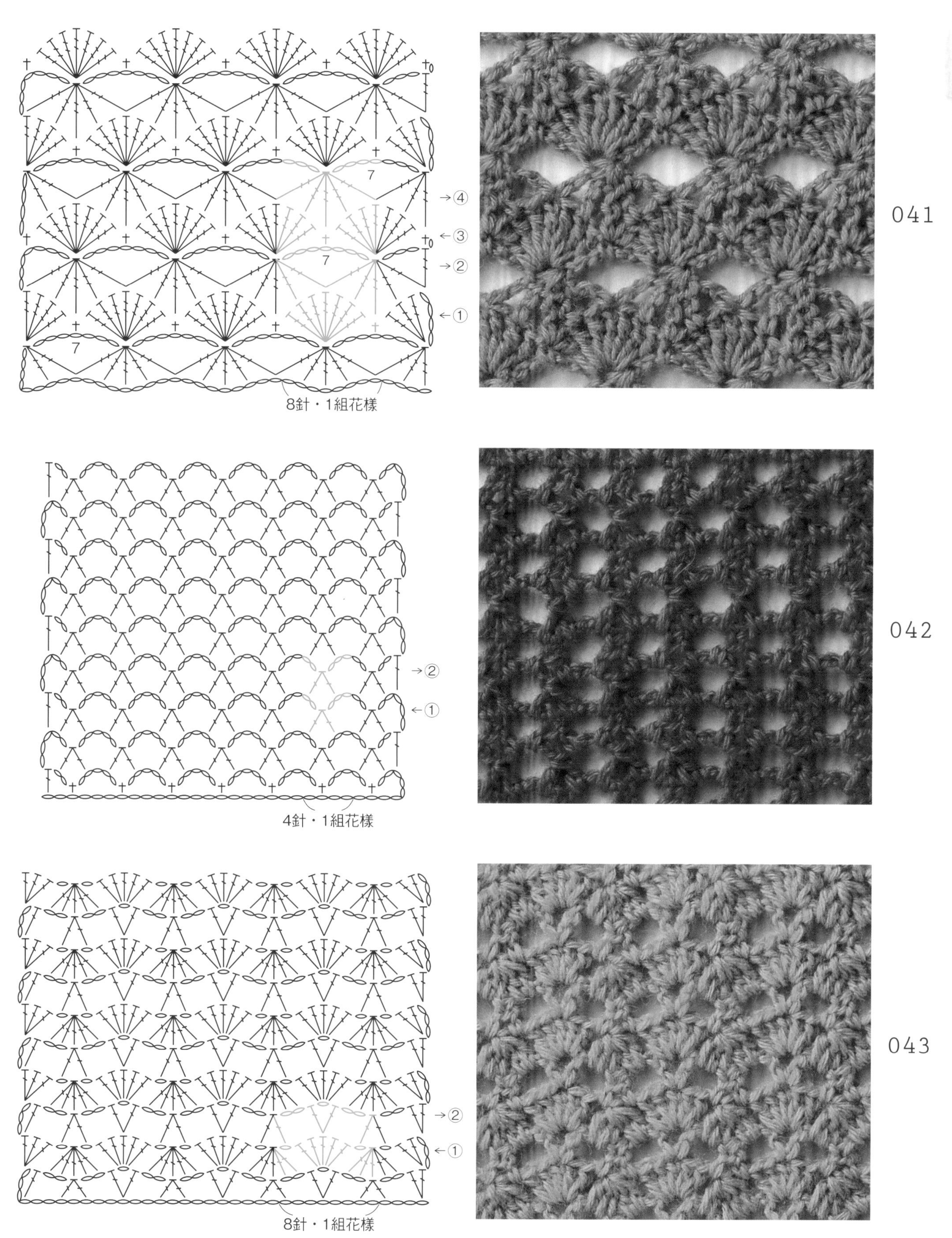
7
7
7
→④
←③
→②
←①
8針・1組花樣
041
→②
←①
4針・1組花樣
042
→②
←①
8針・1組花樣
043

設計／柴田 淳　使用線材／40g・約180m

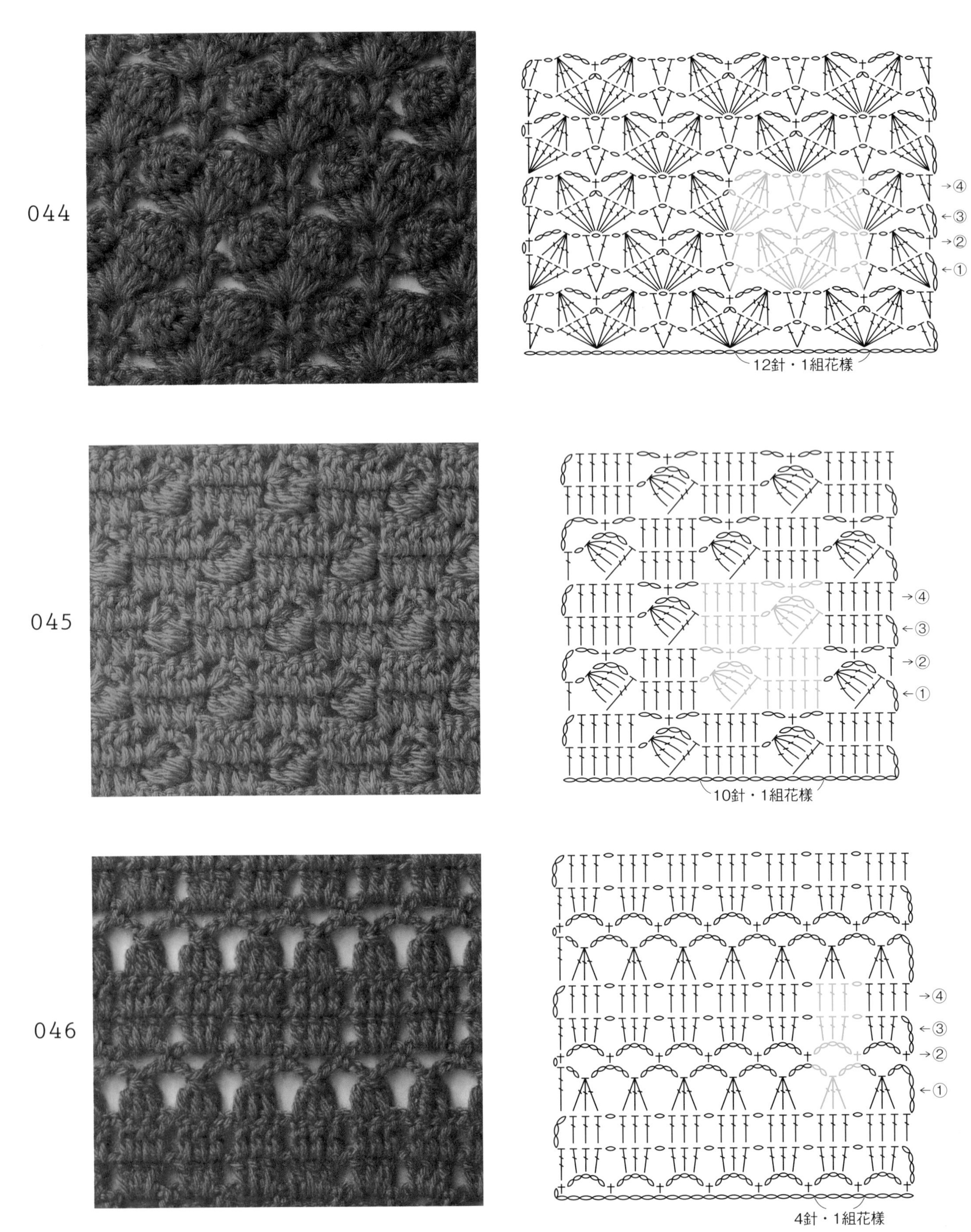
044
→④
←③
→②
←①
12針・1組花様
045
→④
←③
→②
←①
10針・1組花様
046
→④
←③
→②
←①
4針・1組花様

設計／本間さき子　使用線材／40g・約180m

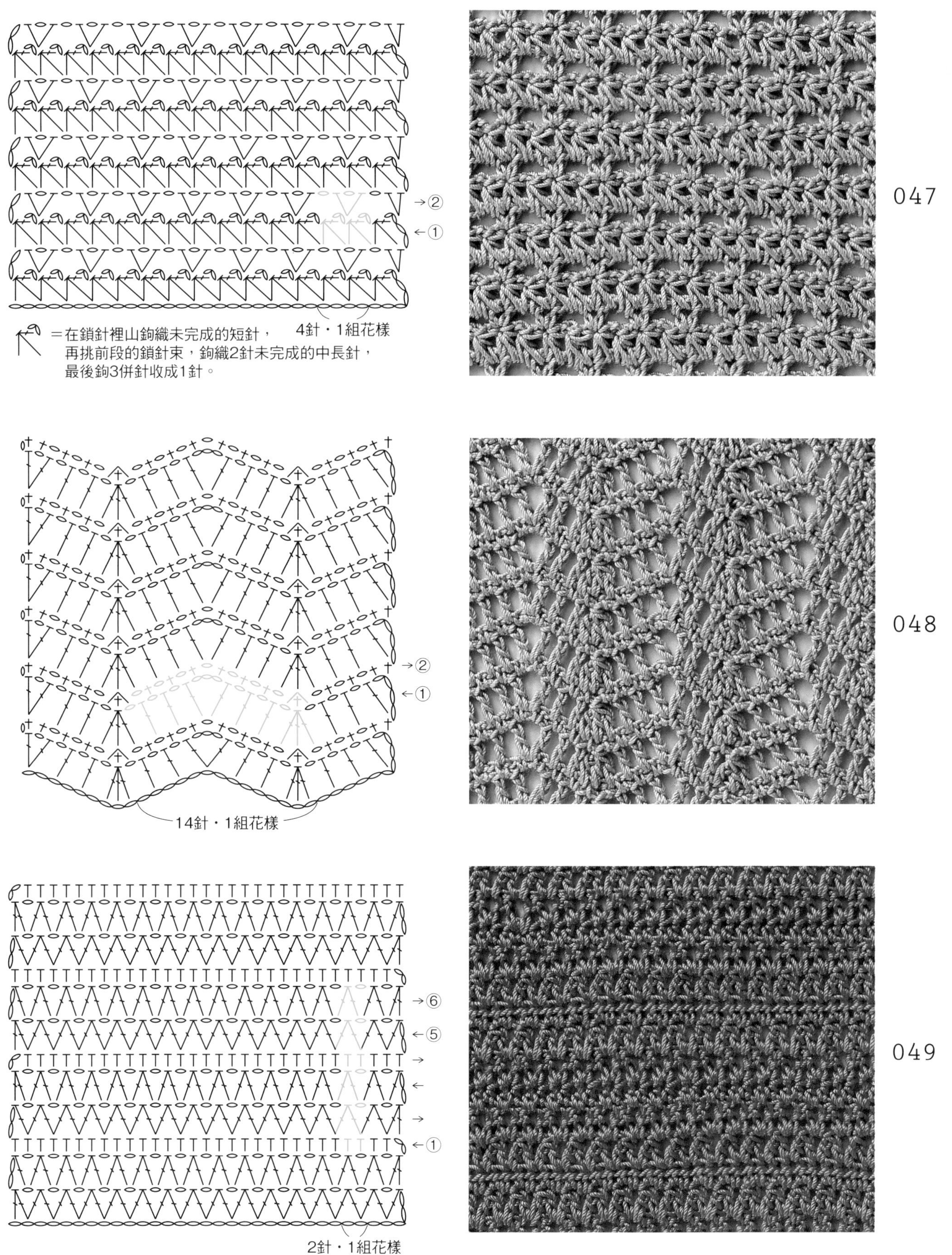
→②
←①
4針・1組花樣
＝在鎖針裡山鉤織未完成的短針，
再挑前段的鎖針束，鉤織2針未完成的中長針，
最後鉤3併針收成1針。
047
→②
←①
14針・1組花樣
048
→⑥
←⑤
→
←
→
←①
2針・1組花樣
049

設計／広瀬光治　使用線材／047＝50g・約218m　048、049＝10g・約44m

短針2併針

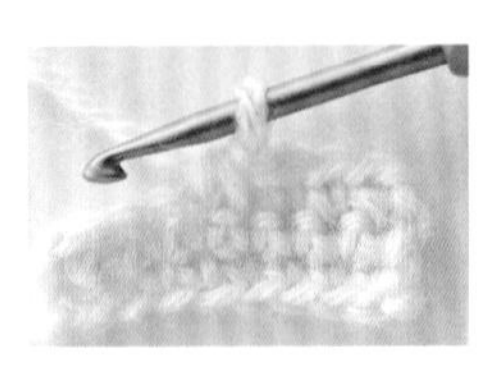

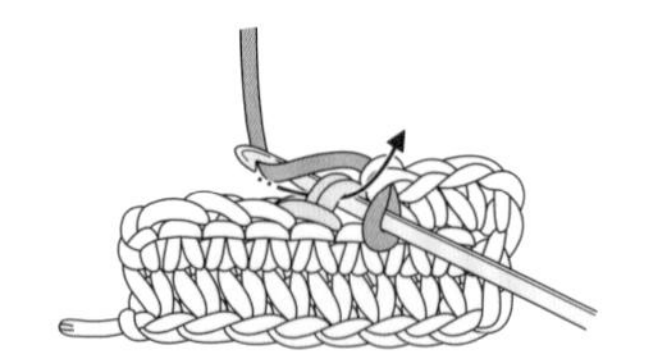

1 鉤針穿入前段針頭的2條線，掛線鉤出（未完成的短針）。

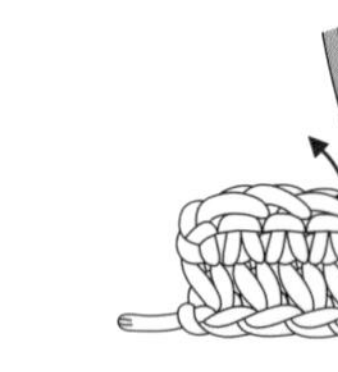

2 下一針同樣穿入前段針頭的2條線。

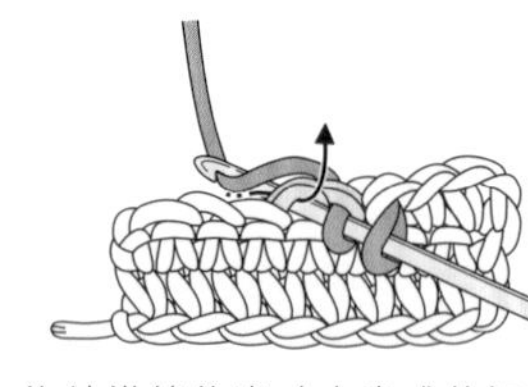

3 鉤針掛線鉤出（未完成的短針）。

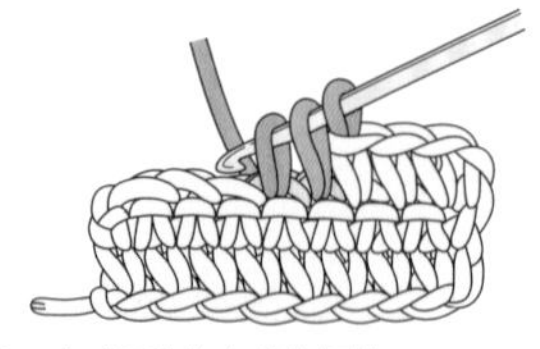

4 完成2針未完成的短針。

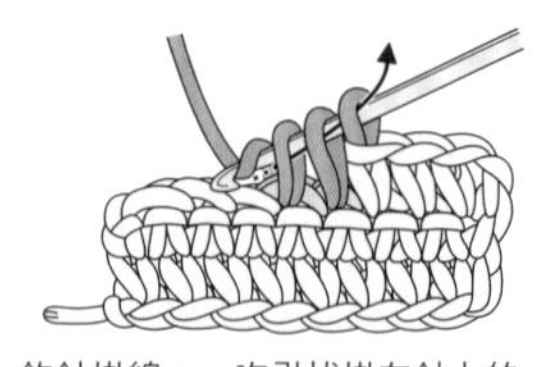

5 鉤針掛線，一次引拔掛在針上的3個線圈。

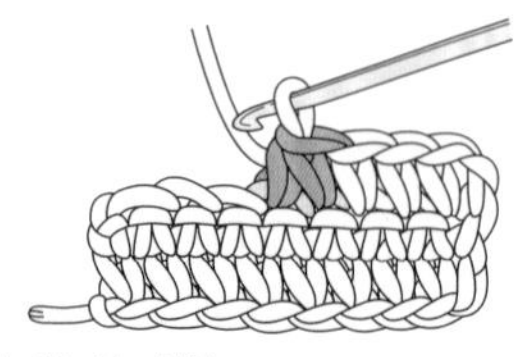

6 完成短針2併針。

中長針2併針

挑2針鉤織

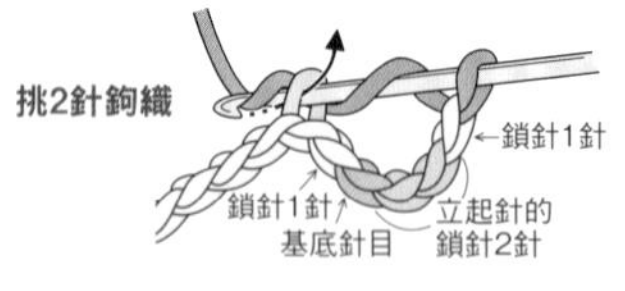
鎖針1針
鎖針1針
基底針目
立起針的
鎖針2針

1 鉤針掛線，穿入鎖針裡山。再次掛線後，鉤出織線（未完成的中長針）。

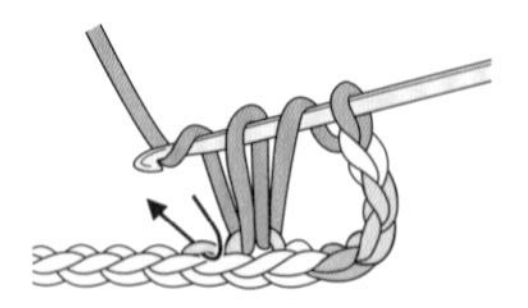

2 鉤針掛線，在下1個鎖針的裡山穿入鉤針。

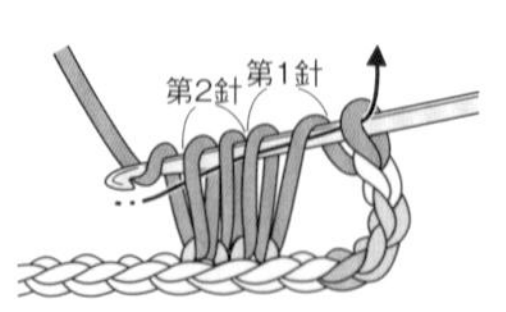
第2針
第1針

3 再鉤1針未完成的中長針。鉤針掛線之後，一次引拔鉤針上的5個線圈。

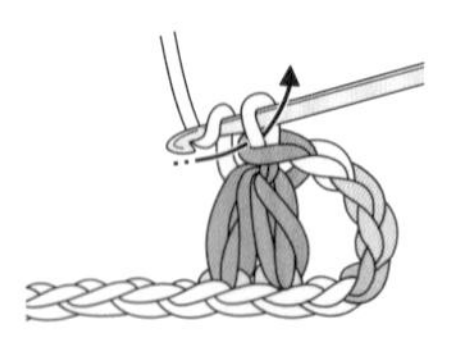

4 完成中長針2併針。

挑束鉤織

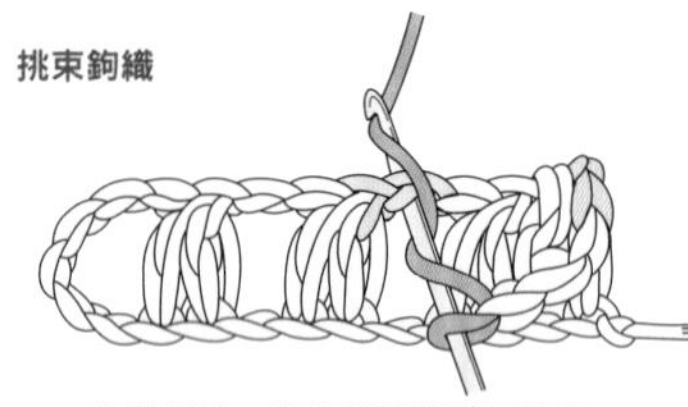

1 鉤針掛線，穿入前段鎖針下的空間（挑束），鉤針再次掛線。

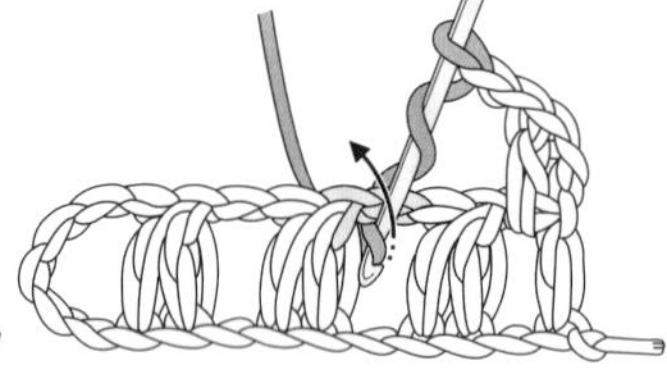

2 鉤出織線（未完成的中長針）。

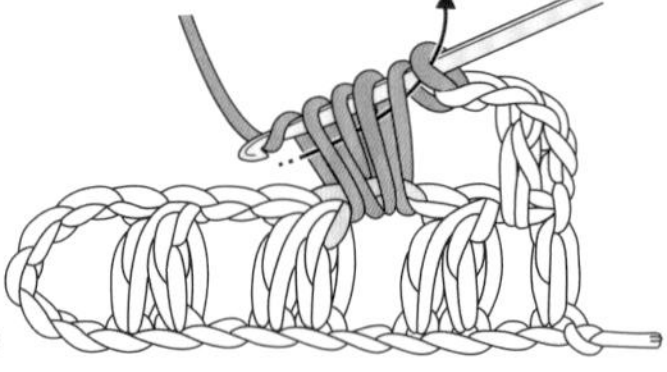

3 再鉤1針未完成的中長針。鉤針掛線之後，一次引拔鉤針上的5個線圈。

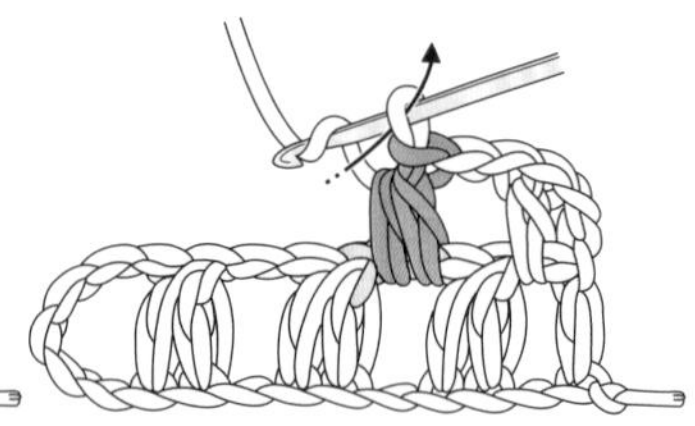

4 完成中長針2併針。

長針2併針

挑2針鉤織

未完成的長針
鎖針1針
立起針的
鎖針3針
基底針目

1 鉤針穿入鎖針裡山，鉤織1針未完成的長針。接著再次掛線。

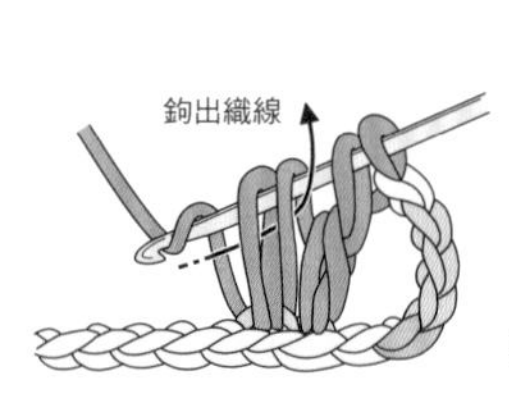
鉤出織線

2 第2針同樣是挑下1個鎖針的裡山，鉤織未完成的長針。

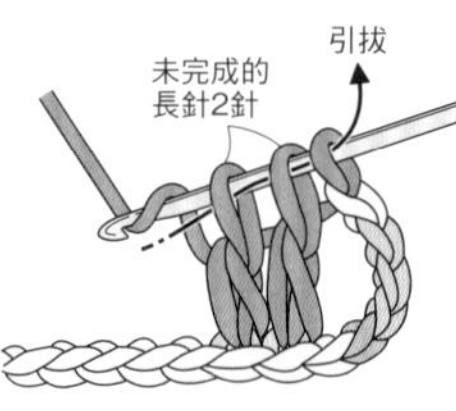
未完成的
長針2針
引拔

3 鉤針掛線，一次引拔鉤針上的3個線圈。

4 完成長針2併針。

挑束鉤織

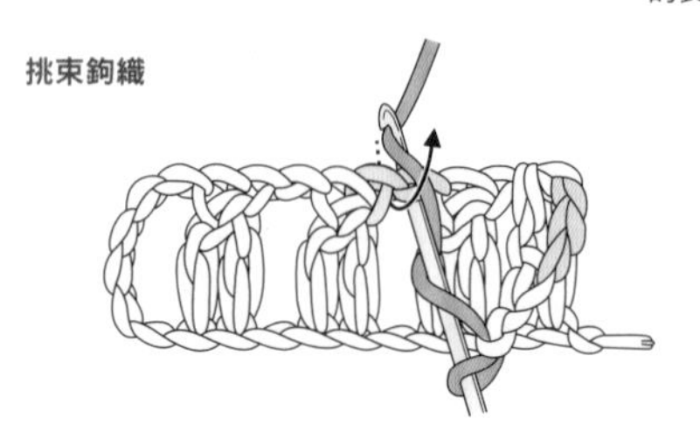

1 鉤針掛線，穿入前段鎖針下的空間（挑束），接著再次掛線、鉤出。

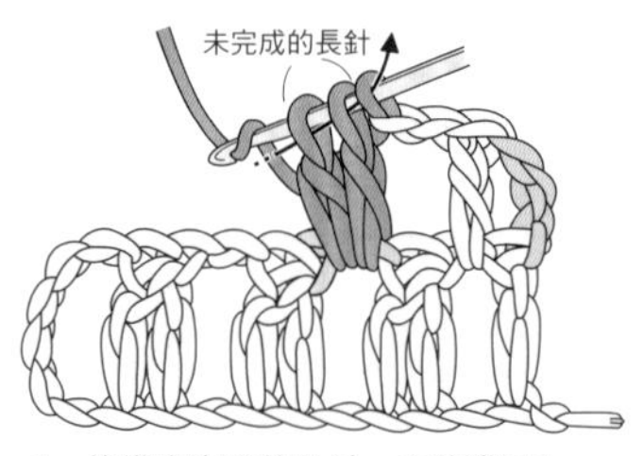
未完成的長針

2 鉤織未完成的長針。再鉤織另1針未完成的長針。鉤針掛線，一次引拔鉤針上的3個線圈。

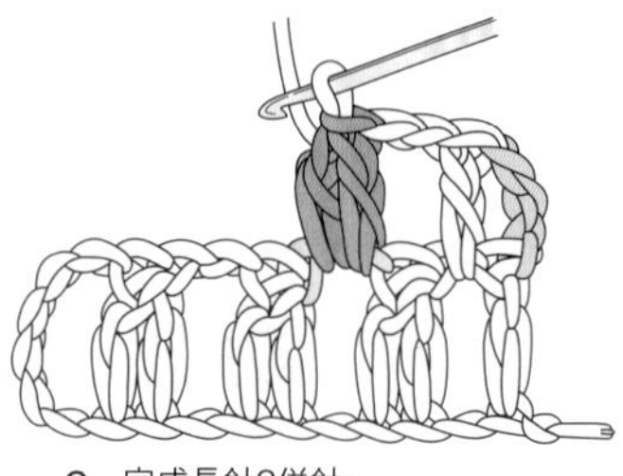

3 完成長針2併針。

短針3併針

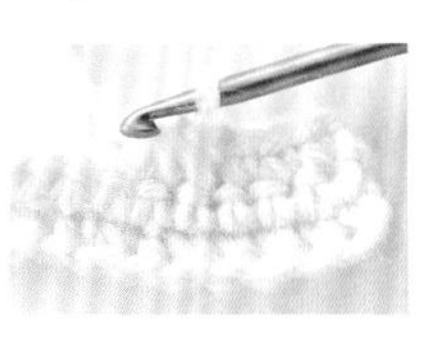

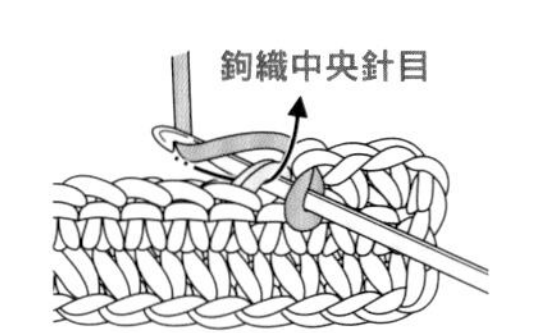
鉤織中央針目

1 鉤針穿入前段針頭的2條線，掛線鉤出（未完成的短針）。

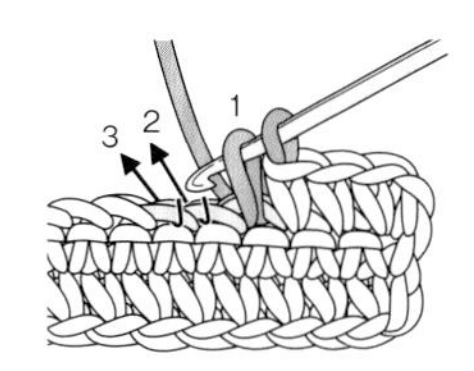
3
2
1

2 下一針同樣穿入前段針頭的2條線，鉤針掛線鉤出（未完成的短針）。

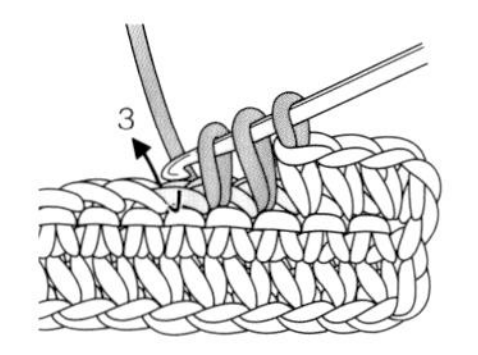
3

3 第3針同樣穿入前段針頭的2條線，鉤針掛線鉤出（未完成的短針）。

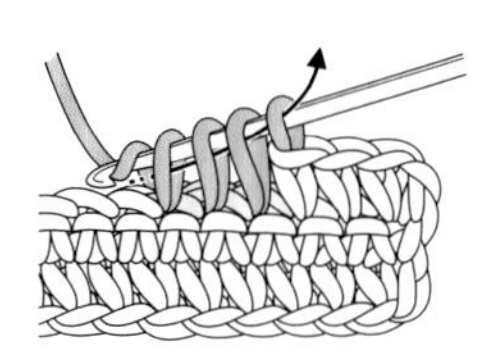

4 鉤針掛線，一次引拔掛在針上的4個線圈。

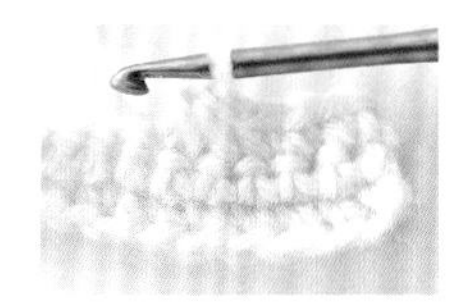

跳過中央針目

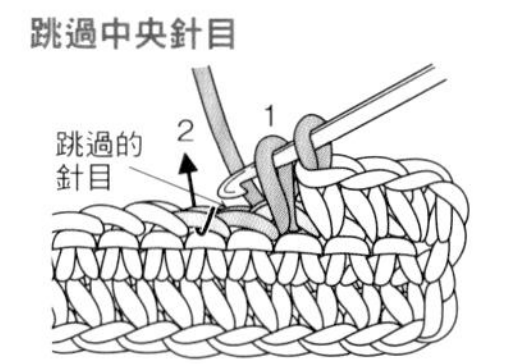
跳過的
針目
2
1

1 鉤針穿入前段針頭的2條線，掛線鉤出（未完成的短針）。下一針不織，直接跳過。

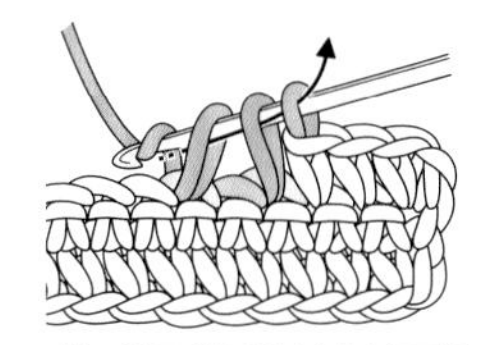

2 第3針同樣是挑前段針頭的2條線，鉤織未完成的短針。接著鉤針掛線，一次引拔掛在針上的3個線圈。

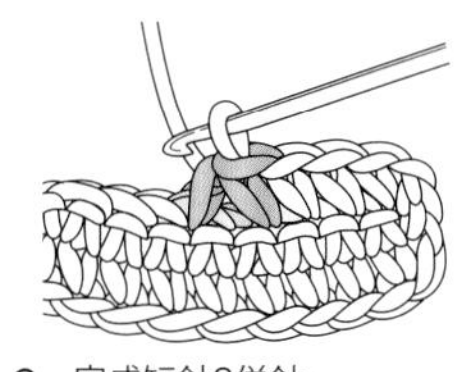

3 完成短針3併針。

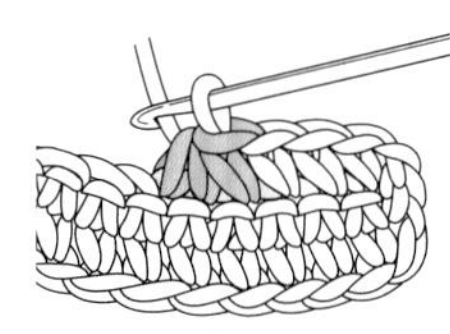

5 完成短針3併針。

中長針3併針

挑3針鉤織

基底針目
鎖針1針
立起針的鎖針2針

1 鉤針掛線，穿入鎖針裡山。鉤織未完成的中長針。

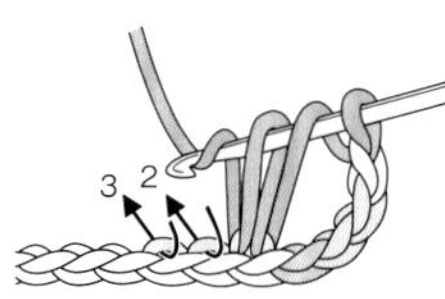
3
2

2 鉤針掛線，在下1個鎖針的裡山穿入鉤針。

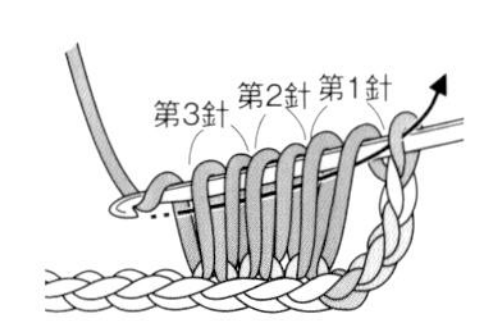
第3針
第2針
第1針

3 鉤織2針未完成的中長針之後。鉤針掛線，一次引拔鉤針上的7個線圈。

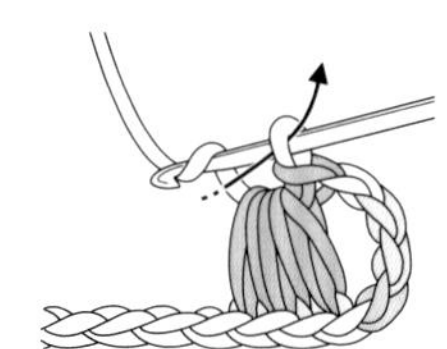

4 完成中長針3併針。

挑束鉤織

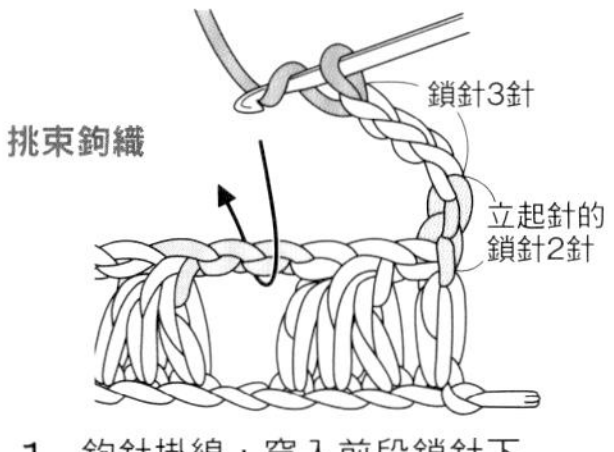
鎖針3針
立起針的
鎖針2針

1 鉤針掛線，穿入前段鎖針下的空間（挑束）。

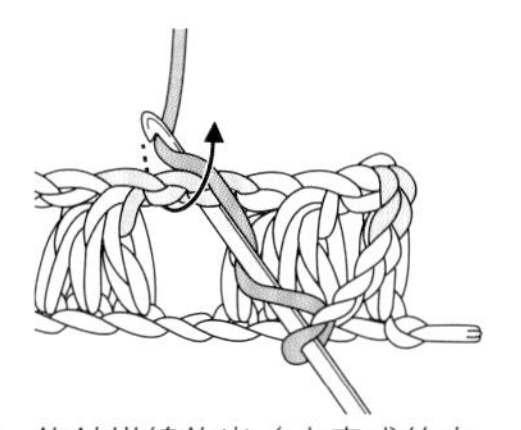

2 鉤針掛線鉤出（未完成的中長針）。

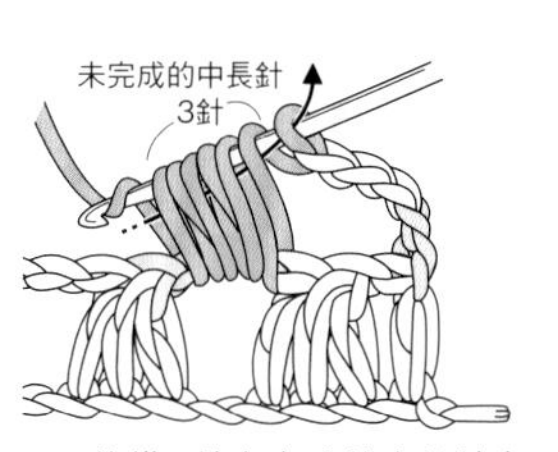
未完成的中長針
3針

3 鉤織2針未完成的中長針之後。鉤針掛線，一次引拔鉤針上的7個線圈。

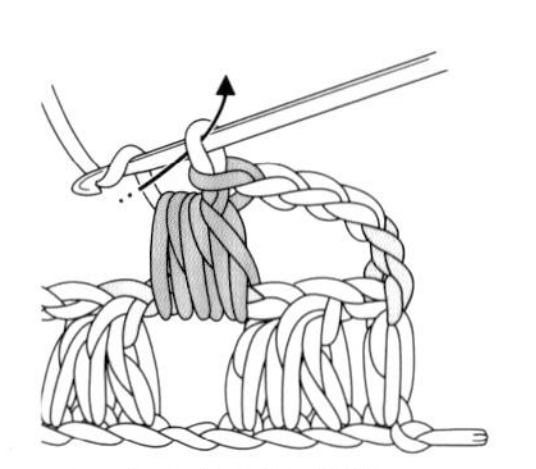

4 完成中長針3併針。

長針3併針

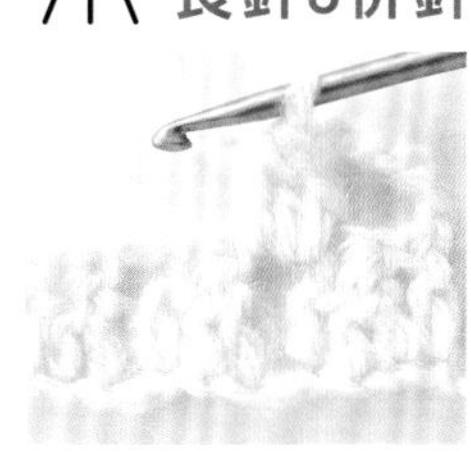

挑3針鉤織

鎖針1針
立起針的
鎖針3針
基底針目

1 鉤針穿入鎖針裡山，鉤織1針未完成的長針。接著再次掛線。

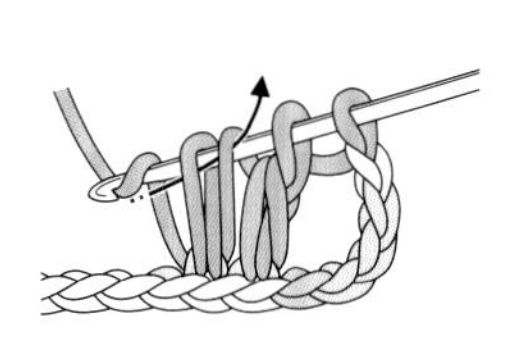

2 第2針同樣是挑下1個鎖針的裡山，鉤織未完成的長針。

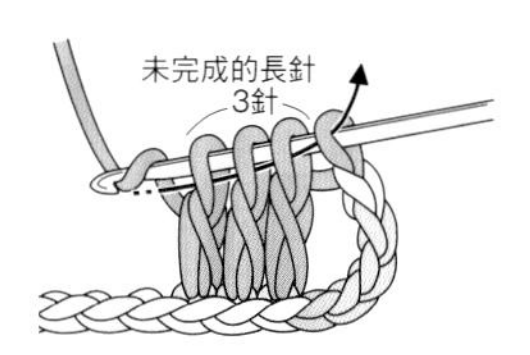
未完成的長針
3針

3 第3針同樣也是鉤織未完成的長針。接著鉤針掛線，一次引拔鉤針上的4個線圈。

4 完成長針3併針。

挑束鉤織

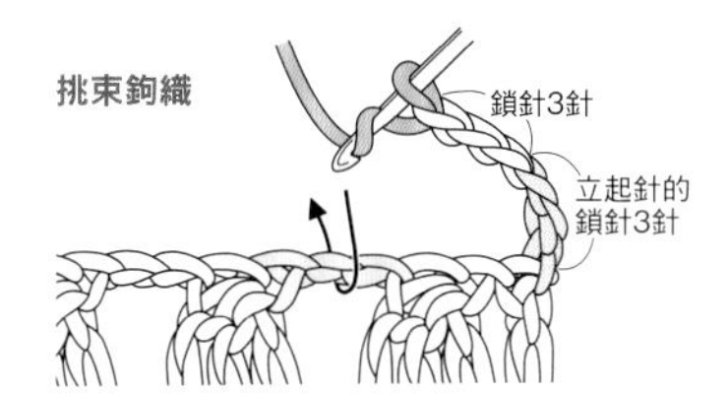
鎖針3針
立起針的
鎖針3針

1 鉤針掛線，穿入前段鎖針下的空間（挑束）。

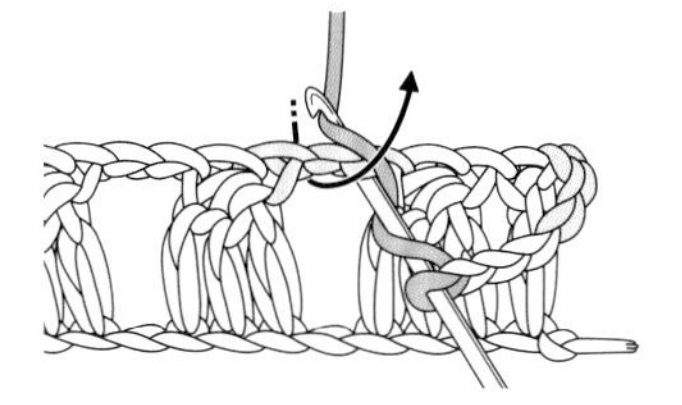

2 接著再次掛線、鉤出織線，鉤織未完成的長針。

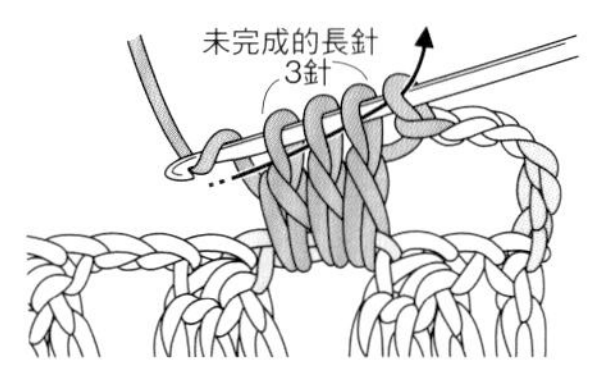
未完成的長針
3針

3 鉤織另2針未完成的長針。接著再次掛線，一次引拔鉤針上的4個線圈。

4 完成長針3併針。

長針4併針

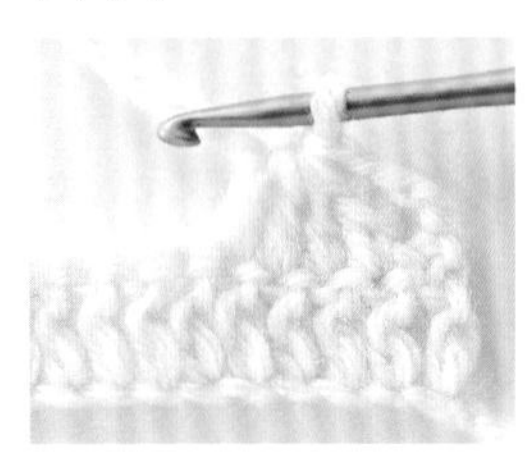

挑4針鉤織

4 3 2 1
鎖針1針
立起針的
鎖針3針

1 鉤針掛線。

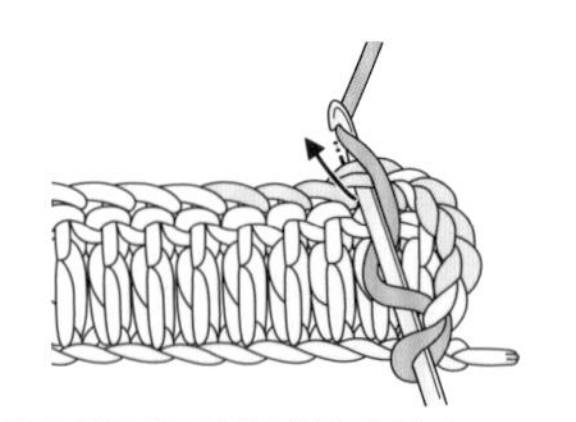

2 穿入前段第1針的針頭2條線中，掛線鉤出。

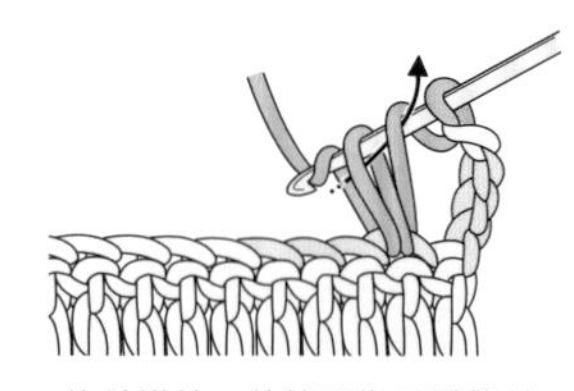

3 鉤針掛線，依箭頭指示引拔前2個線圈（未完成的長針）。

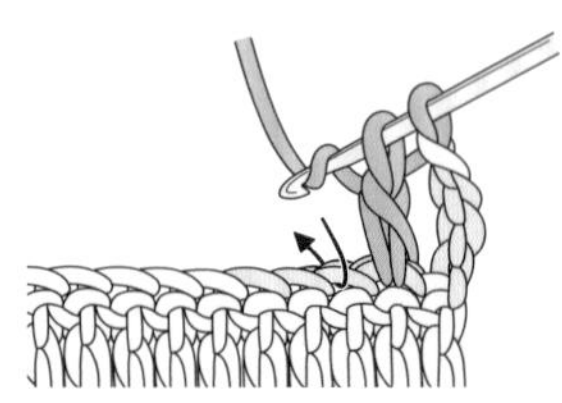

4 下一針也是鉤織未完成的長針。

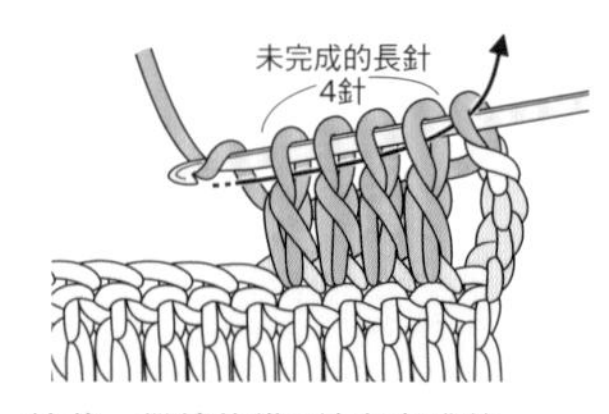

未完成的長針
4針

5 接著，繼續鉤織2針未完成的長針。鉤針掛線，一次引拔針上的5個線圈。

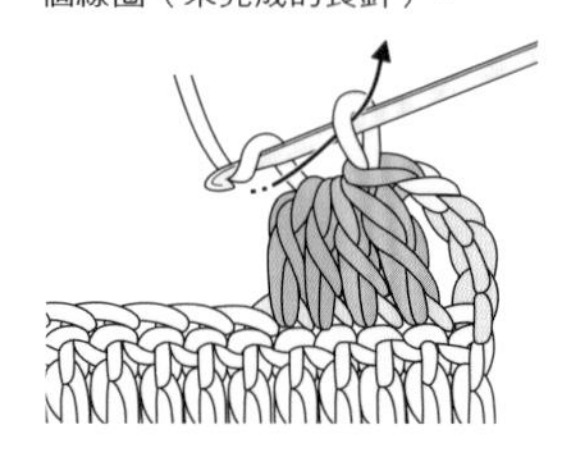

6 完成長針4併針。鉤織一針鎖針，使針目固定。

2長針的玉針2併針

挑針鉤織

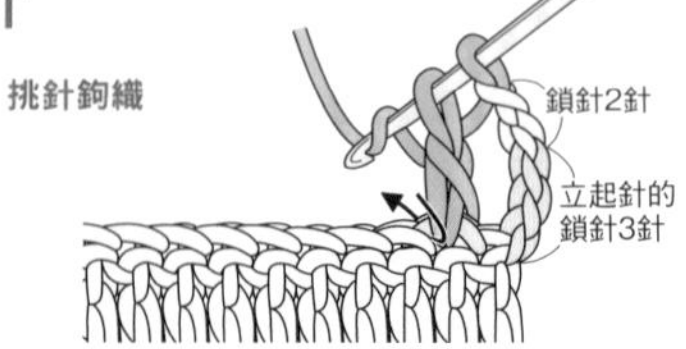

鎖針2針
立起針的
鎖針3針

1 挑前段針頭的2條線，鉤織未完成的長針。鉤針再次掛線。

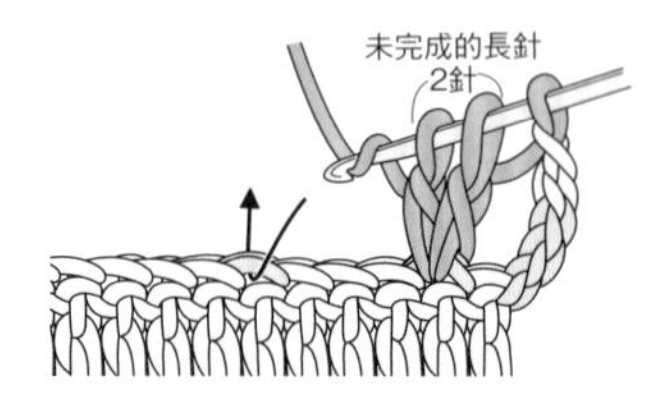

未完成的長針
2針

2 在同一針目挑針，鉤織另1針未完成的長針。接著跳過3針，鉤針掛線。

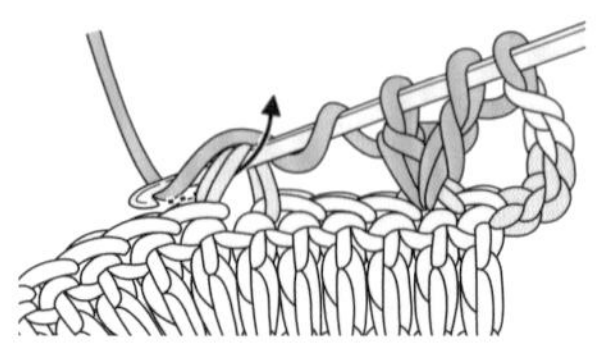

3 鉤針穿入前段第4針，掛線鉤出織線。

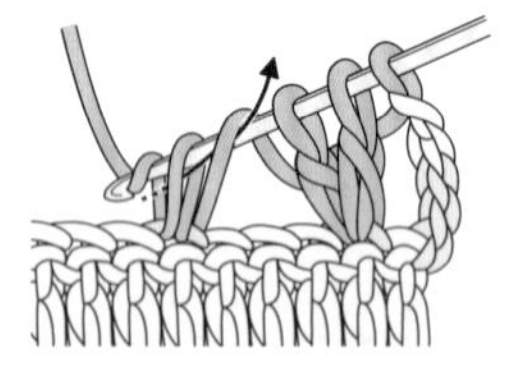

4 鉤針再次掛線，依箭頭指示引拔前2個線圈（未完成的長針）。

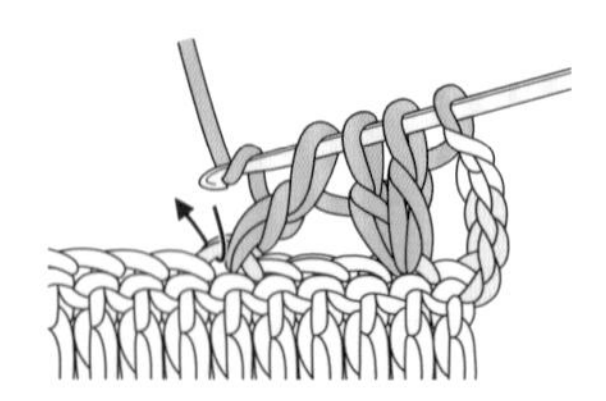

5 在同一針目挑針，鉤織另1針未完成的長針。

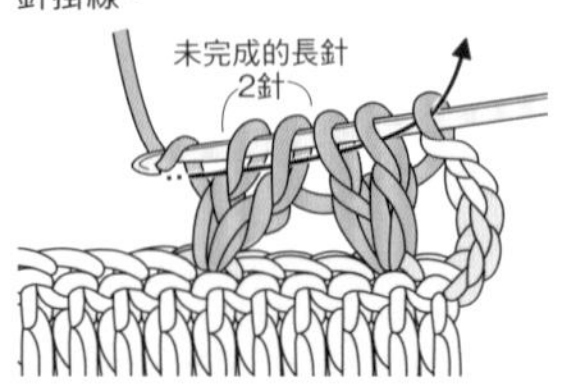

未完成的長針
2針

6 鉤針掛線，一次引拔針上的5個線圈。

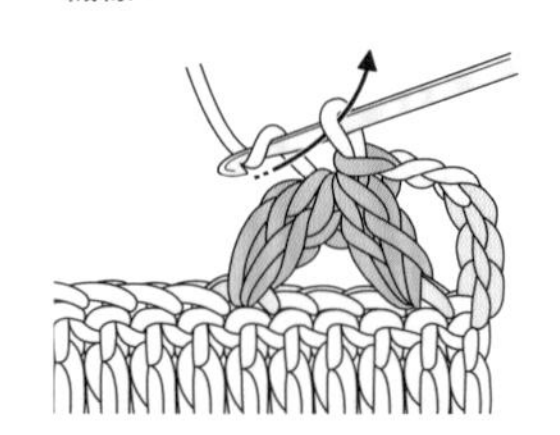

7 完成2長針的玉針2併針。

3中長針的玉針2併針

挑針鉤織

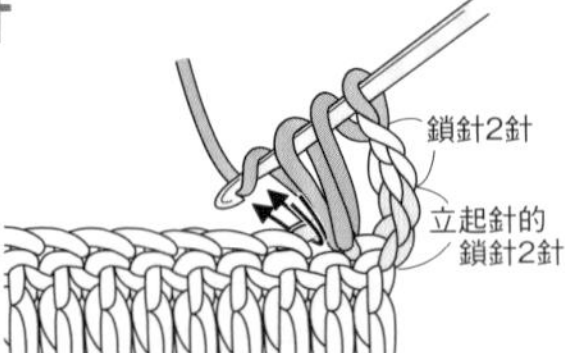

鎖針2針
立起針的
鎖針2針

1 挑前段針頭的2條線，鉤織未完成的中長針。鉤針再次掛線。

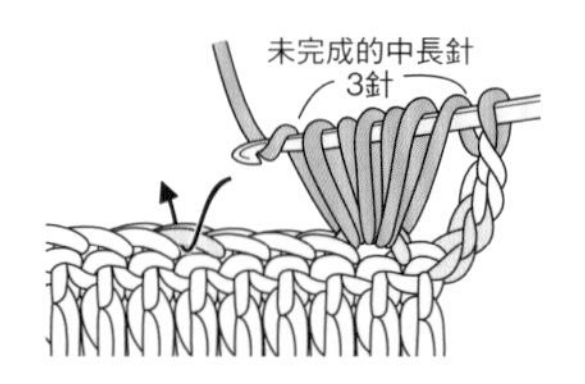

未完成的中長針
3針

2 在同一針目挑針，鉤織另2針未完成的中長針。接著跳過3針。

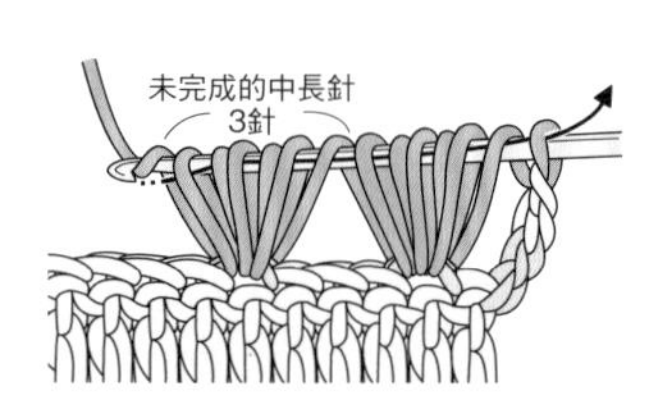

未完成的中長針
3針

3 鉤針穿入前段第4針，鉤織3針未完成的中長針。鉤針掛線，一次引拔針上的13個線圈。

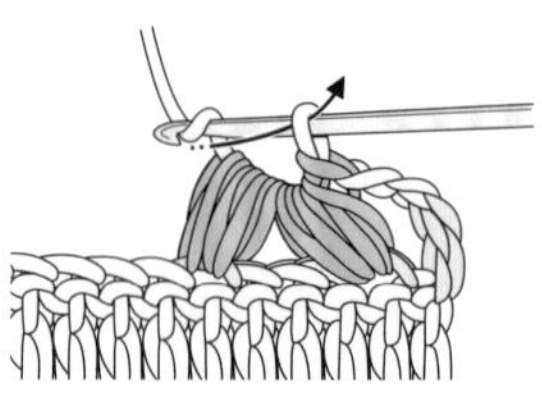

4 完成3中長針的玉針2併針。鉤織一針鎖針，使針目固定。

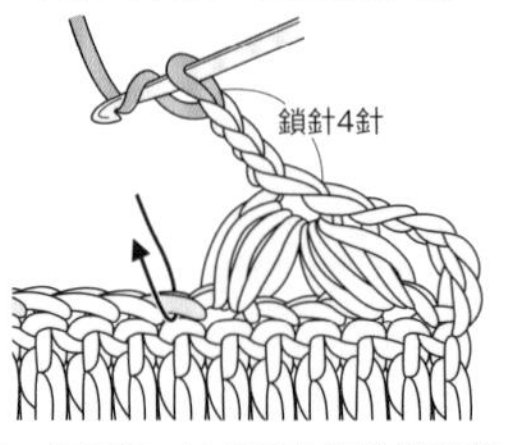

鎖針4針

5 接下來，以相同方法鉤織花樣。

 長針5併針

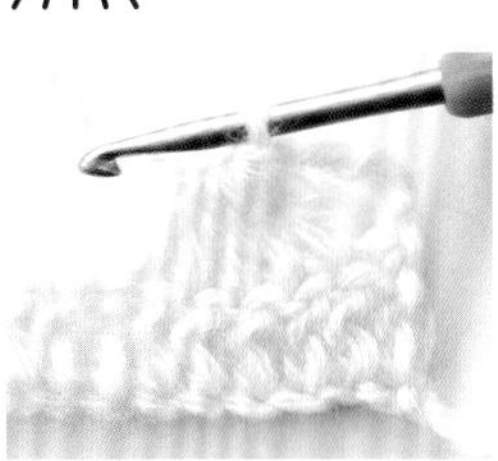

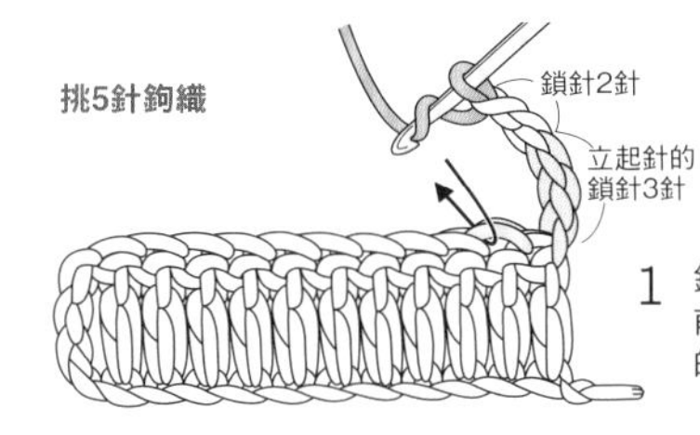
挑5針鉤織
鎖針2針
立起針的
鎖針3針

1 鉤針掛線，穿入前段第1針針頭的2條線中。

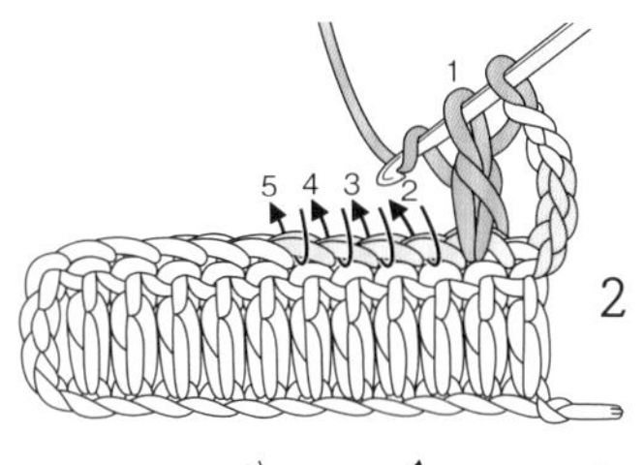
1
5 4 3 2

2 鉤織未完成的長針，接著，繼續鉤織4針未完成的長針。

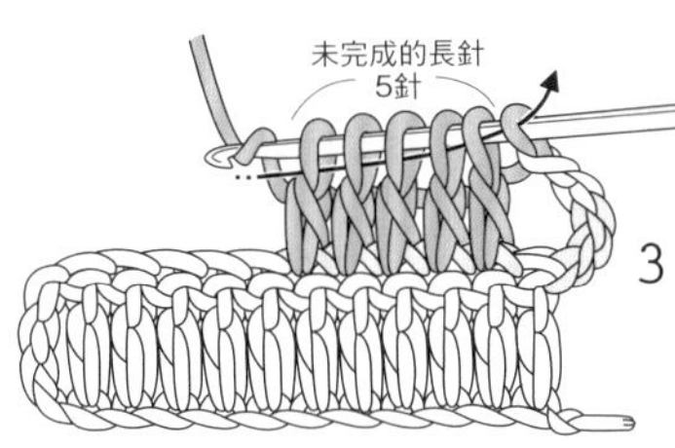
未完成的長針
5針

3 鉤針掛線，一次引拔鉤針上的6個線圈。

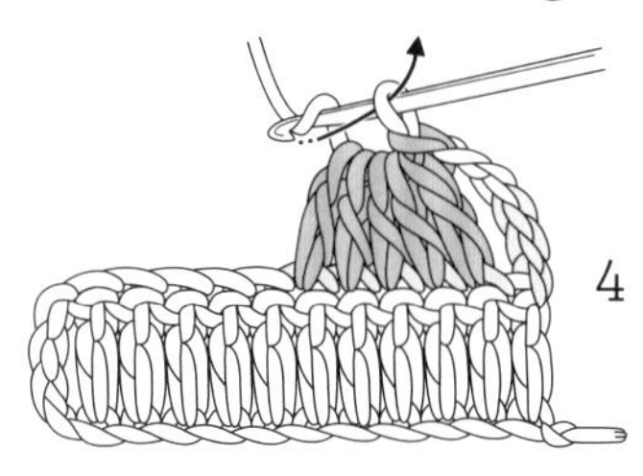

4 完成一針長針5併針。鉤一針鎖針，使針目固定。

 3長針的玉針2併針

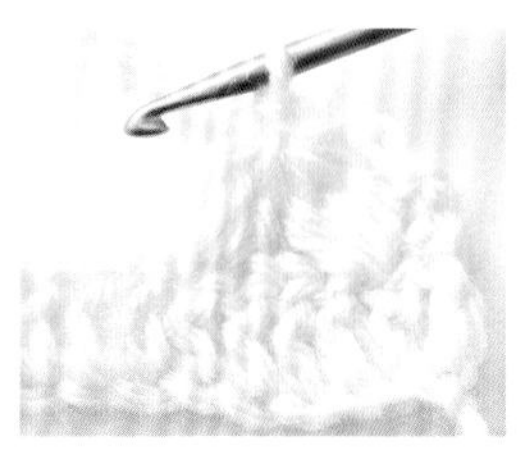

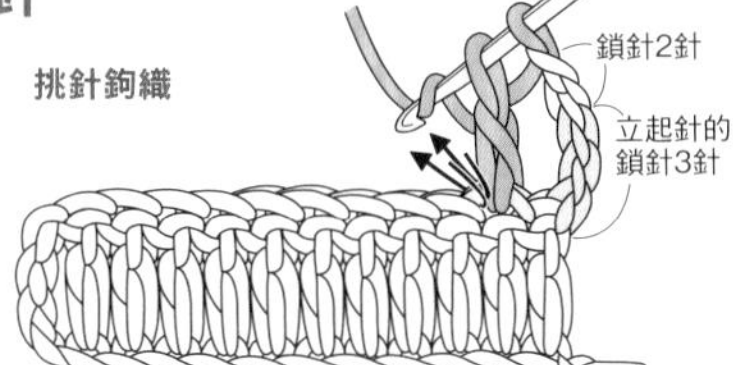
挑針鉤織
鎖針2針
立起針的
鎖針3針

1 挑前段針頭的2條線，鉤織未完成的長針。鉤針再次掛線。

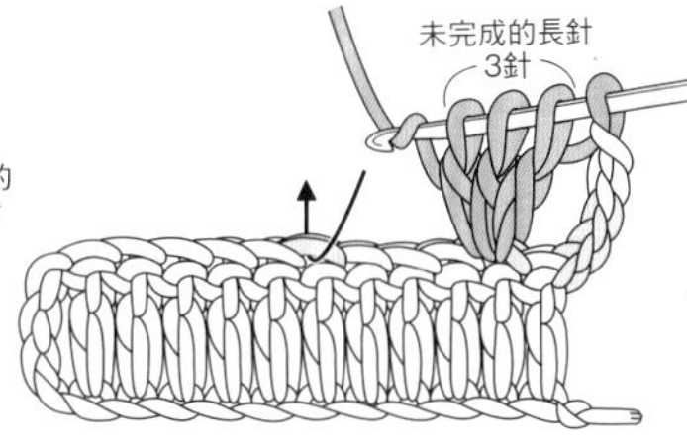
未完成的長針
3針

2 在同一針目挑針，鉤織另2針未完成的長針。接著跳過3針，鉤針掛線。

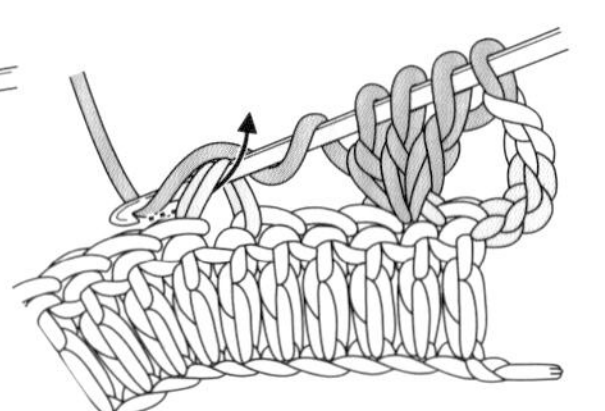

3 鉤針穿入前段第4針，掛線鉤出織線。

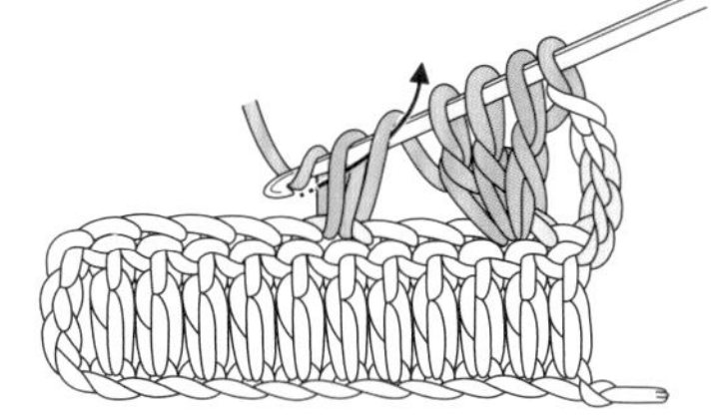

4 鉤針再次掛線，依箭頭指示引拔前2個線圈（未完成的長針）。

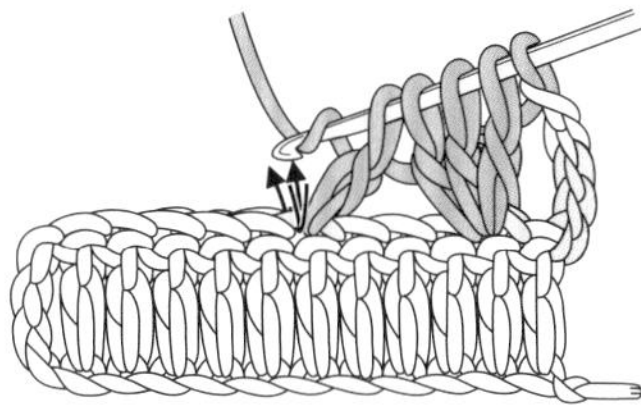

5 在同一針目挑針，鉤織另2針未完成的長針。

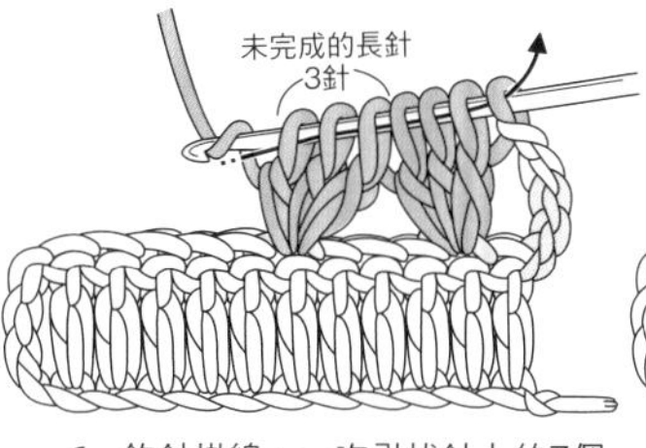
未完成的長針
3針

6 鉤針掛線，一次引拔針上的7個線圈。

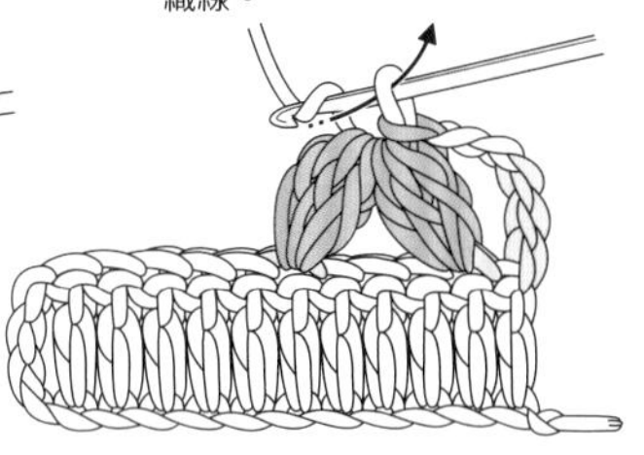

7 完成3長針的玉針2併針。鉤織一針鎖針，使針目固定。

 長針2併針

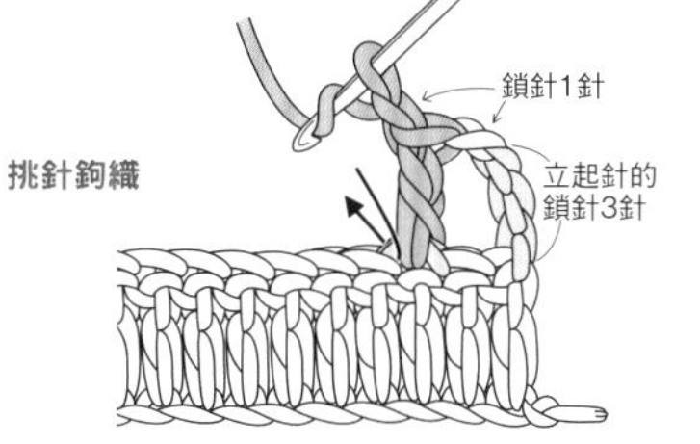
挑針鉤織
鎖針1針
立起針的
鎖針3針

1 挑前段針頭的2條線鉤織長針，再鉤1針鎖針。鉤針掛線，再次於同一針目挑針。

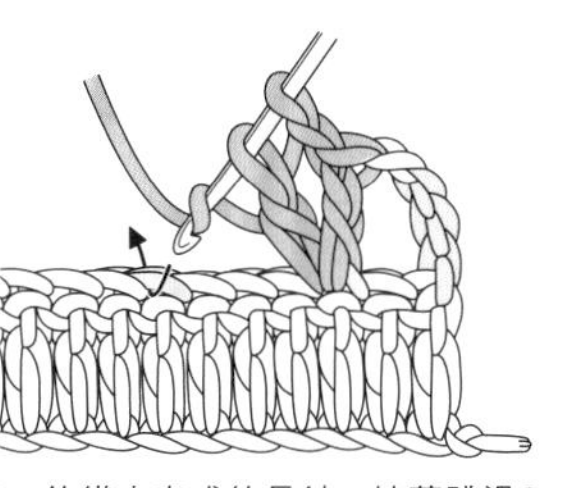

2 鉤織未完成的長針。接著跳過3針，鉤針掛線，穿入前段第4針。

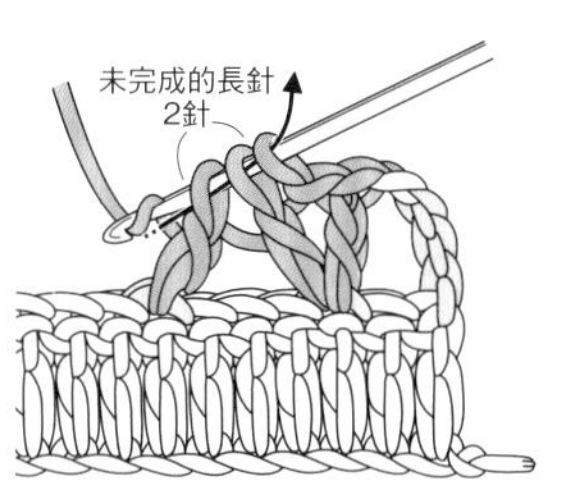
未完成的長針
2針

3 同樣鉤織未完成的長針。鉤針掛線，一次引拔鉤針上的3個線圈。

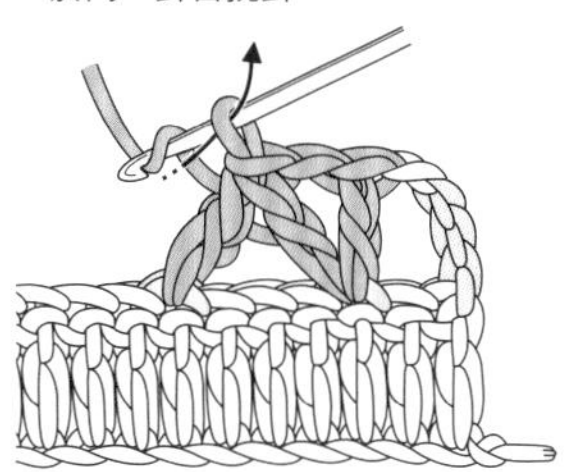

4 完成長針2併針。接著鉤1針鎖針。

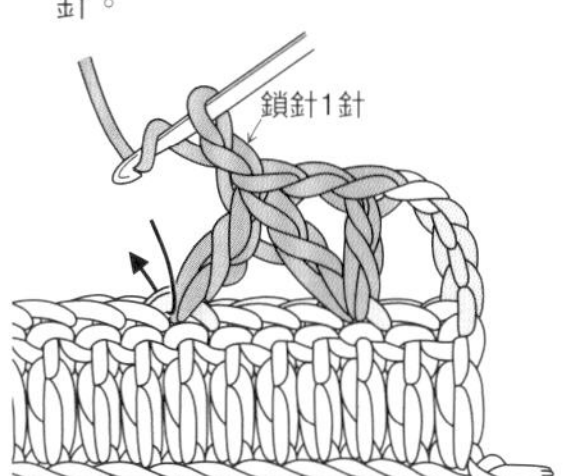
鎖針1針

5 鉤針掛線，穿入第2次未完成長針的同一針目中。

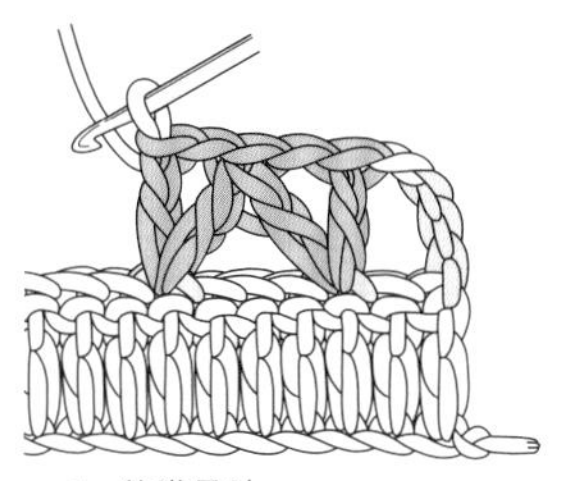

6 鉤織長針。

玉針

在前段的1個針目或鎖針下的空間，以未完成的狀態鉤織數針，

並將數針合併成1針的技法。

針目會呈現飽滿滾圓的可愛風格。

依據鉤織針目與針數的不同，玉針的分量感也會隨之變化。

2中長針的玉針
3中長針的玉針
2長針的玉針
3長針的玉針
2中長針的玉針變化款
3中長針的玉針變化款
5長針的玉針
5長長針的玉針
3中長針的玉針
挑短針針腳鉤織
2長針的玉針
挑短針針腳鉤織

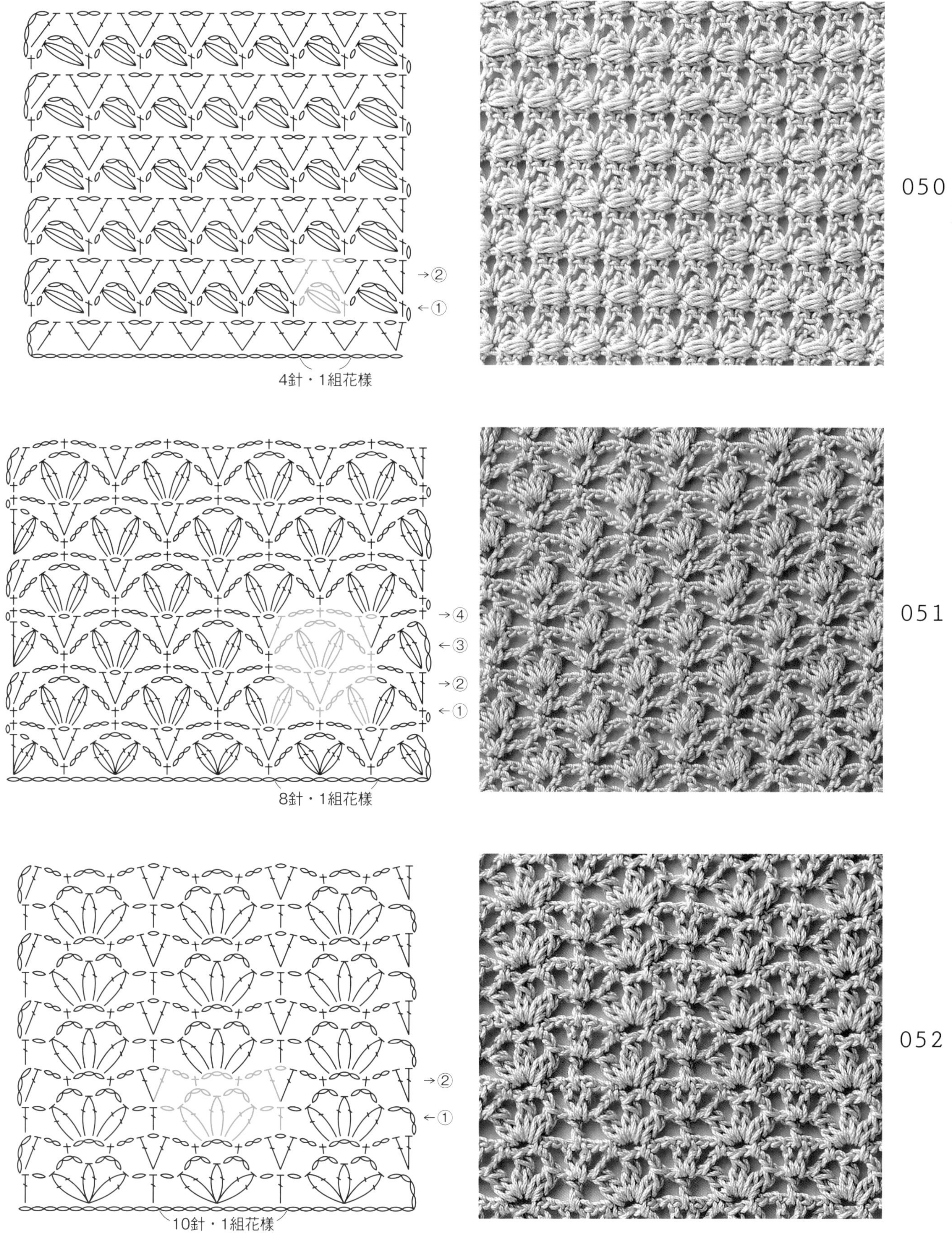
→②
←①
4針・1組花樣
050
→④
←③
→②
←①
8針・1組花樣
051
→②
←①
10針・1組花樣
052

設計／風工房　使用線材／050、051＝50g・約218m　052＝40g・約170m

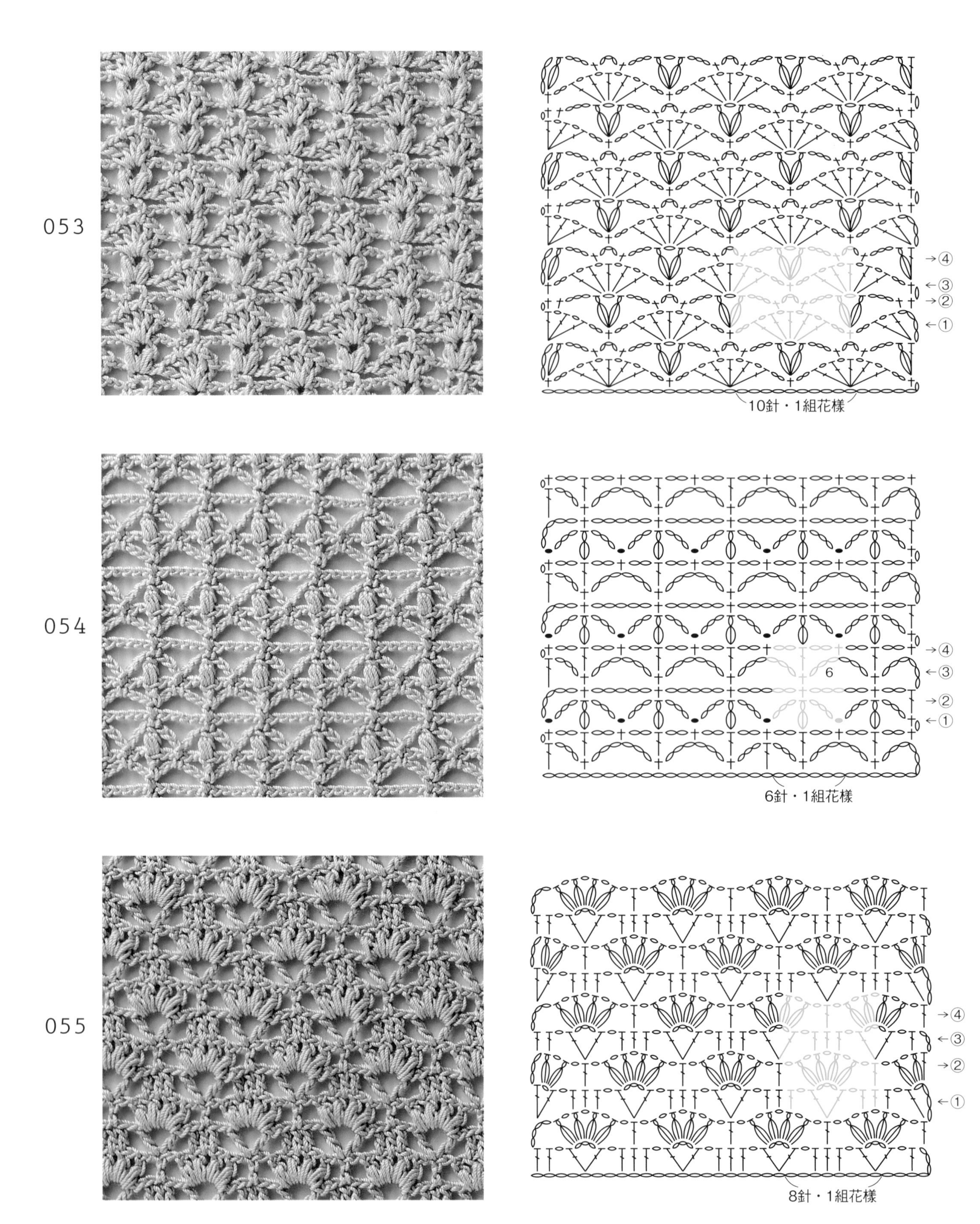
053
→④
←③
→②
←①
10針・1組花様
054
→④
←③
6
→②
←①
6針・1組花様
055
→④
←③
→②
←①
8針・1組花様

設計／志田ひとみ　使用線材／053＝50g・約218m　054＝20g・約88m、055＝10g・約44m

056

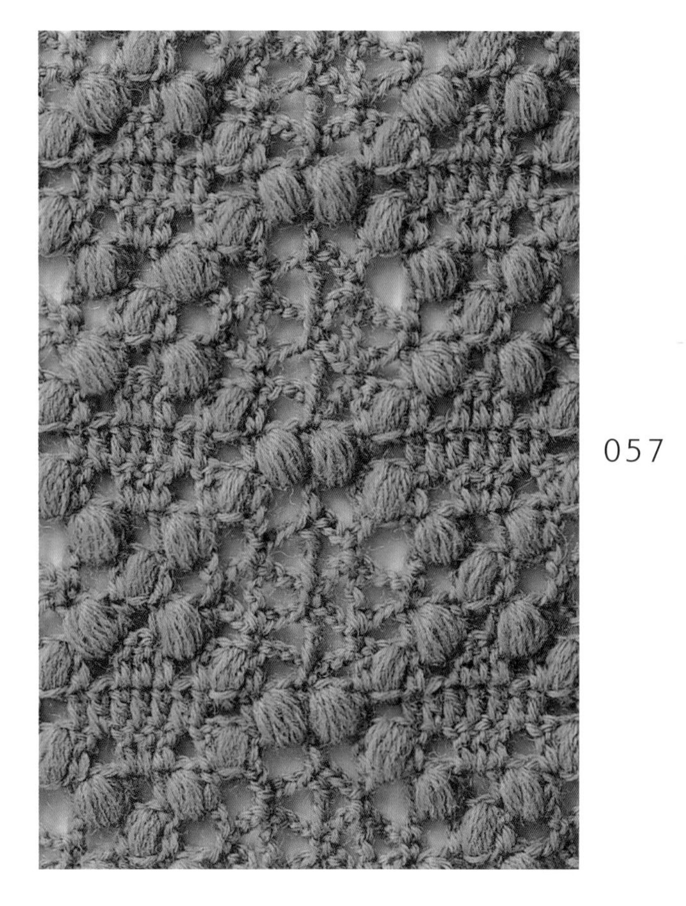
057

056的織圖刊載於p.108。

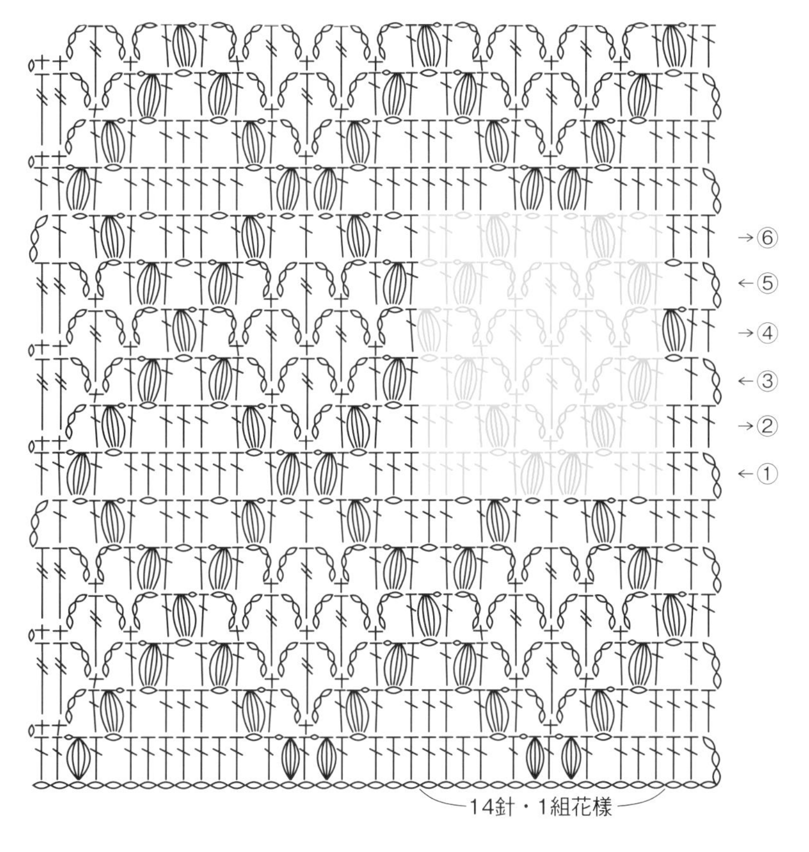
→⑥
←⑤
→④
←③
→②
←①
14針・1組花樣

設計／岡本真希子　使用線材／40g・約180m

2中長針・3中長針的玉針

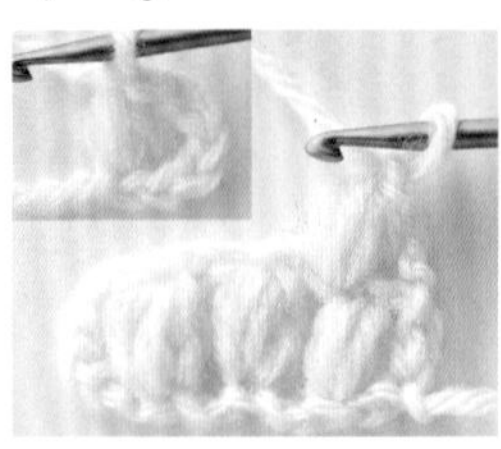

挑針鉤織

鎖針1針
立起針的
鎖針2針

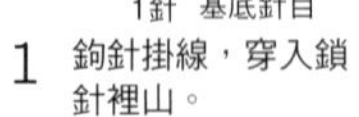

1針 基底針目

1 鉤針掛線，穿入鎖針裡山。

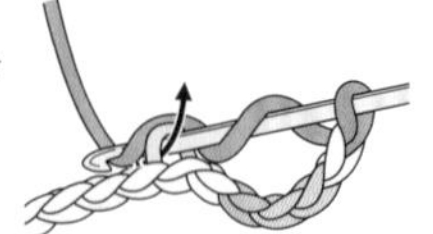

2 將線鉤出（未完成的中長針）。

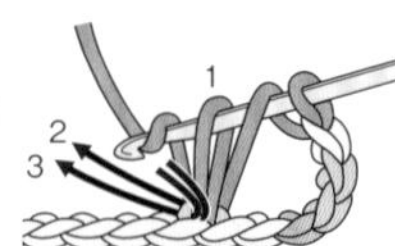

3 接著在同一針目，挑針鉤織另2針未完成的中長針。

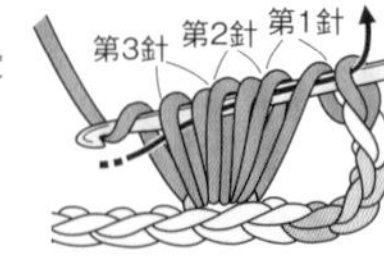

第3針 第2針 第1針

4 鉤針掛線，一次引拔鉤針上的7個線圈。

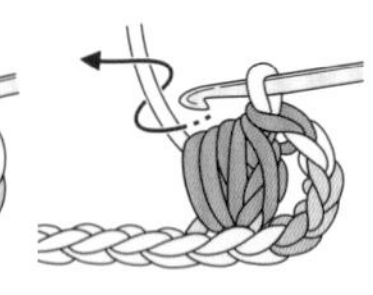

5 完成3中長針的玉針。鉤一針鎖針，使針目固定。

2中長針的玉針

1 挑鎖針裡山鉤織2針未完成的中長針。鉤針掛線。

2 一次引拔鉤針上的5個線圈。

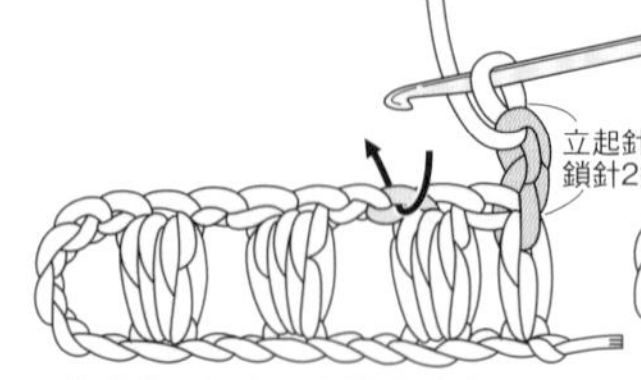

立起針的
鎖針2針

6 鉤織第2段時，容易弄錯中長針的針目，因此要先確認一下。

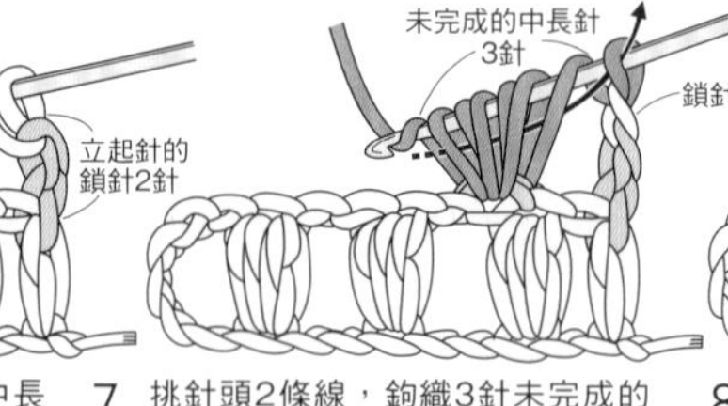

未完成的中長針
3針
鎖針1針

7 挑針頭2條線，鉤織3針未完成的中長針，同樣一次引拔掛在鉤針上的7個線圈。

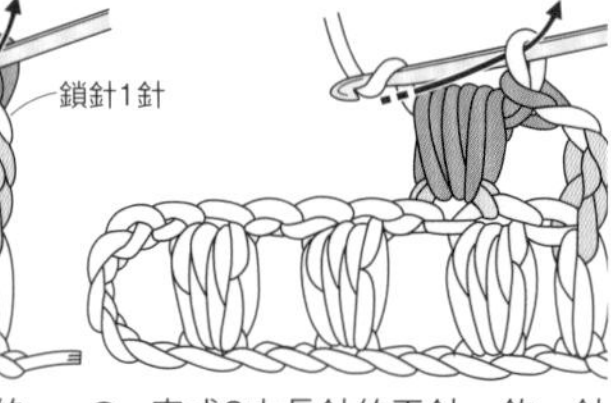

8 完成3中長針的玉針。鉤一針鎖針，使針目固定。

2長針・3長針的玉針

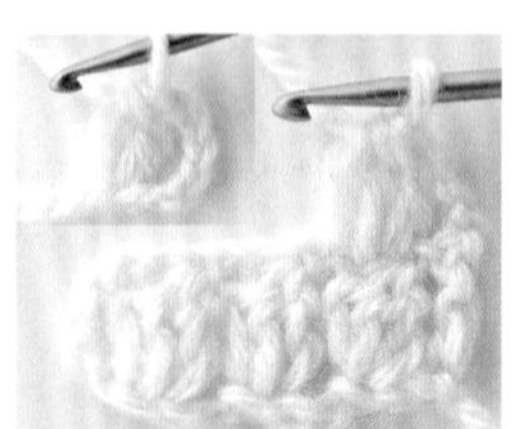

挑針鉤織

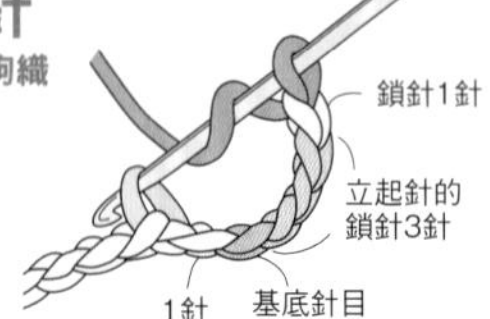

鎖針1針
立起針的
鎖針3針
1針 基底針目

1 鉤針掛線，穿入鎖針裡山。

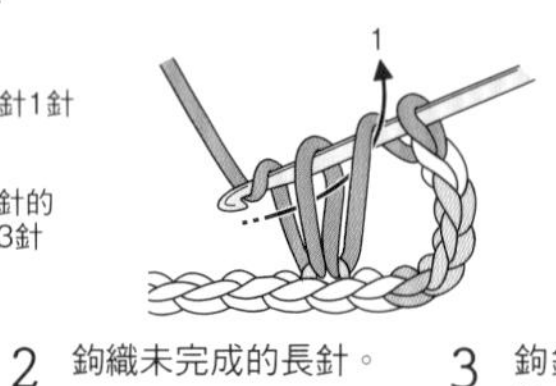

2 鉤織未完成的長針。

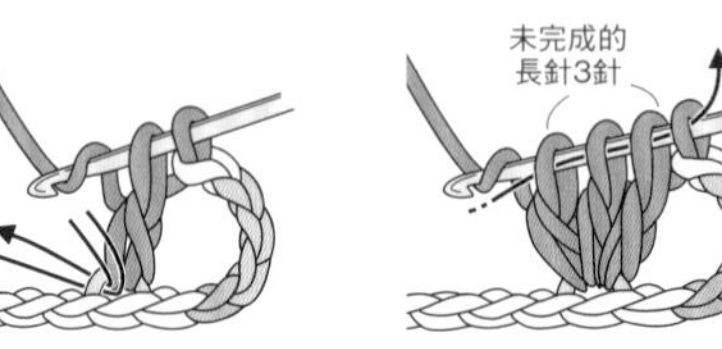

未完成的
長針3針

3 鉤針掛線，在同一針目挑針，鉤織另2針未完成的長針。

4 鉤針掛線，一次引拔掛於鉤針上的4個線圈。

2長針的玉針

1 挑鎖針裡山鉤織2針未完成的長針。鉤針掛線。

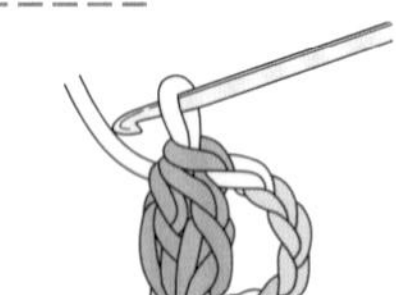

2 一次引拔鉤針上的3個線圈。

5 完成3長針的玉針。

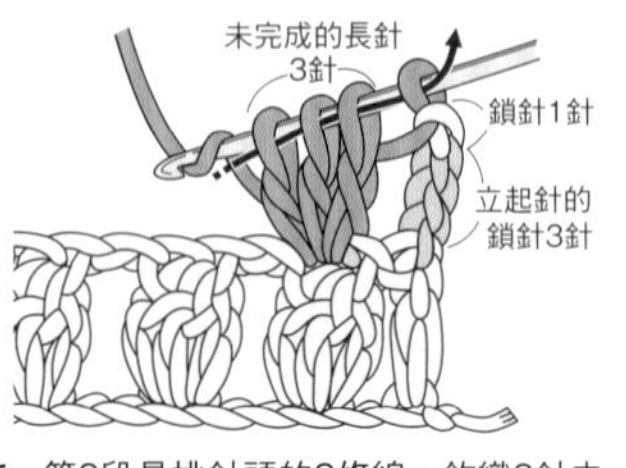

未完成的長針
3針
鎖針1針
立起針的
鎖針3針

6 第2段是挑針頭的2條線，鉤織3針未完成的長針。接著鉤針掛線，一次引拔掛於鉤針上的4個線圈。

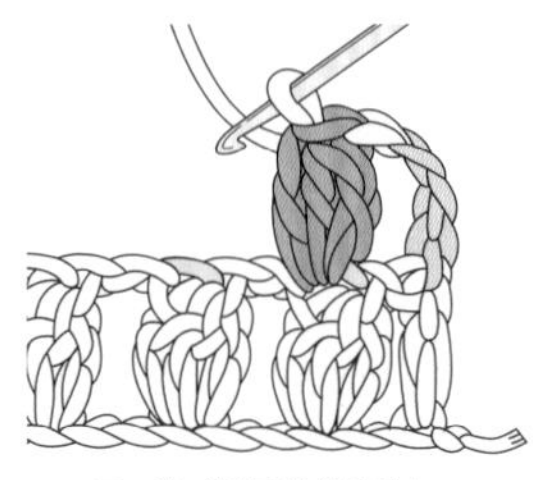

7 完成3長針的玉針。

5長針的玉針

挑針鉤織

1 鉤針掛線，穿入鎖針裡山。

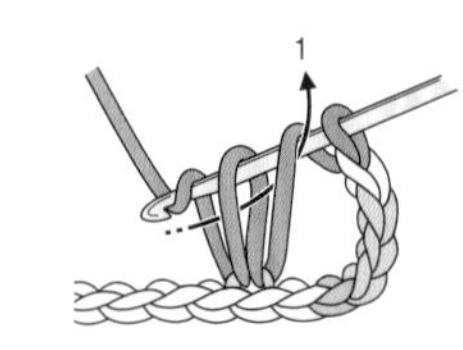

2 鉤織未完成的長針。

3 在同一針目挑針，鉤織另4針未完成的長針。

未完成的長針
3針

4 鉤針掛線，一次引拔掛於鉤針上的6個線圈。

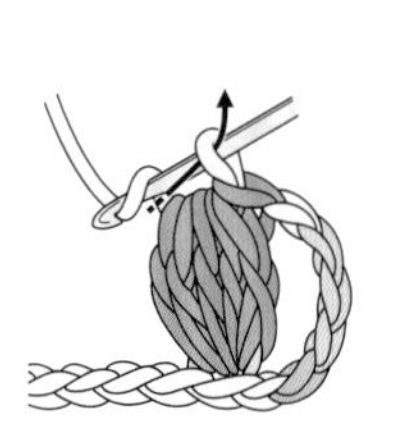

5 完成5長針的玉針。

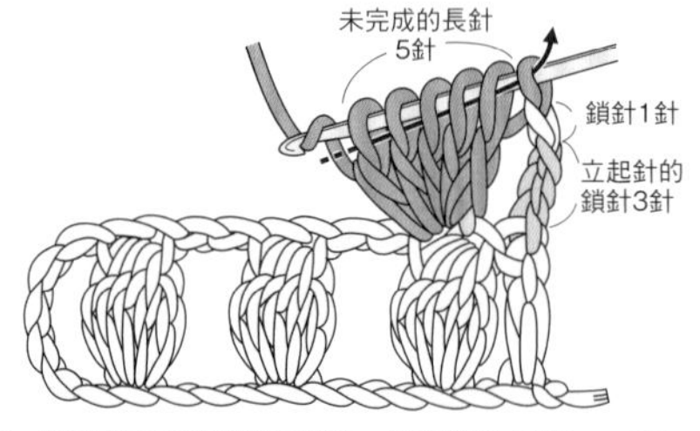

未完成的長針
5針
鎖針1針
立起針的
鎖針3針

6 第2段是挑針頭的2條線，接著鉤針掛線，一次引拔掛於鉤針上的6個線圈。

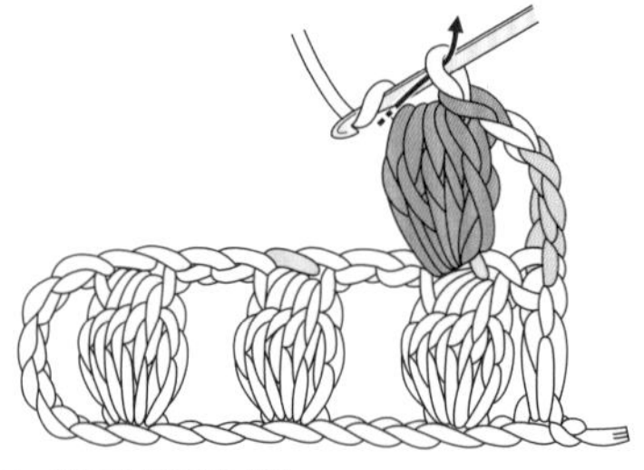

7 完成5長針的玉針。

3中長針的玉針

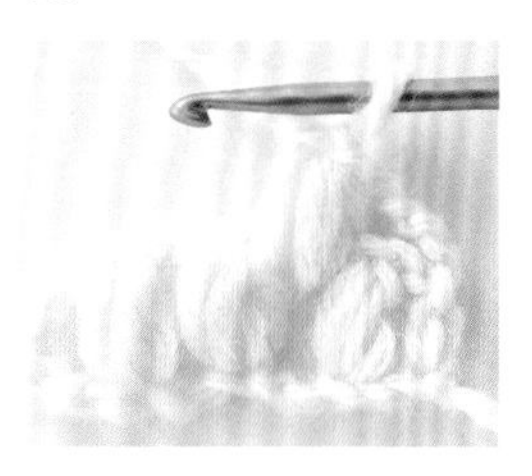

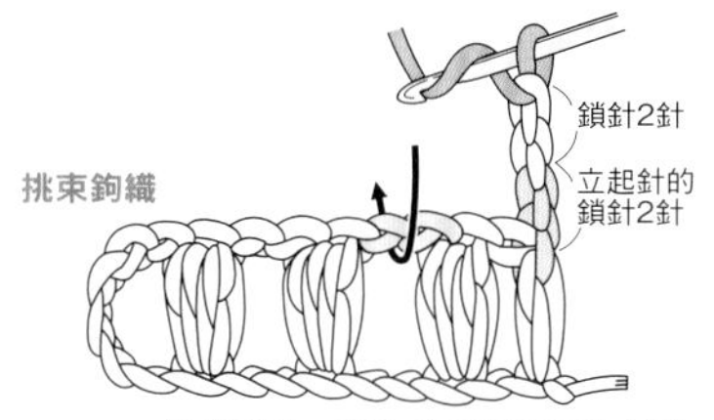
挑束鉤織
鎖針2針
立起針的
鎖針2針

1 鉤針掛線，穿入前段鎖針下的空間（挑束）。

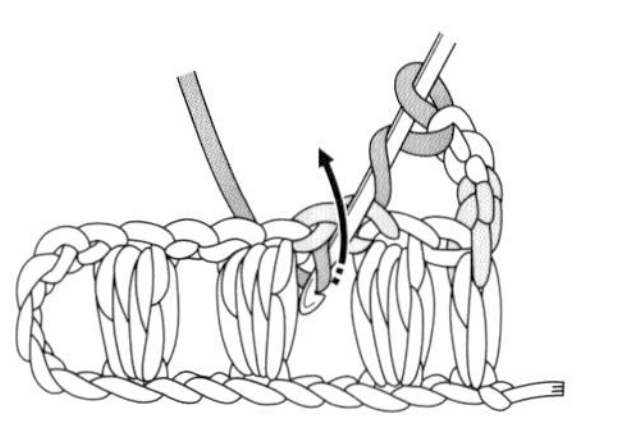

2 鉤針掛線鉤出（未完成的中長針）。

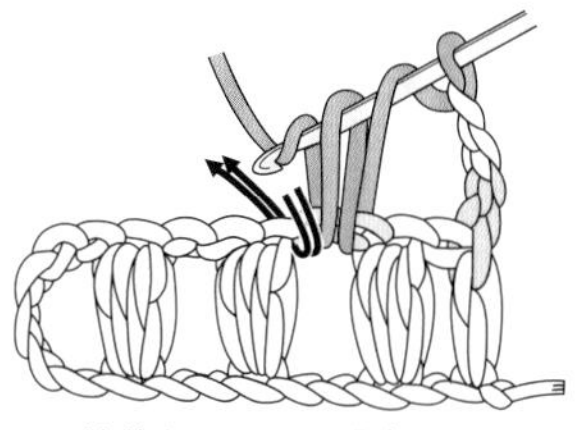

3 接著在同一空間挑束，鉤織另2針未完成的中長針。

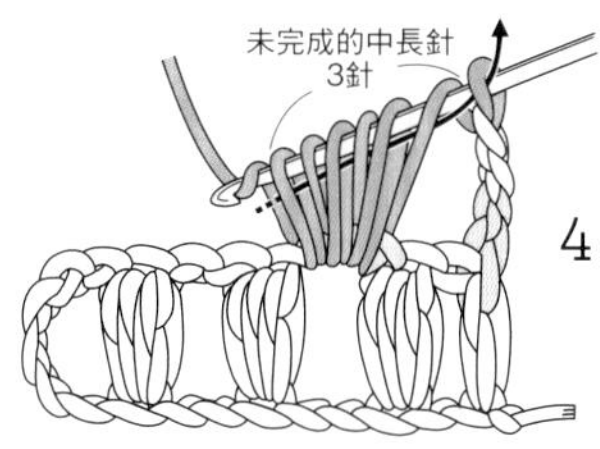
未完成的中長針
3針

4 鉤針掛線，一次引拔掛在鉤針上的7個線圈。

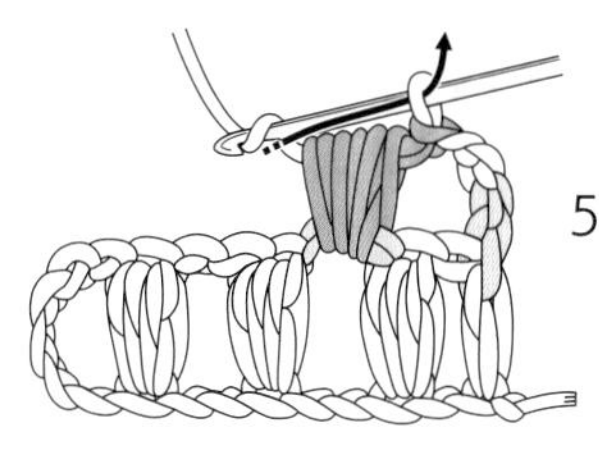

5 完成3中長針的玉針。鉤一針鎖針，使針目固定。

3長針的玉針

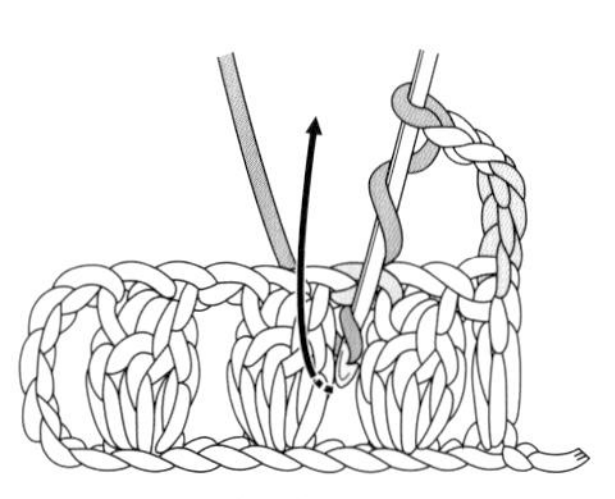
挑束鉤織
鎖針2針
立起針的
鎖針3針

1 鉤針掛線，從前段鎖針下方空間穿入（挑束）。

2 鉤針掛線鉤出。

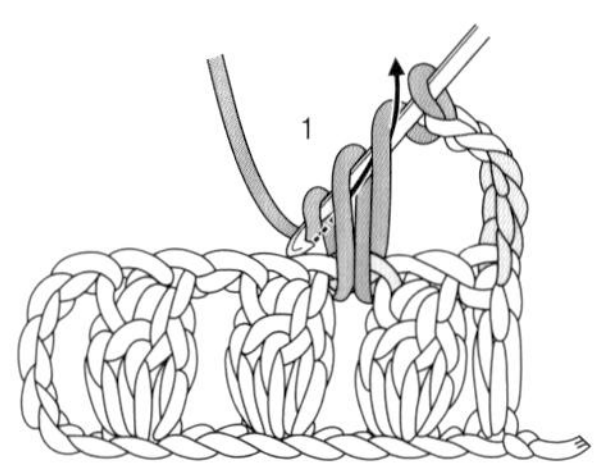
1

3 鉤針再次掛線，依箭頭指示引拔前2個線圈（未完成的長針）。

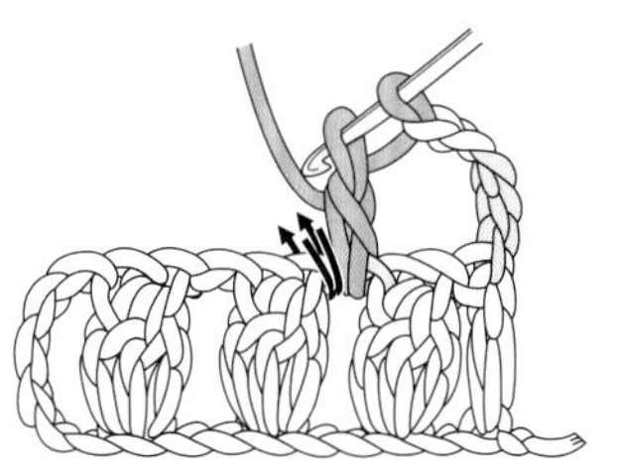

4 接著在同一空間挑束，鉤織另2針未完成的長針。

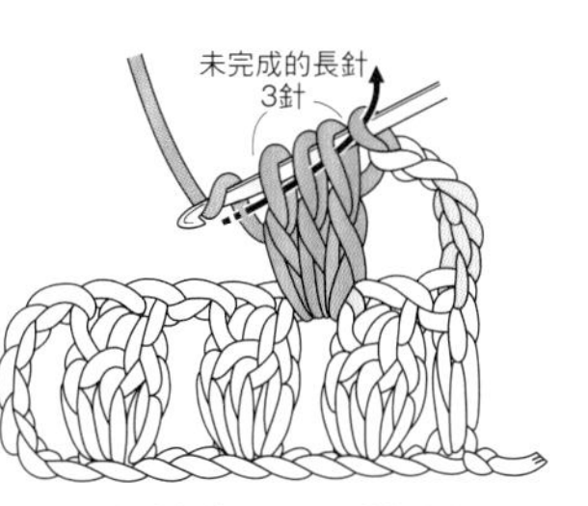
未完成的長針
3針

5 鉤針掛線，一次引拔針上的4個線圈。

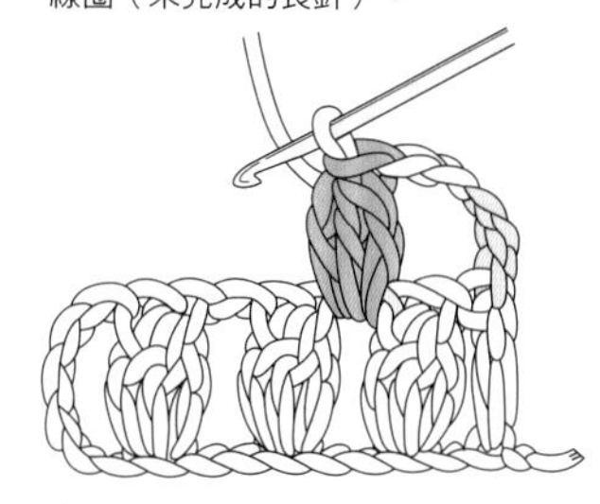

6 完成3長針的玉針。

5長針的玉針

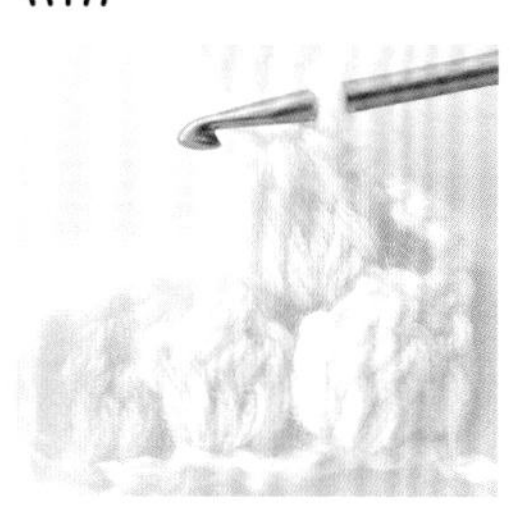

挑束鉤織
鎖針3針
立起針的
鎖針3針

1 鉤針掛線，從前段鎖針下方空間穿入（挑束）。

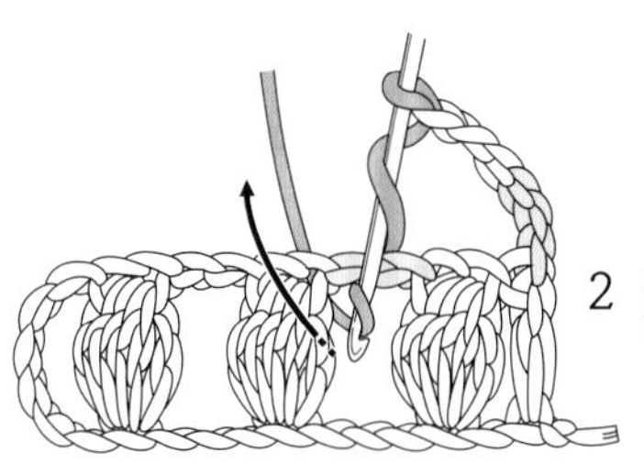

2 鉤針掛線鉤出。

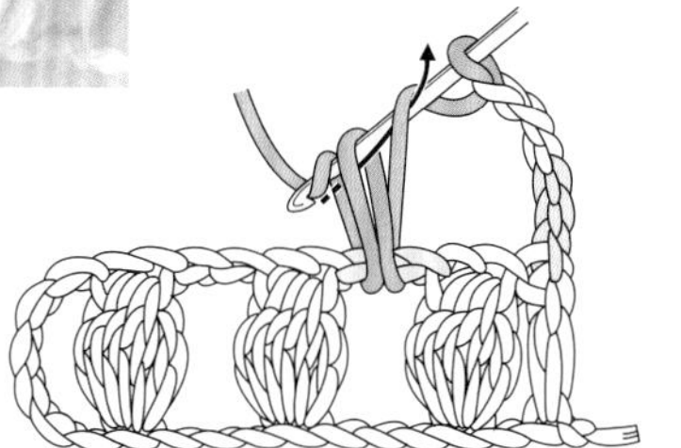

3 鉤針再次掛線，依箭頭指示引拔前2個線圈（未完成的長針）。

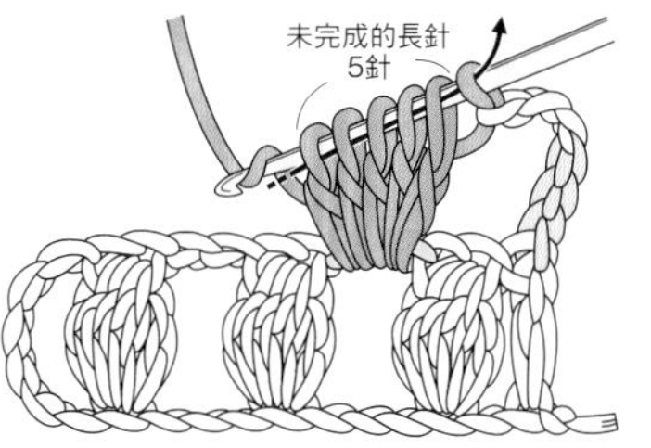
未完成的長針
5針

4 接著在同一空間挑束，鉤織另4針未完成的長針。鉤針掛線，一次引拔針上的6個線圈。

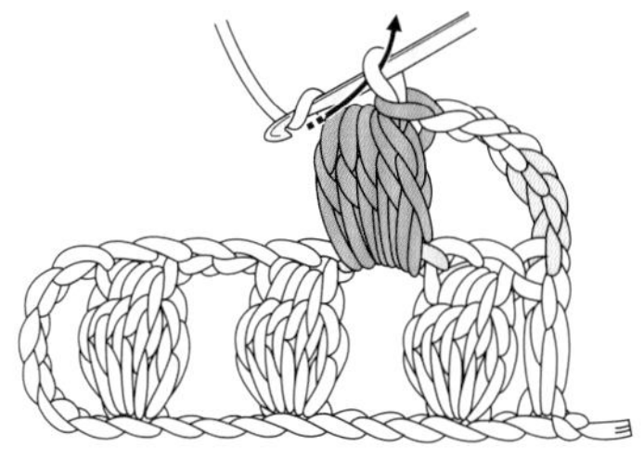

5 完成5長針的玉針。鉤一針鎖針，使針目固定。

2中長針・3中長針的玉針變化款

挑針鉤織
第1段

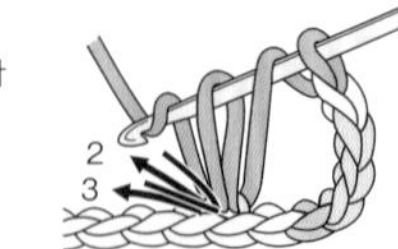
鎖針1針
立起針的
鎖針3針
1針
基底針目
2
3

1 鉤針掛線，穿入鎖針裡山。

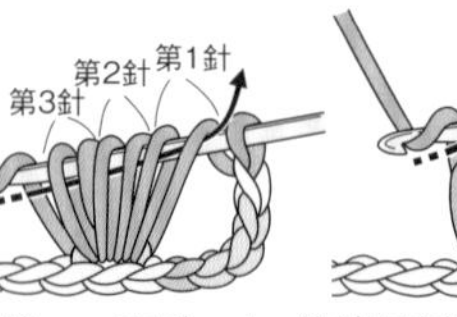
第3針
第2針
第1針

2 鉤織3針未完成的中長針。

3 鉤針掛線，一次引拔鉤針上的前6個線圈。

4 鉤針再次掛線，一次引拔鉤針上最後的2個線圈。

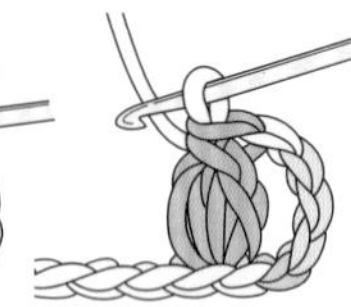

5 完成3中長針的玉針變化款。

2中長針的玉針變化款

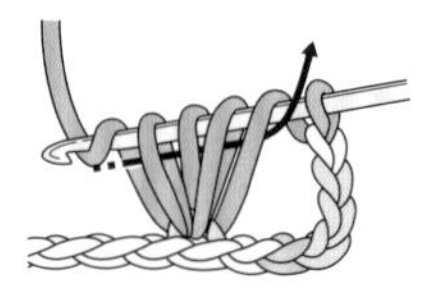

1 鉤織2針未完成的中長針，鉤針掛線，一次引拔鉤針上的前4個線圈。

2 鉤針再次掛線，一次引拔鉤針上最後的2個線圈。

3 完成2中長針的玉針變化款。

第2段

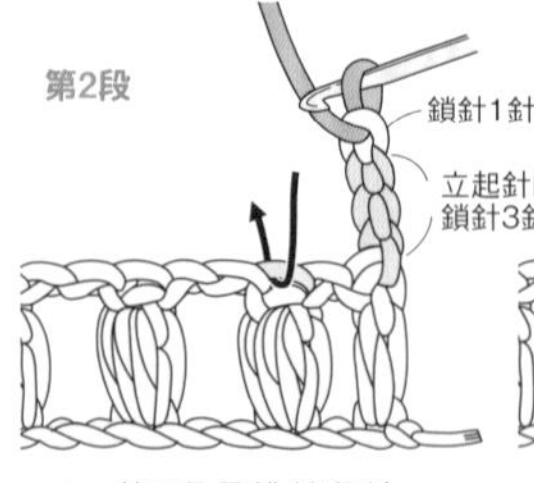
鎖針1針
立起針的
鎖針3針

1 第2段是挑前段針頭的2條線鉤織。

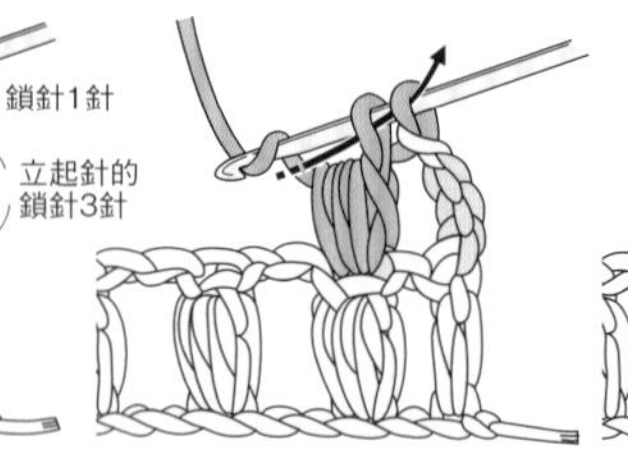

2 重複第1段步驟2～4。

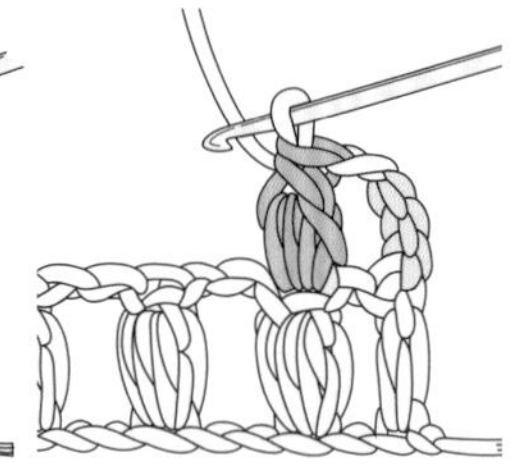

3 完成3中長針的玉針變化款。

3中長針的玉針變化款

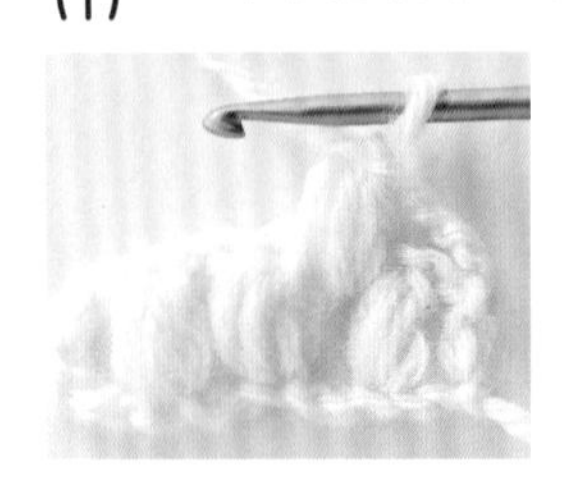

挑束鉤織

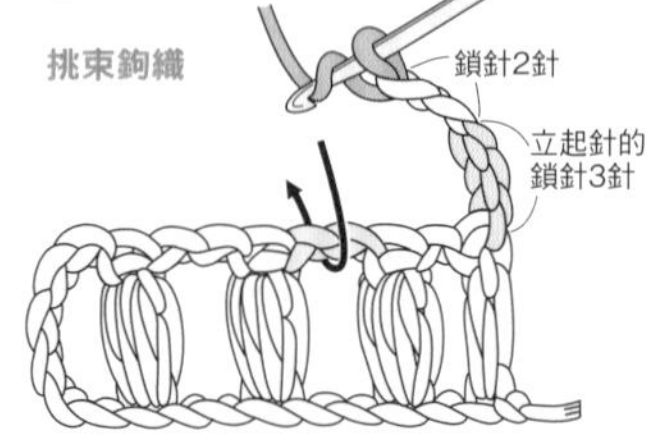
鎖針2針
立起針的
鎖針3針

1 鉤針掛線，從前段鎖針下方空間穿入（挑束）。

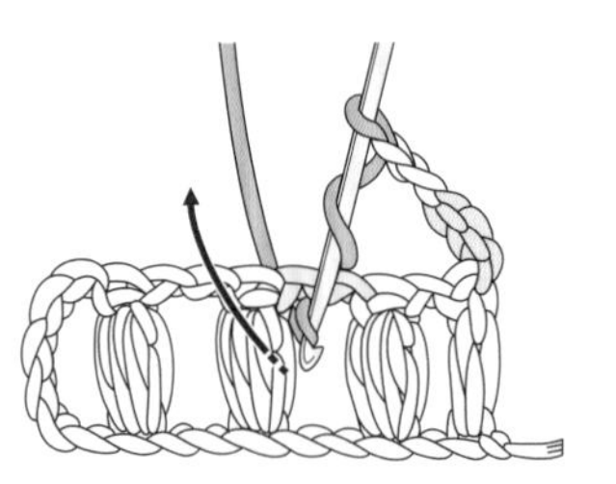

2 鉤針掛線鉤出（未完成的中長針）。

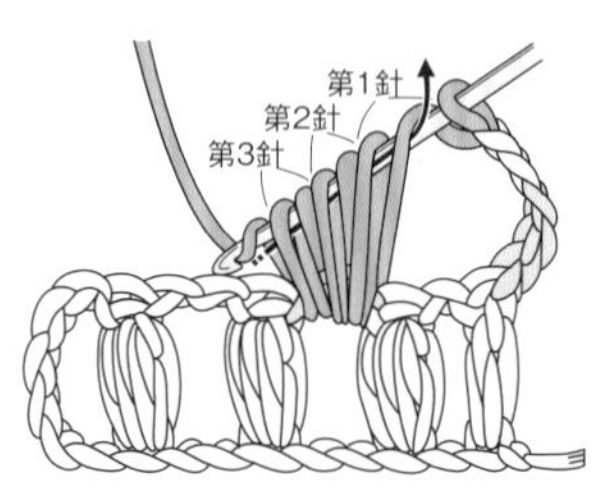
第1針
第2針
第3針

3 接著在同一空間挑束，鉤織另2針未完成的中長針。鉤針掛線，一次引拔針上的前6個線圈。

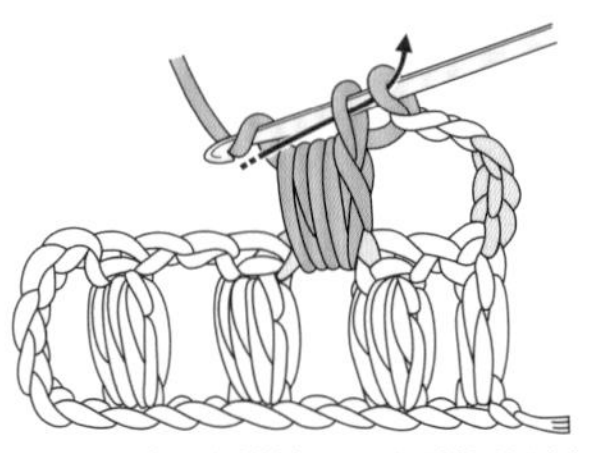

4 鉤針再次掛線，一次引拔鉤針上最後2個線圈。

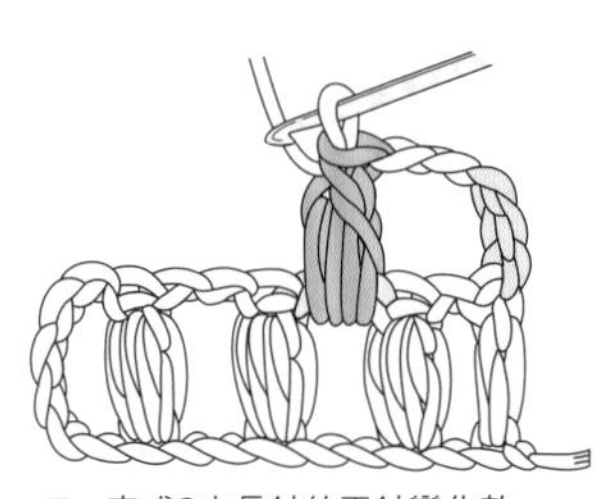

5 完成3中長針的玉針變化款。

5長長針的玉針

挑針鉤織

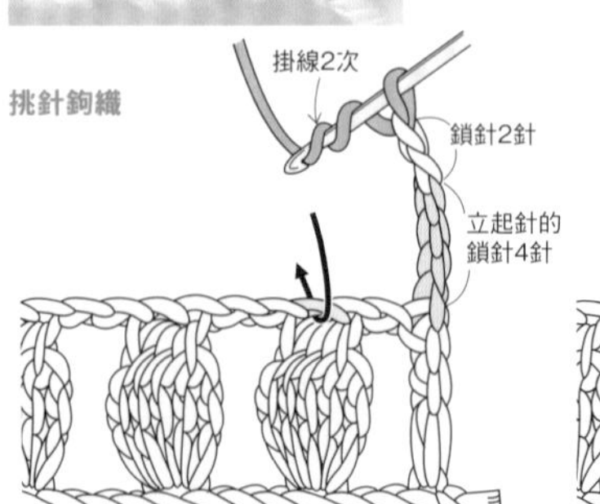
掛線2次
鎖針2針
立起針的
鎖針4針

1 鉤針掛線2次，穿入前段針頭的2條線中。

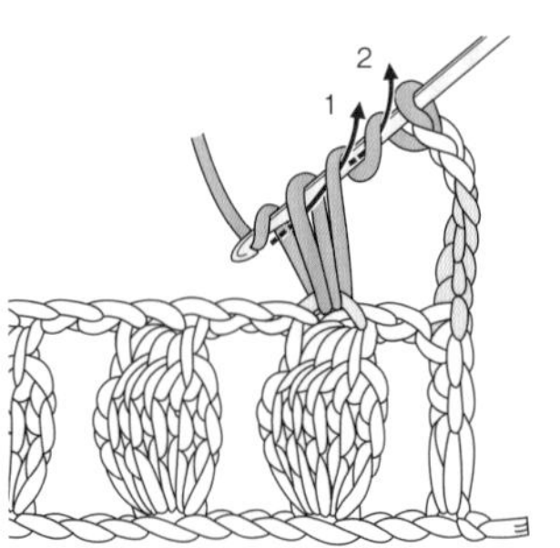
2
1

2 鉤織未完成的長長針。

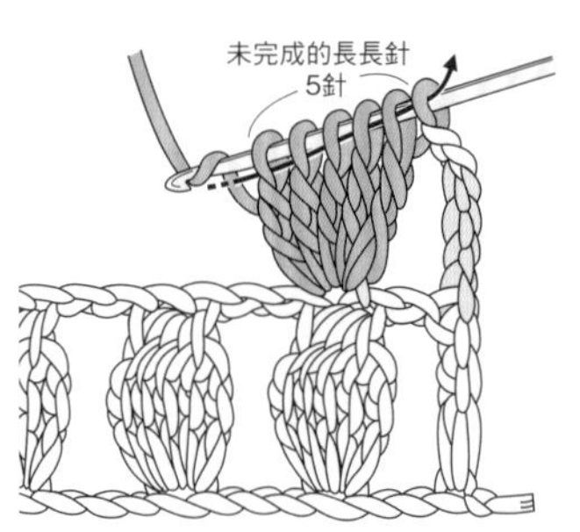
未完成的長長針
5針

3 在同一針目挑針，鉤織4針未完成的長長針。鉤針掛線，一次引拔掛於鉤針上的6個線圈。

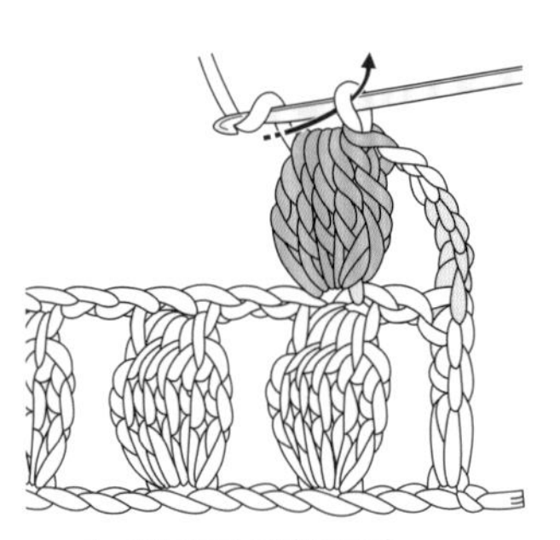

4 完成5長長針的玉針。

3中長針的玉針

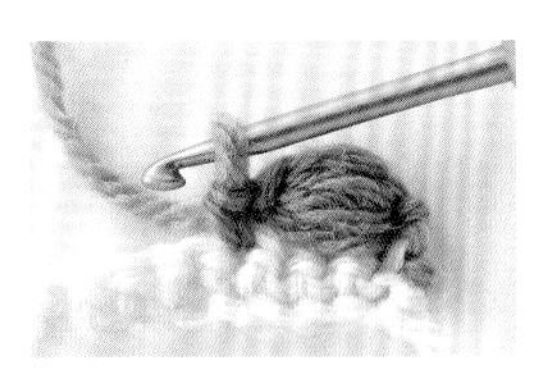

挑短針針腳鉤織

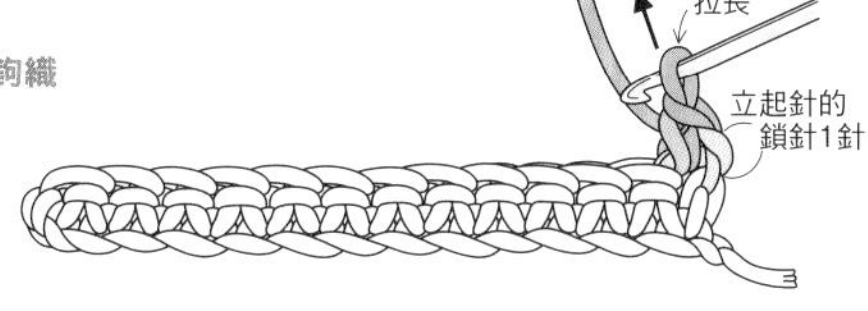
拉長
立起針的
鎖針1針

1 將第1針拉至2鎖針的長度。

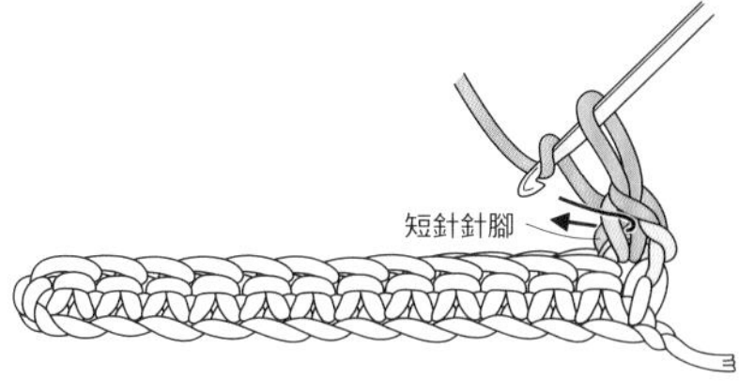
短針針腳

2 鉤針掛線，穿入短針針腳的2條線。

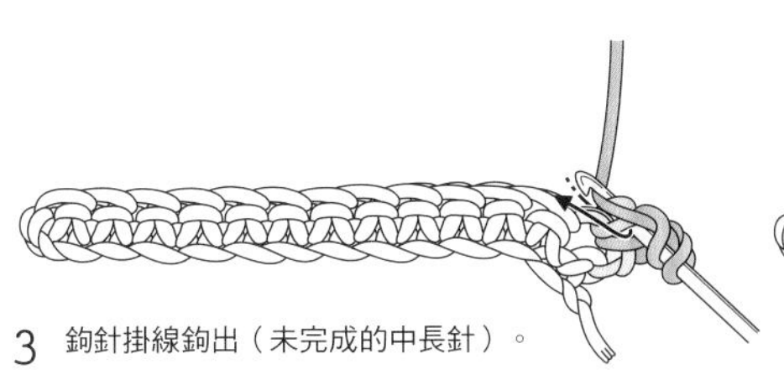

3 鉤針掛線鉤出（未完成的中長針）。

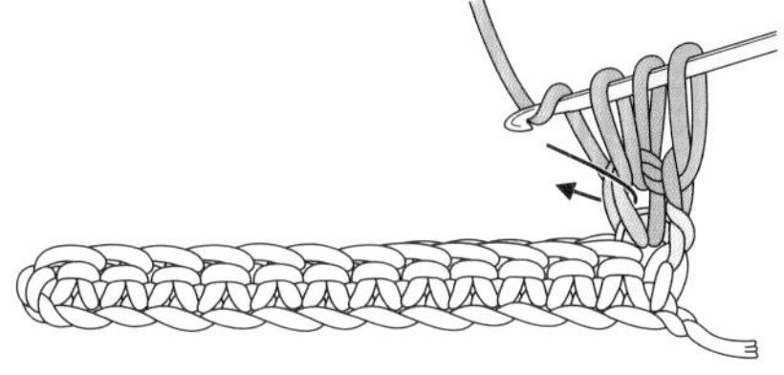

4 鉤針掛線，再次穿入相同的短針針腳的2條線。

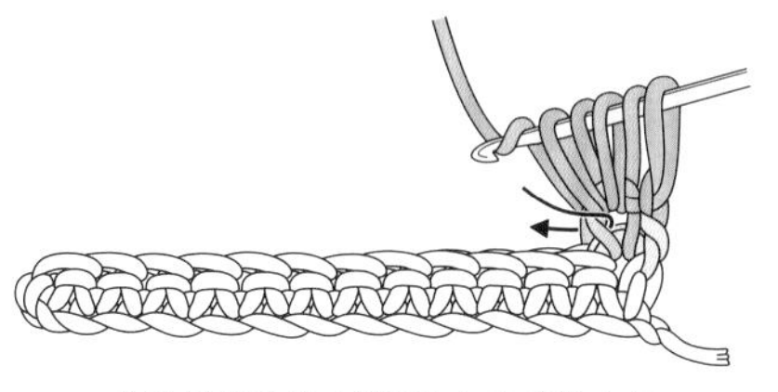

5 鉤針掛線鉤出（第2針未完成的中長針）。接著，再同一針腳鉤織另1針未完成的中長針。

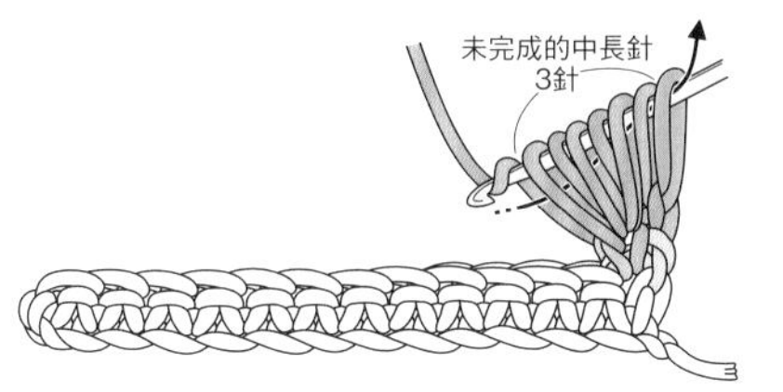
未完成的中長針
3針

6 鉤針掛線，一次引拔鉤針上的7個線圈。

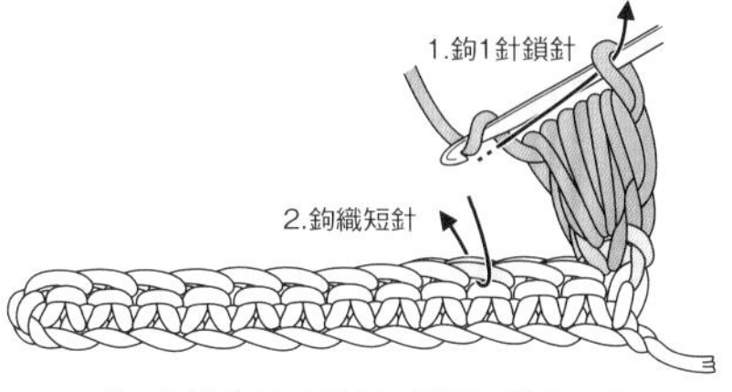
1.鉤1針鎖針
2.鉤織短針

7 鉤1針鎖針固定針目，跳過2針後，在前段針目挑針，鉤織短針。

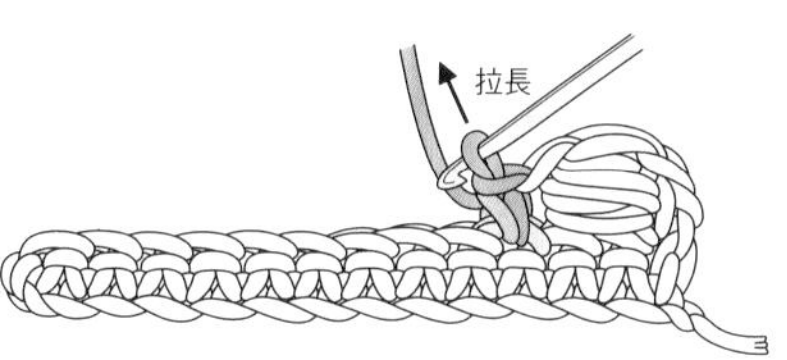
拉長

8 完成3中長針的玉針。接下來，繼續以相同方式鉤織。

2長針的玉針

挑短針針腳鉤織

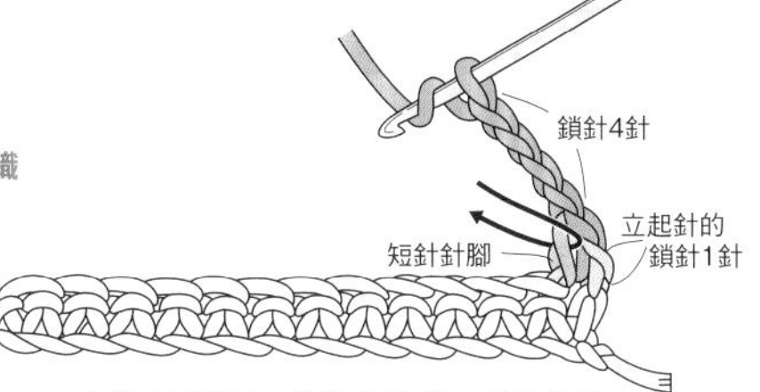
鎖針4針
立起針的
鎖針1針
短針針腳

1 鉤織4針鎖針，鉤針先掛線，再穿入短針針腳的2條線。

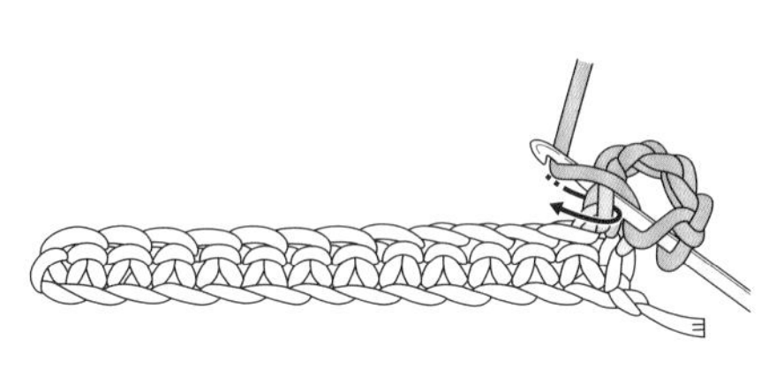

2 鉤針掛線鉤出。

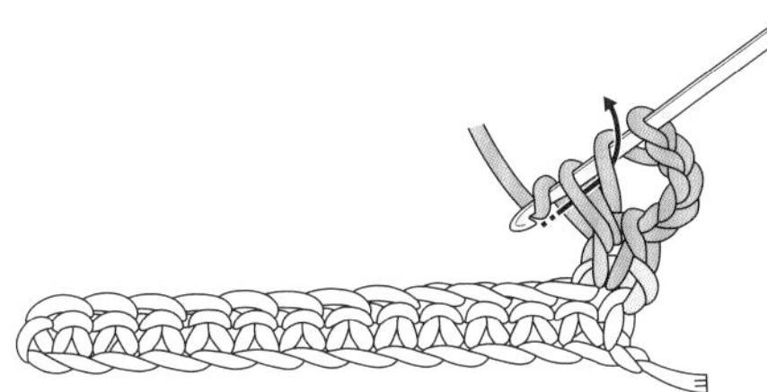

3 鉤針掛線，引拔針上的前2個線圈（未完成的長針）。

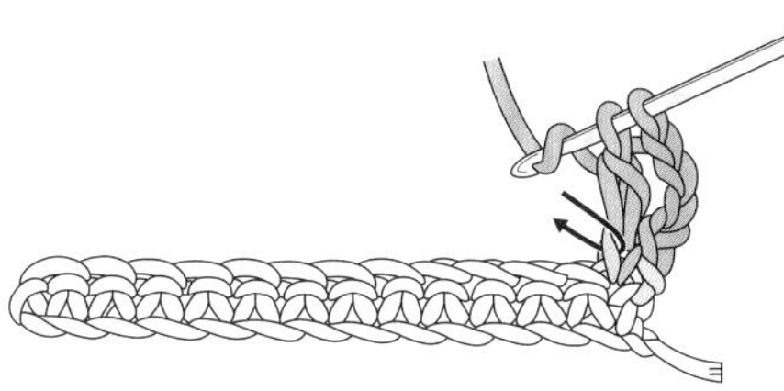

4 完成第1針未完成的長針。鉤針掛線，再次穿入相同的短針針腳2條線。

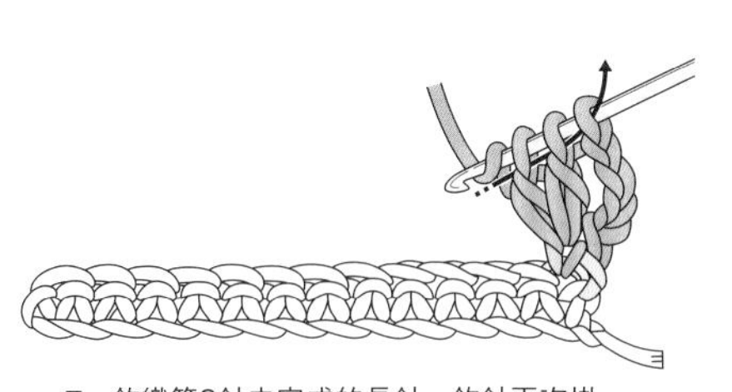

5 鉤織第2針未完成的長針。鉤針再次掛線，一次引拔針上的3個線圈。

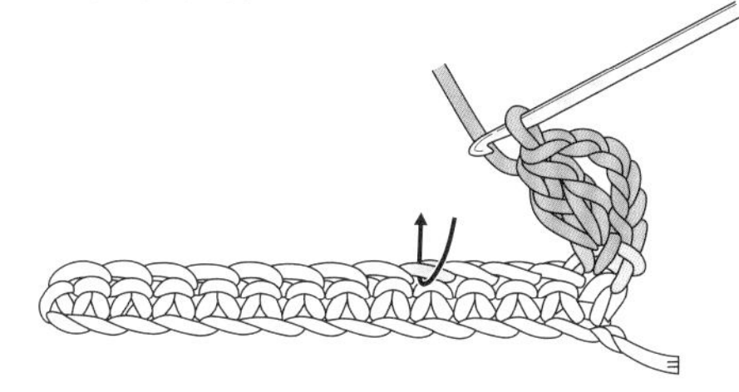

6 跳過3針之後，在前段針目挑針，鉤織短針。

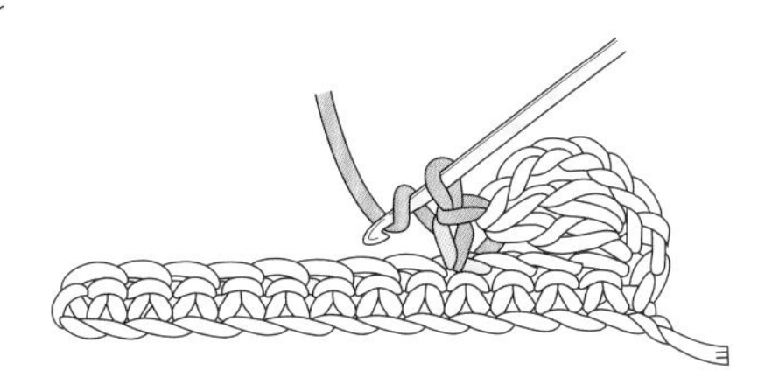

7 完成2長針的玉針。接下來，繼續以相同方式鉤織。

爆米花針

在前段的1個針目或鎖針下的空間中鉤織數針，
接著將鉤針抽離原本針目，再從先前的針目穿入，
引拔抽離的針目，收合成1針的技法。
正面為具有立體感的織片。
背面則是爆米花針往織片正面凸出的模樣。

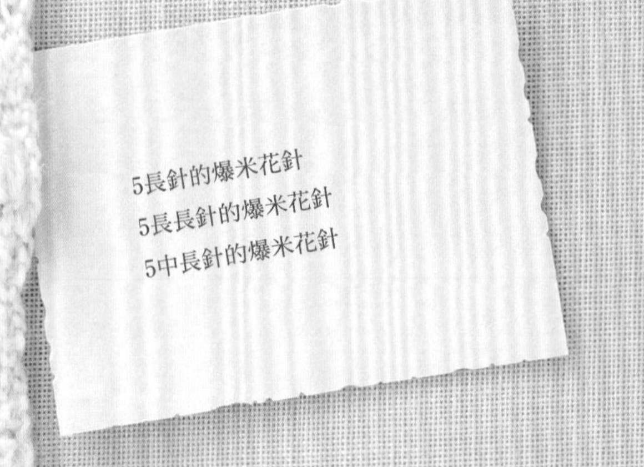
5長針的爆米花針
5長長針的爆米花針
5中長針的爆米花針

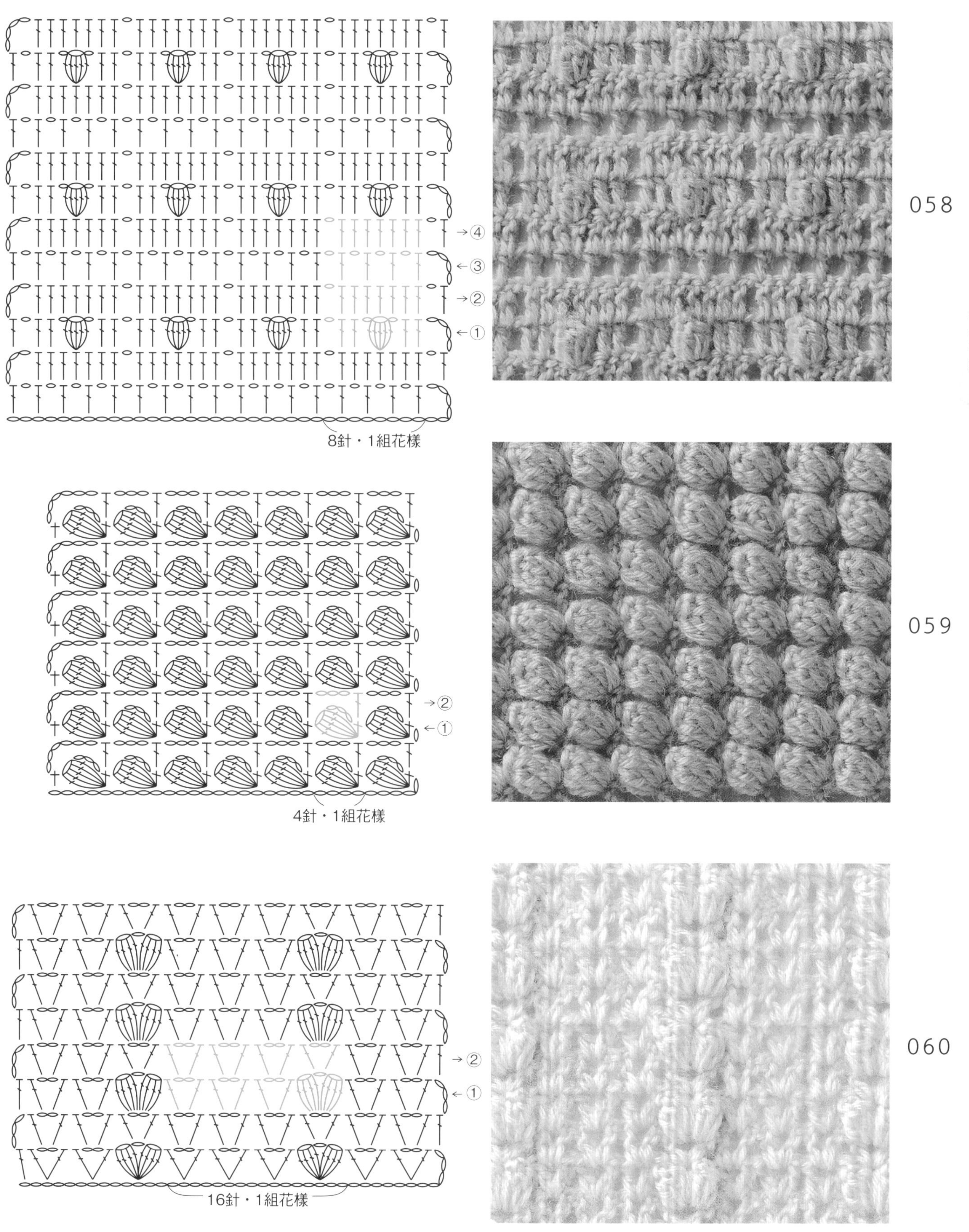
→④
←③
→②
←①
8針・1組花樣
058
爆米花針
→②
←①
4針・1組花樣
059
→②
←①
16針・1組花樣
060

設計／橫山純子　使用線材／058、060＝40g・約180m　059＝40g・約160m

061

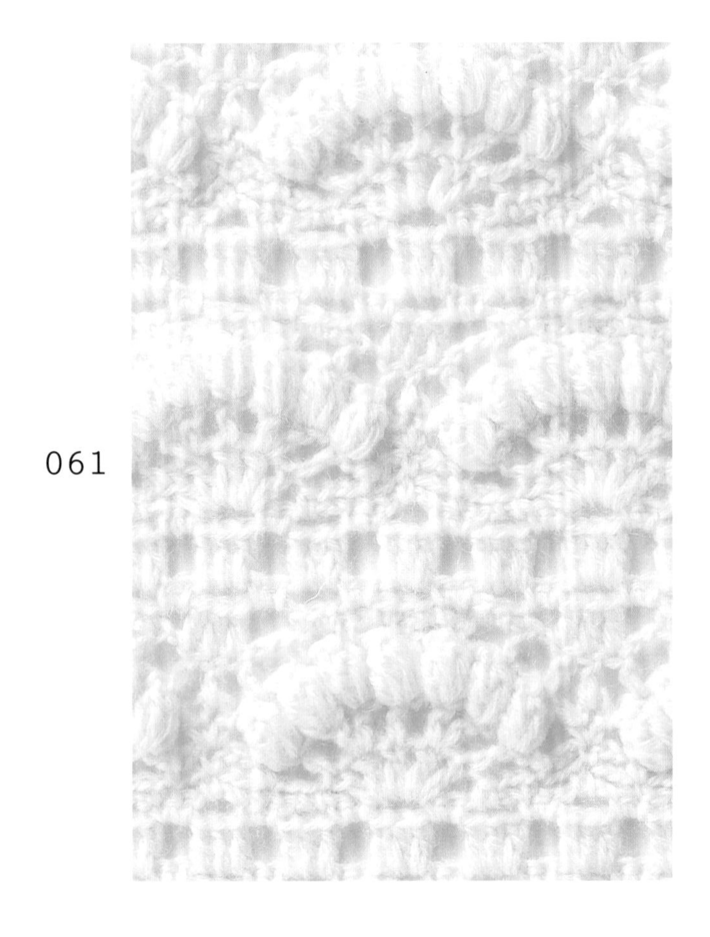

062

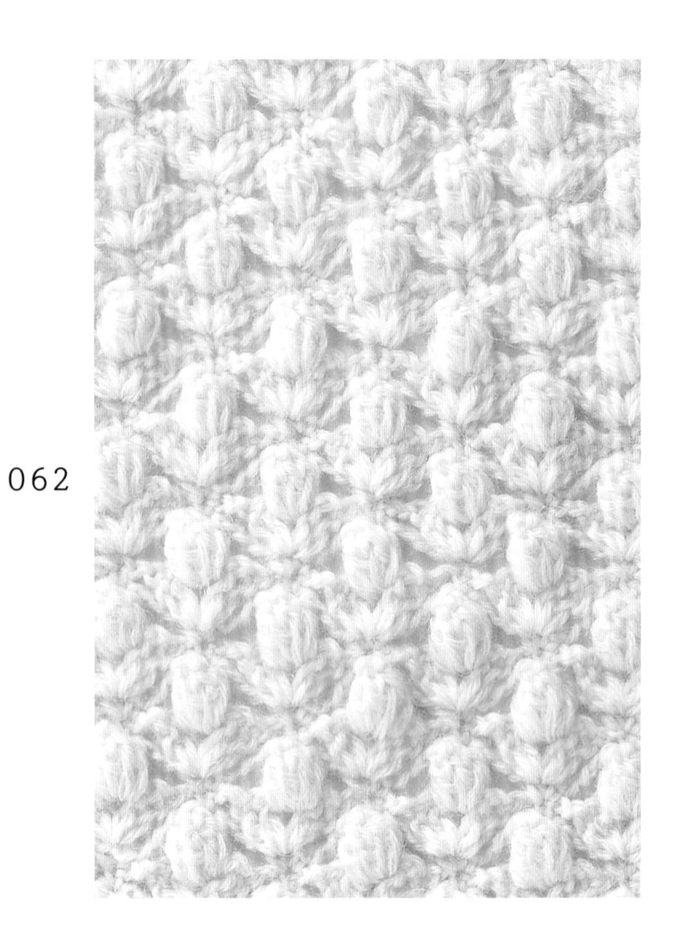

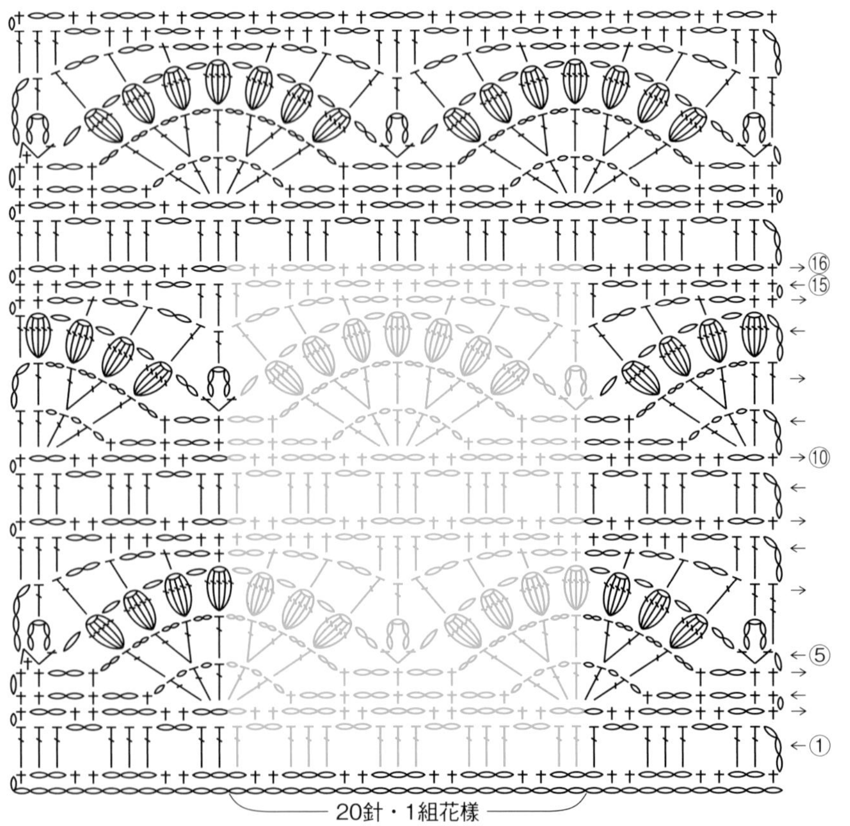

←⑯
←⑮
←⑩
←⑤
←①
20針・1組花様

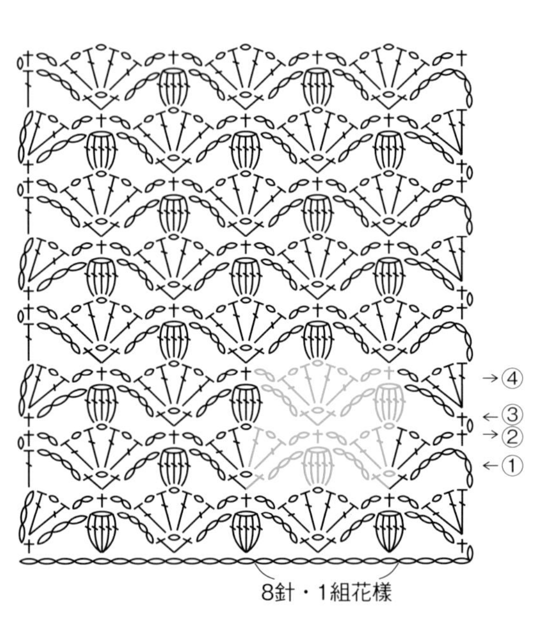

→④
←③
→②
←①
8針・1組花様

設計／本間さき子　使用線材／40g・約180m

063

064

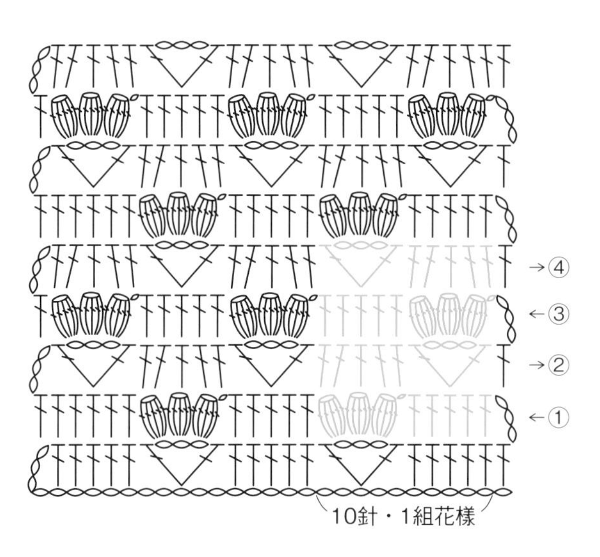
→④
←③
→②
←①
10針・1組花樣

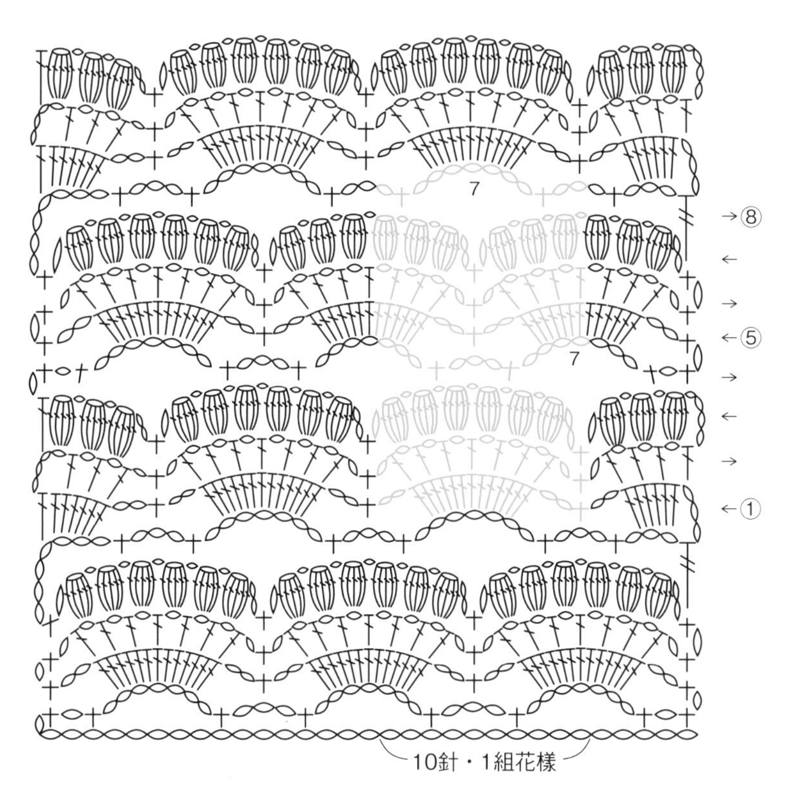
7
→⑧
←
→
←⑤
7
→
←
→
←①
10針・1組花樣

設計／茂木三紀子　使用線材／10g・約44m

5長針的爆米花針

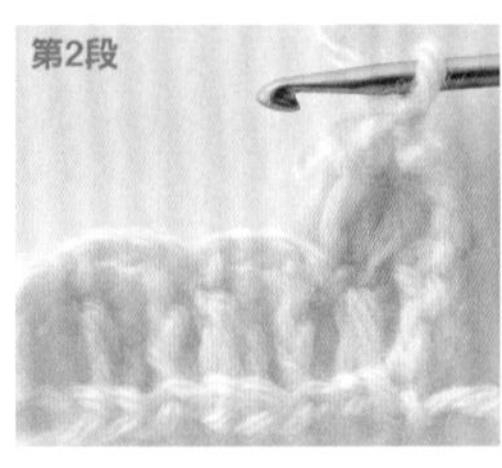
第2段

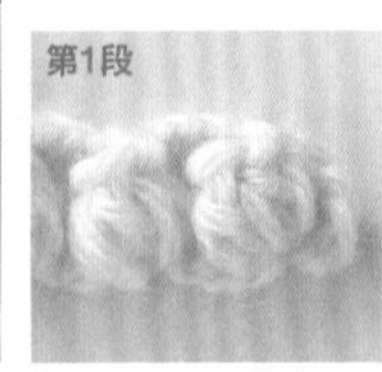
第1段

挑針鉤織

第1段

鎖針1針
立起針的
鎖針3針
鎖針1針
基底針目

1 在鎖針裡山挑針鉤織5針長針，將鉤針暫時抽出後，由內側穿入最初的針目，再穿回抽出的第5針。

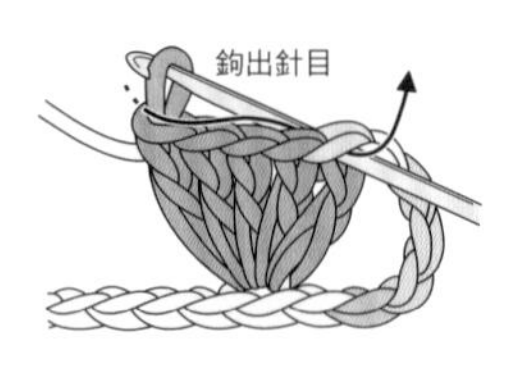
鉤出針目

2 將第5針的線圈從第1針引拔鉤出。

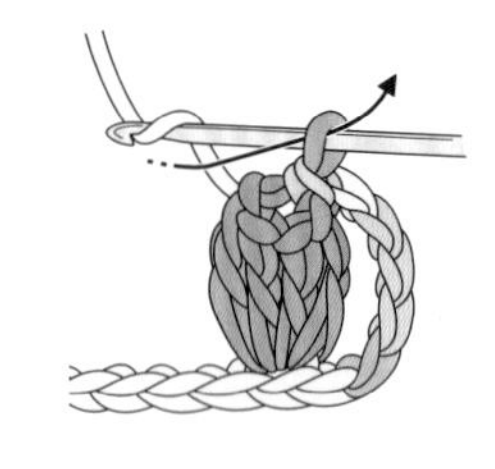

3 鉤1針鎖針收緊針目。

第2段（爆米花針往外側凸出）

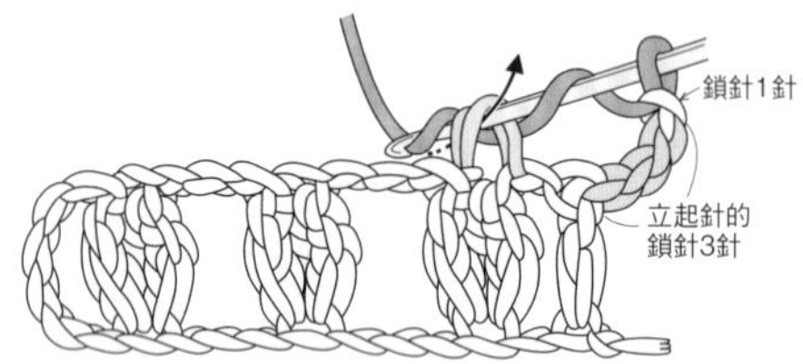
鎖針1針
立起針的
鎖針3針

1 在前段針頭挑針，鉤5針長針。

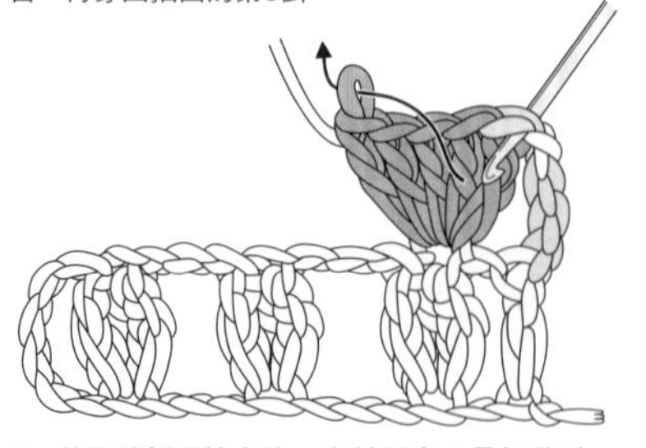

2 將鉤針暫時抽出後，由外側穿入最初的針目，再穿回抽出的第5針。

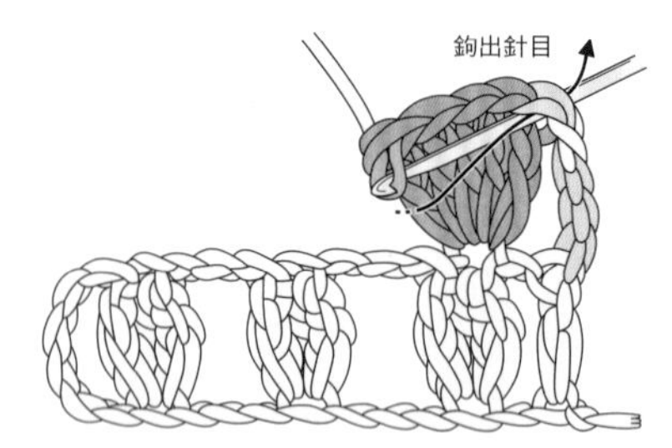
鉤出針目

3 將第5針的線圈從第1針引拔鉤出。

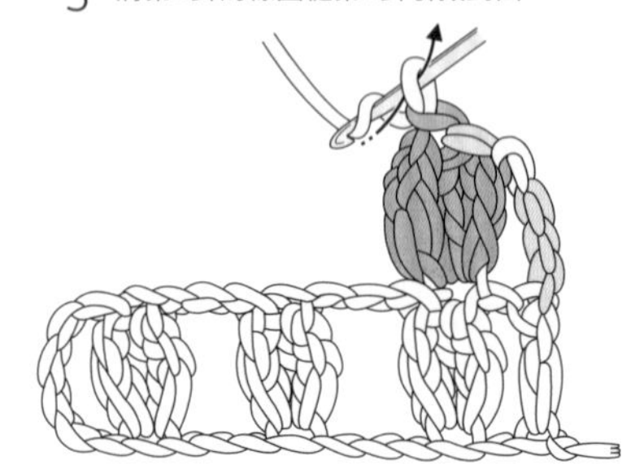

4 鉤1針鎖針收緊固定（針目會往外側凸出）。收緊針目的模樣。

5長長針的爆米花針

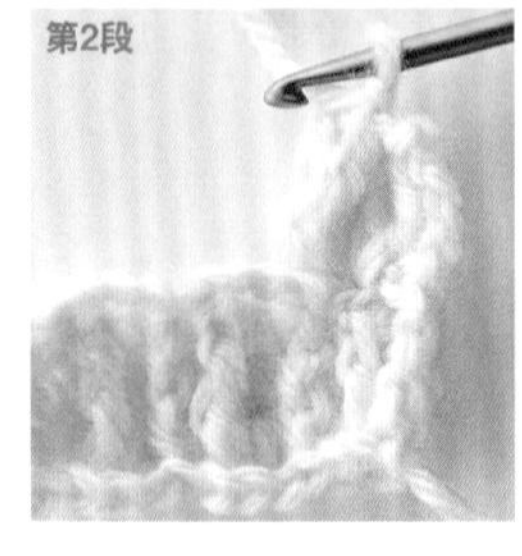
第2段

第1段

挑針鉤織

第1段

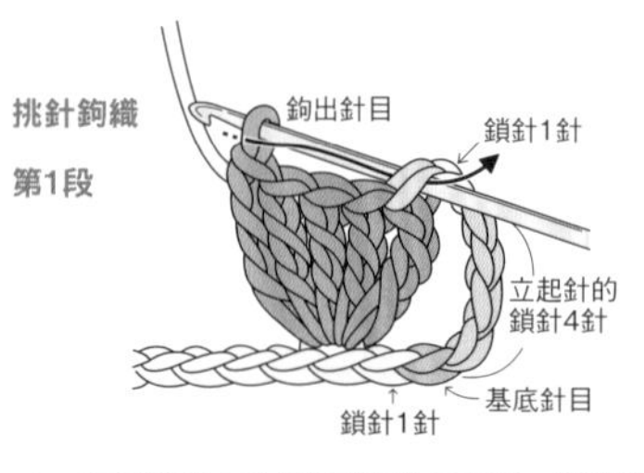
鉤出針目
鎖針1針
立起針的
鎖針4針
基底針目
鎖針1針

1 在鎖針裡山挑針鉤織5針長長針，將鉤針暫時抽出後，由內側穿入最初的針目，再穿回抽出的第5針。將第5針的線圈從第1針引拔鉤出。

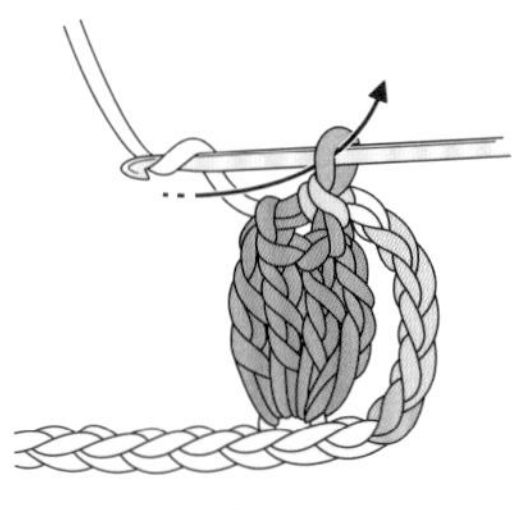

2 鉤1針鎖針收緊針目。

第2段
（爆米花針
往外側凸出）

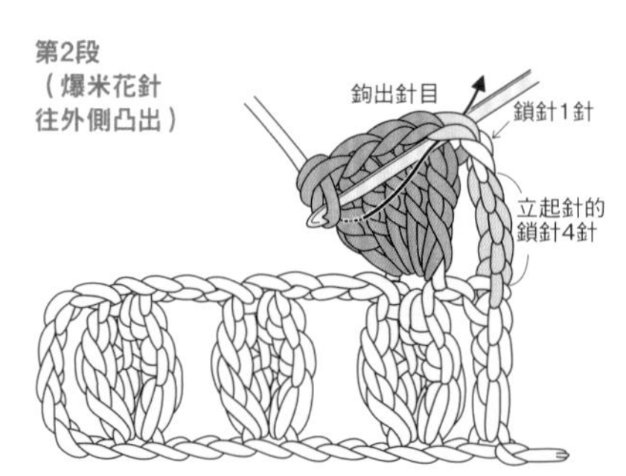
鉤出針目
鎖針1針
立起針的
鎖針4針

1 在前段針頭挑針，鉤5針長長針。將鉤針暫時抽出後，由外側穿入最初的針目，再穿回抽出的第5針。

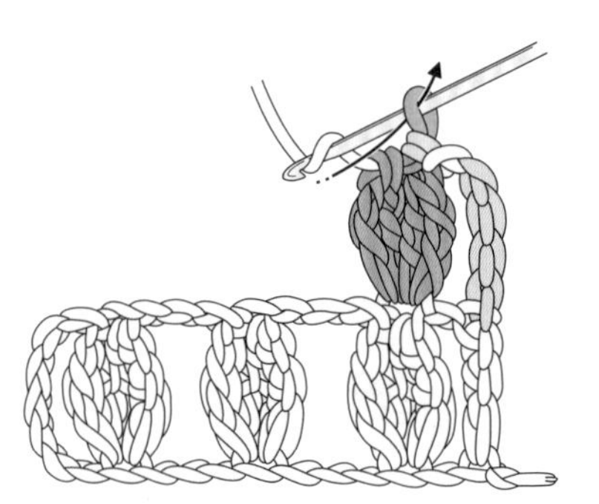

2 將第5針的線圈從第1針引拔鉤出。鉤1針鎖針收緊固定（針目會往外側凸出）。

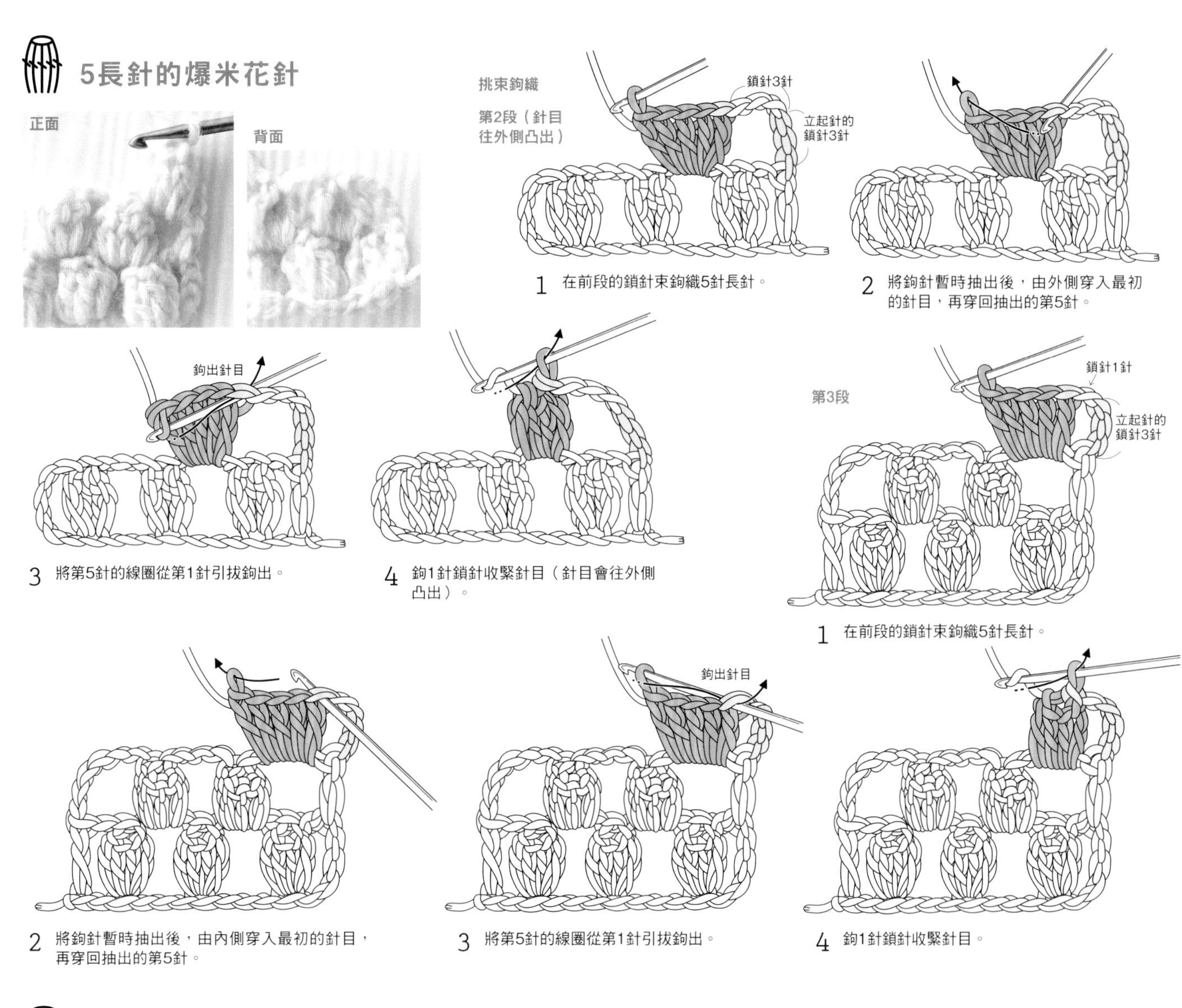

5長針的爆米花針
正面
背面
挑束鉤織
第2段（針目往外側凸出）
鎖針3針
立起針的鎖針3針
鉤出針目
第3段
鎖針1針
立起針的鎖針3針
鉤出針目

5長針的爆米花針

1 在前段的鎖針束鉤織5針長針。

2 將鉤針暫時抽出後，由外側穿入最初的針目，再穿回抽出的第5針。

3 將第5針的線圈從第1針引拔鉤出。

4 鉤1針鎖針收緊針目（針目會往外側凸出）。

1 在前段的鎖針束鉤織5針長針。

2 將鉤針暫時抽出後，由內側穿入最初的針目，再穿回抽出的第5針。

3 將第5針的線圈從第1針引拔鉤出。

4 鉤1針鎖針收緊針目。

5中長針的爆米花針

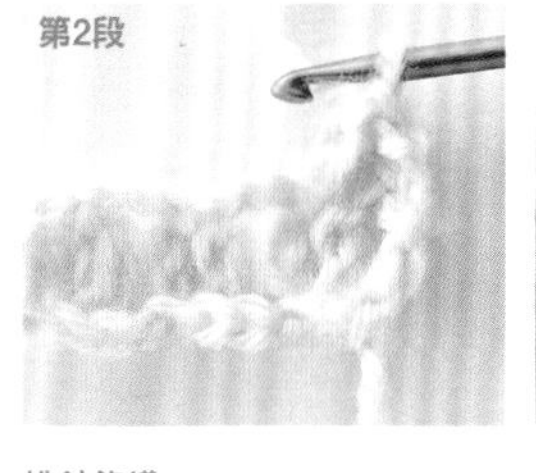

第2段

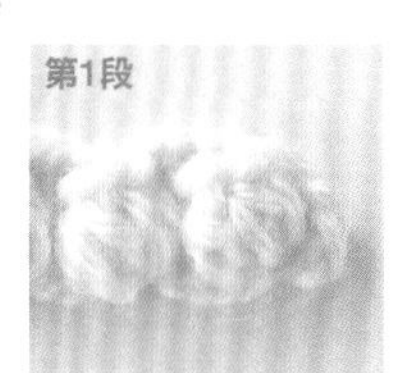

第1段

挑針鉤織

第1段

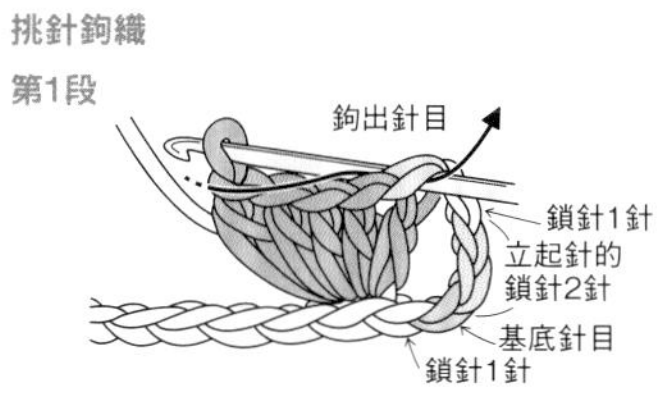

鉤出針目
鎖針1針
立起針的鎖針2針
基底針目
鎖針1針

1 在鎖針裡山挑針鉤織5針中長針，將鉤針暫時抽出後，由內側穿入最初的針目，再穿回抽出的第5針。將第5針的線圈從第1針引拔鉤出。

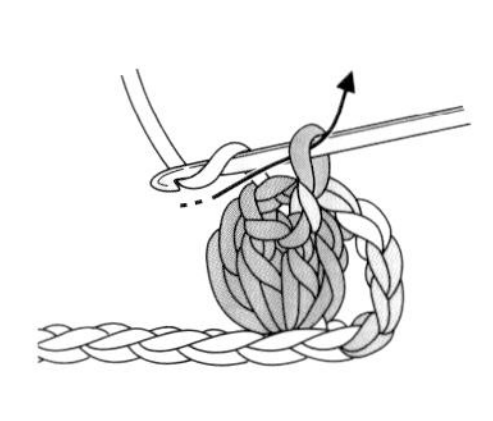

2 鉤1針鎖針收緊針目。

第2段（爆米花針往外側凸出）

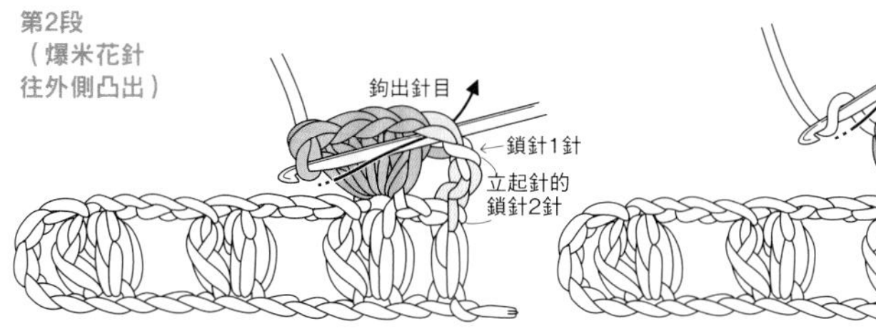

鉤出針目
鎖針1針
立起針的鎖針2針

1 在前段針頭挑針，鉤織5針中長針。將鉤針暫時抽出後，由外側穿入最初的針目，再穿回抽出的第5針。接著，將第5針的線圈從第1針引拔鉤出。

2 鉤1針鎖針收緊固定（針目會往外側凸出）

結粒針

只要以鎖針織成線圈，

就成了可愛的裝飾。

無論是作為花樣編的重點，

或是緣編，都非常適合。

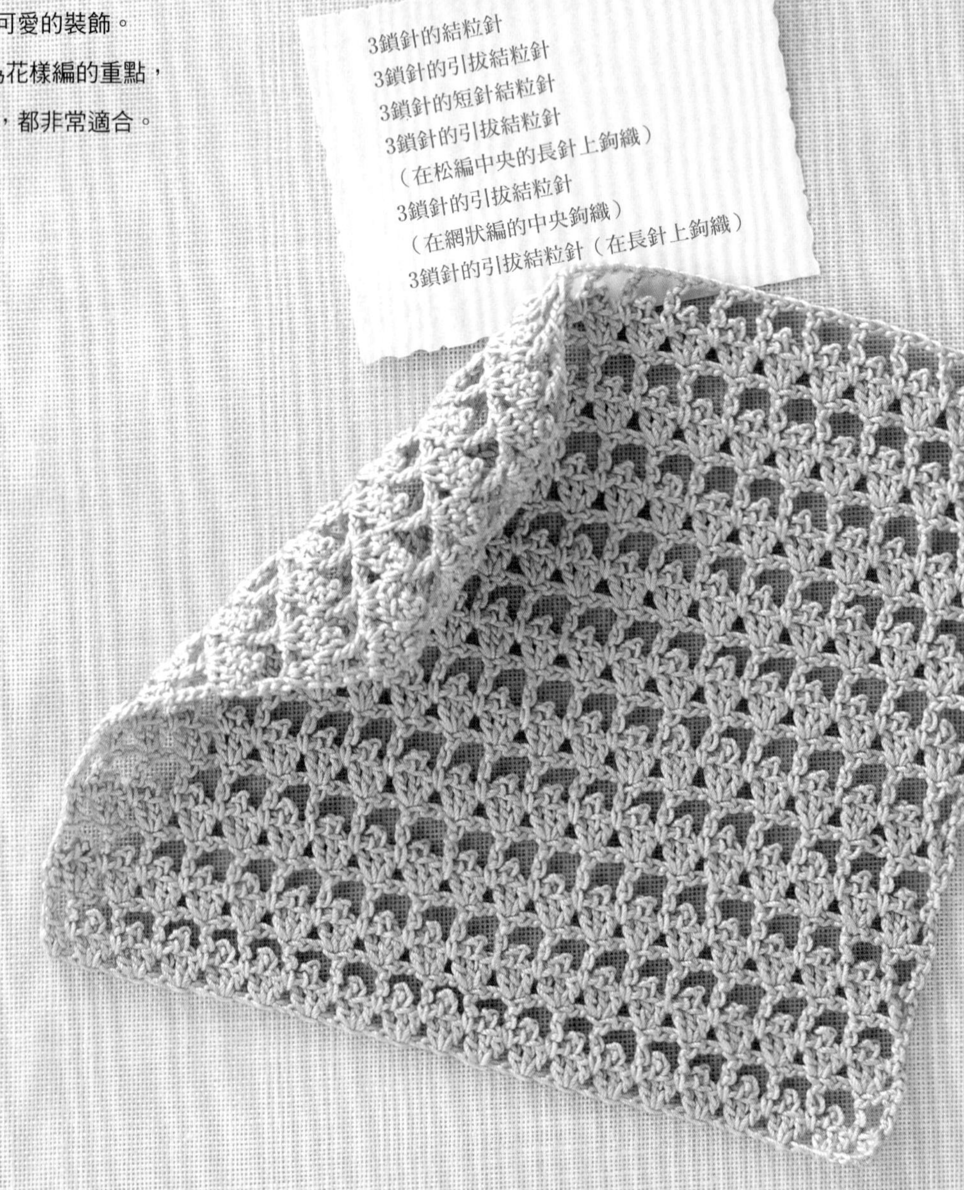
3鎖針的結粒針
3鎖針的引拔結粒針
3鎖針的短針結粒針
3鎖針的引拔結粒針
（在松編中央的長針上鉤織）
3鎖針的引拔結粒針
（在網狀編的中央鉤織）
3鎖針的引拔結粒針（在長針上鉤織）

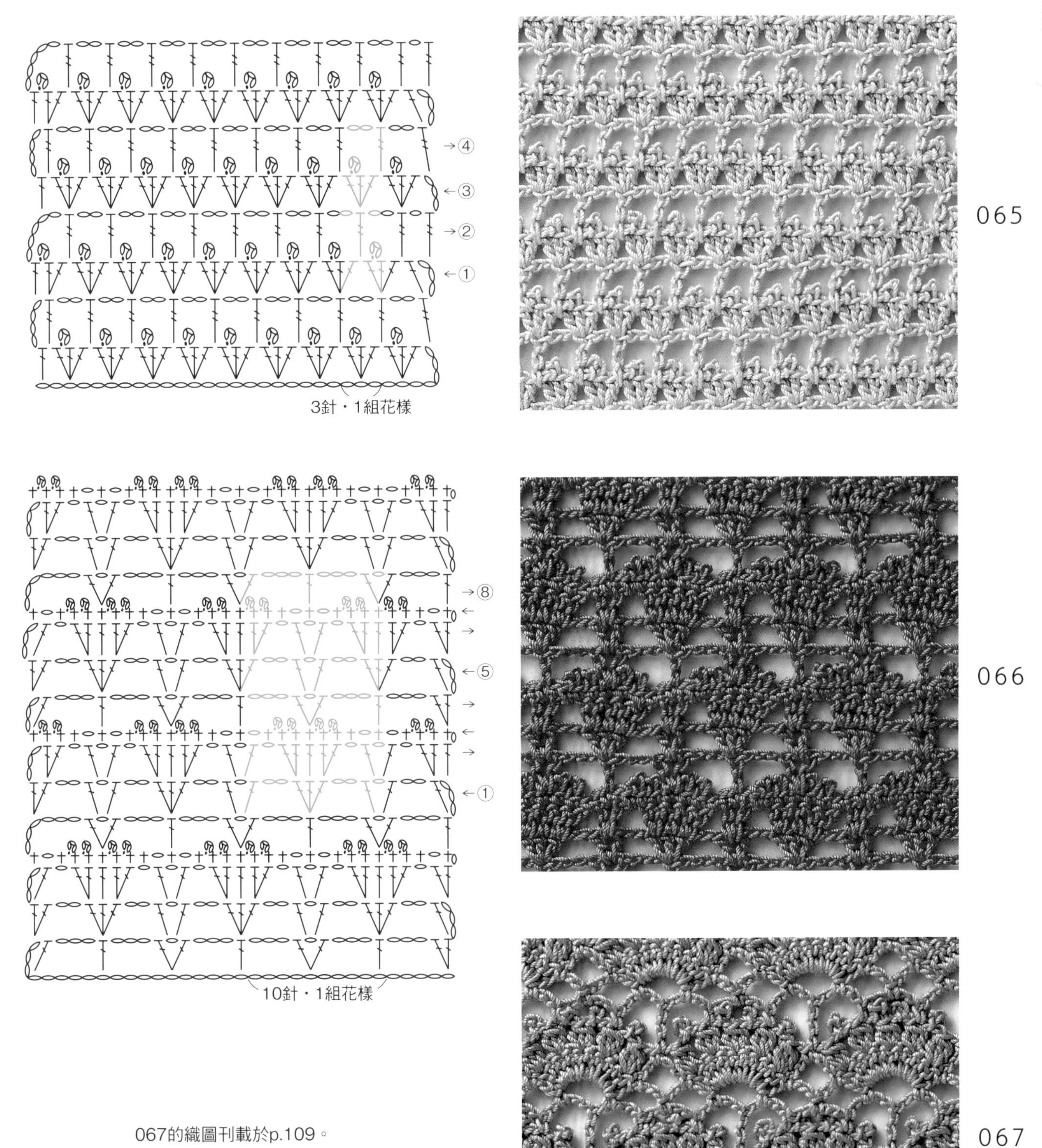
→④
←③
→②
←①
3針・1組花樣
065
→⑧
←
→
←⑤
→
←
→
←①
10針・1組花樣
066
067

067的織圖刊載於p.109。

設計／志田ひとみ　使用線材／065＝20g・約88m　066＝10g・約44m　067＝50g・約218m

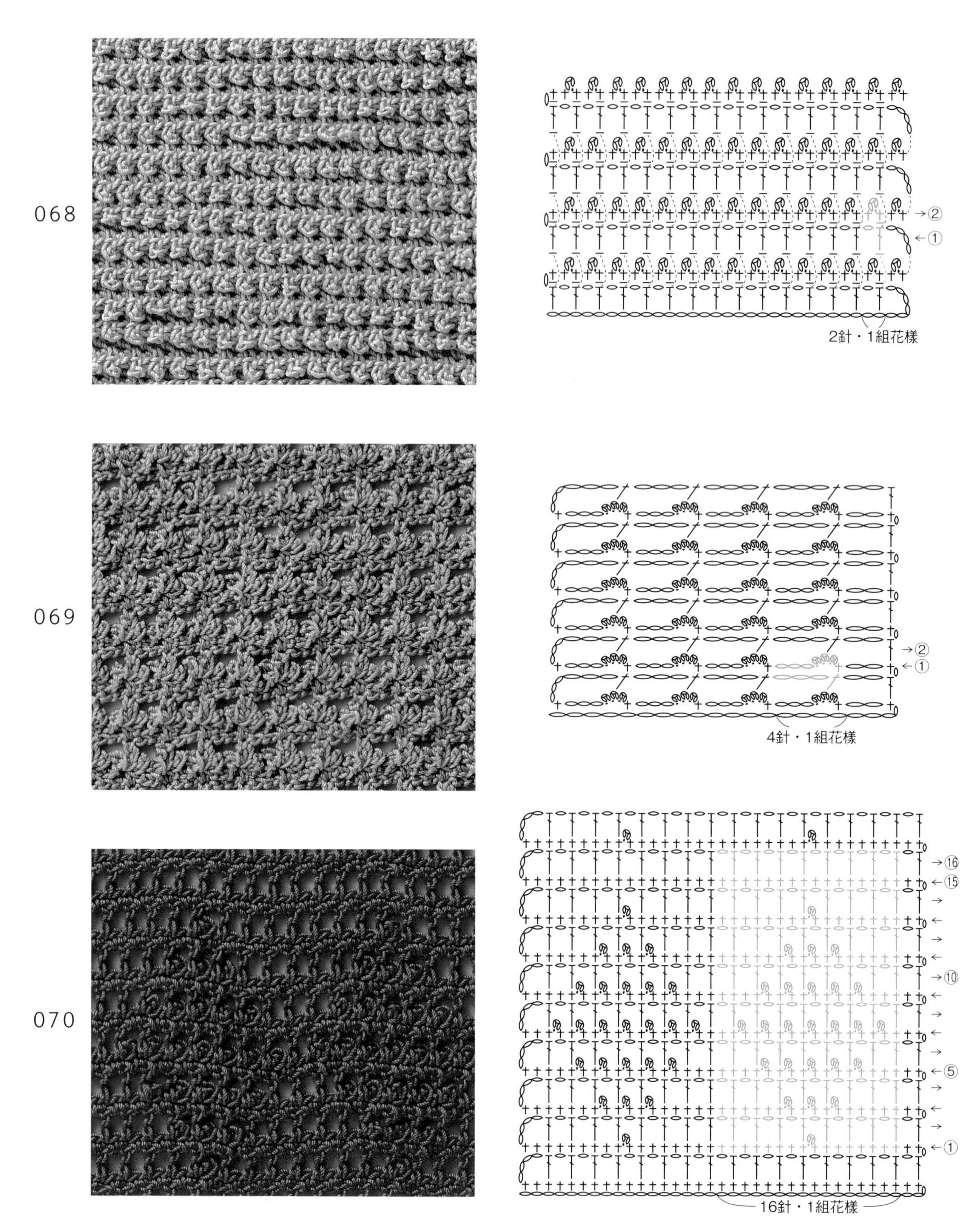
068
→②
←①
2針・1組花樣
069
→②
←①
4針・1組花樣
070
→⑯
←⑮
→⑩
←⑤
←①
16針・1組花樣

設計／太田隆澄　使用線材／068、069＝50g・約218m　070＝10g・約44m

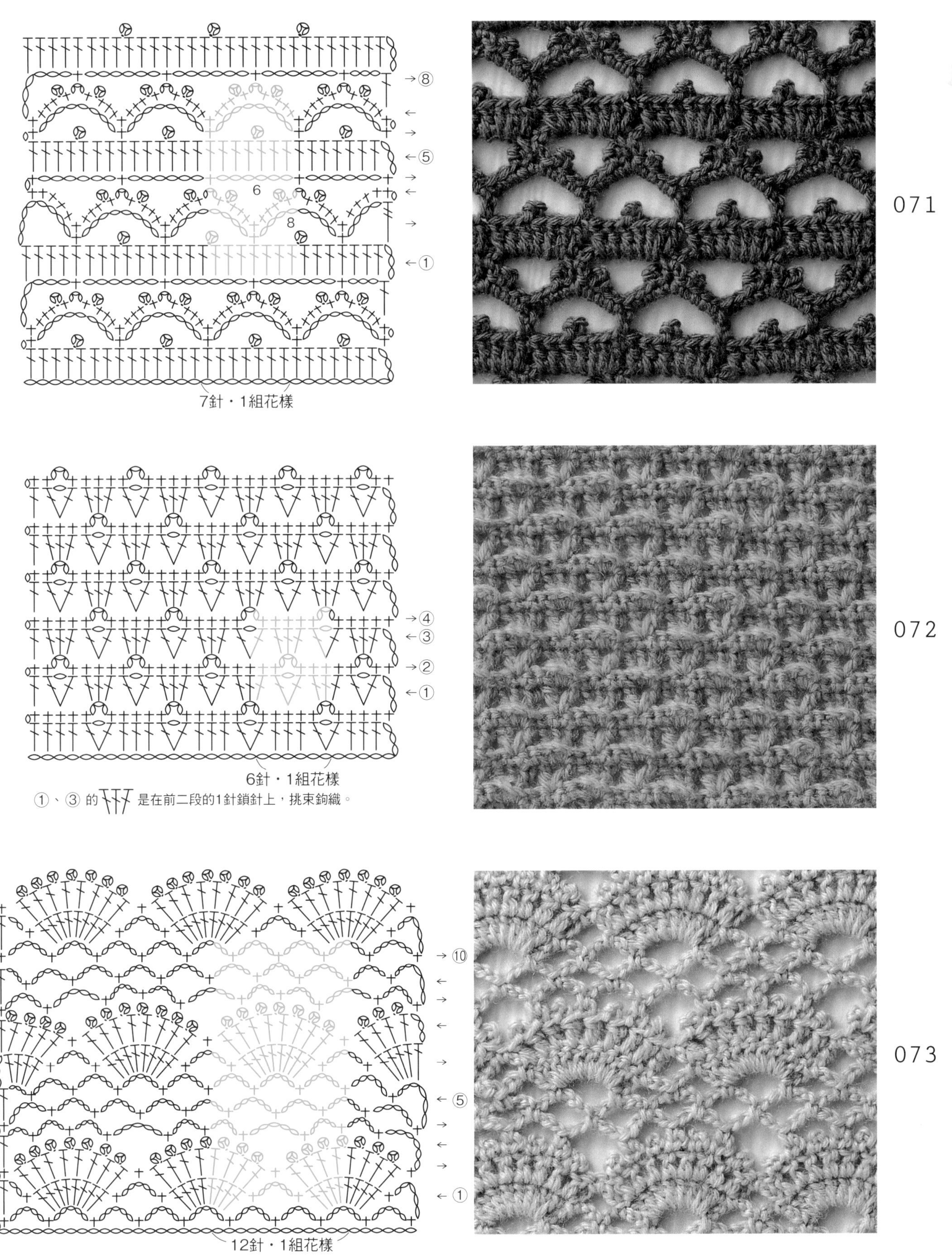
→⑧
←⑤
6
8
←①
7針・1組花様
071
→④
←③
→②
←①
6針・1組花様
①、③ 的 是在前二段的1針鎖針上，挑束鉤織。
072
→⑩
←⑤
←①
12針・1組花様
073

設計／茂木三紀子　使用線材／40g＝約180m

3鎖針的結粒針

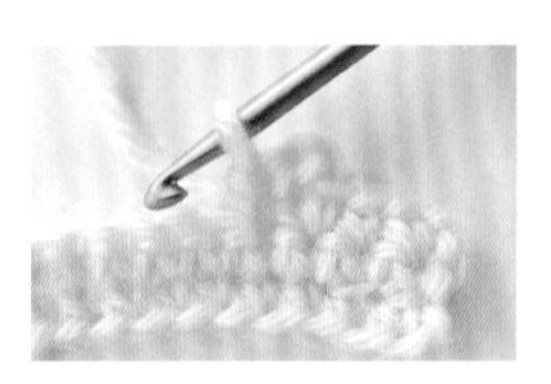

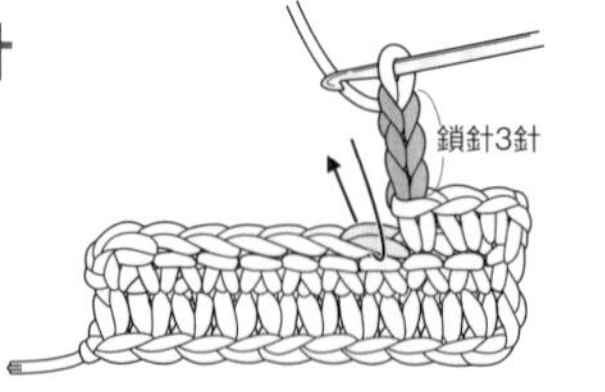
鎖針3針

1 鉤3針鎖針，依箭頭指示挑下一針短針針頭的2條線。

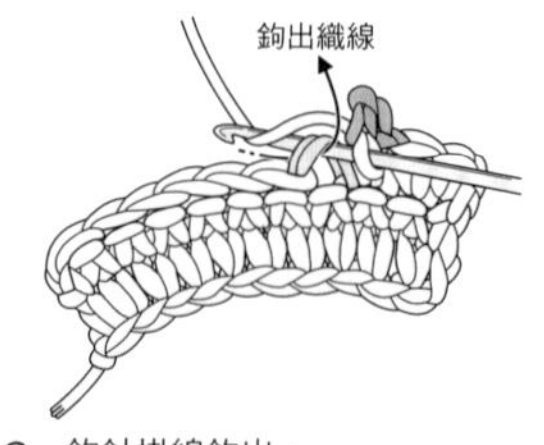
鉤出纖線

2 鉤針掛線鉤出。

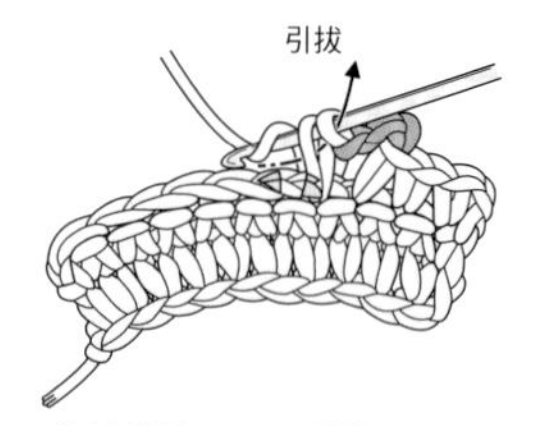
引拔

3 鉤針掛線，一次引拔鉤針上的2個線圈。

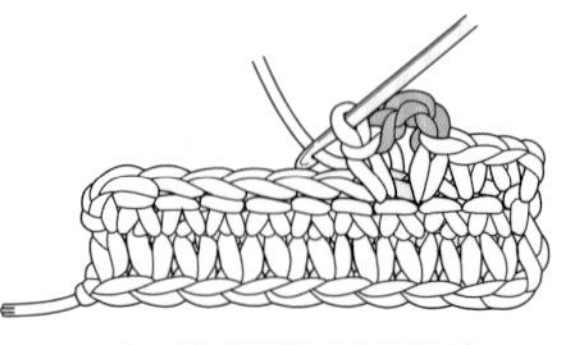

4 完成3鎖針的結粒針。

3鎖針的引拔結粒針

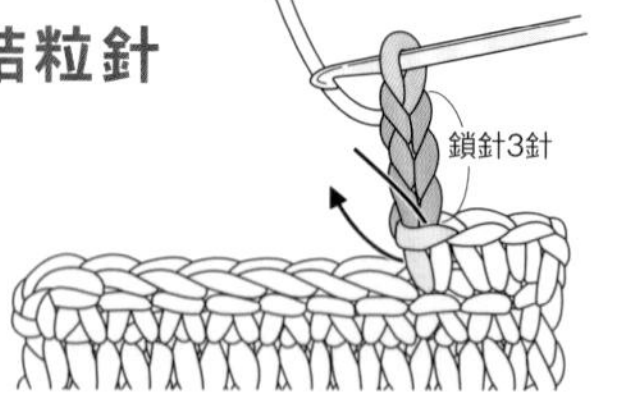
鎖針3針

1 鉤3針鎖針，接著鉤針依箭頭方向挑短針針頭與針腳各1線。

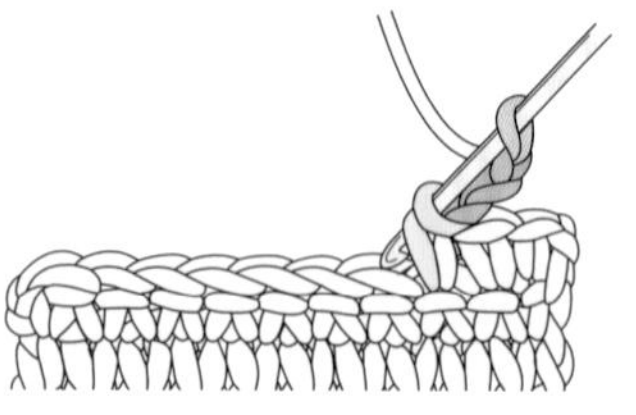

2 鉤針穿入的模樣。

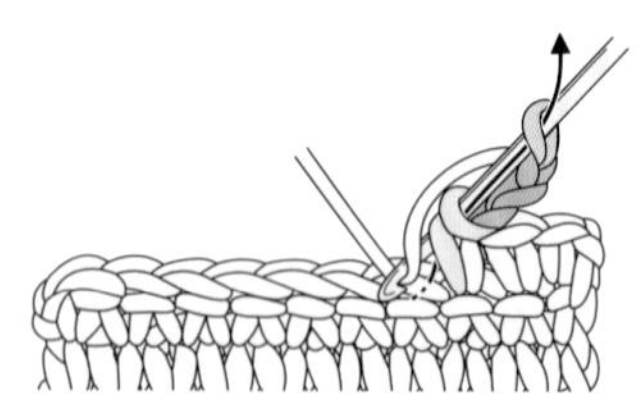

3 鉤針掛線，一次引拔短針針腳、針頭與鉤針上的針目。

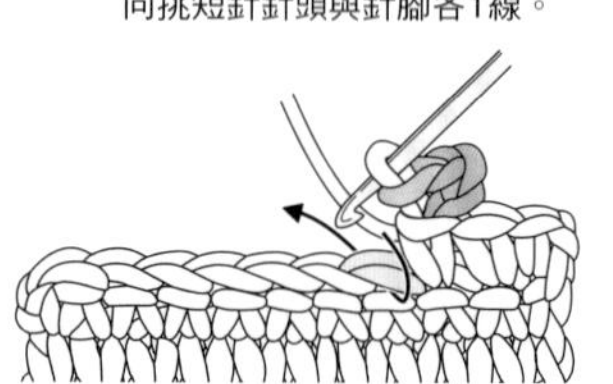

4 完成3鎖針的引拔結粒針。鉤針穿入下一針短針的針頭2條線。

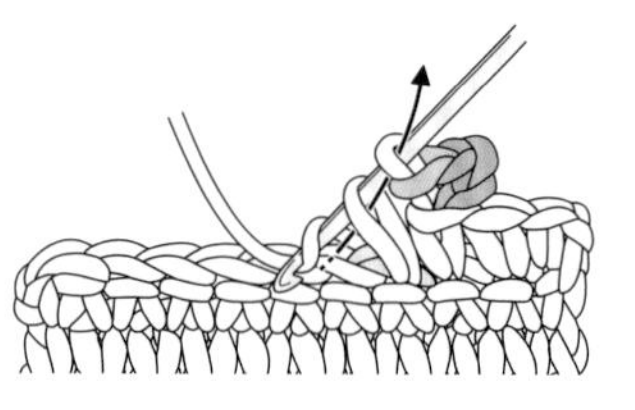

5 鉤針掛線鉤出，接著再次掛線，一次引拔掛在針上的2個線圈。

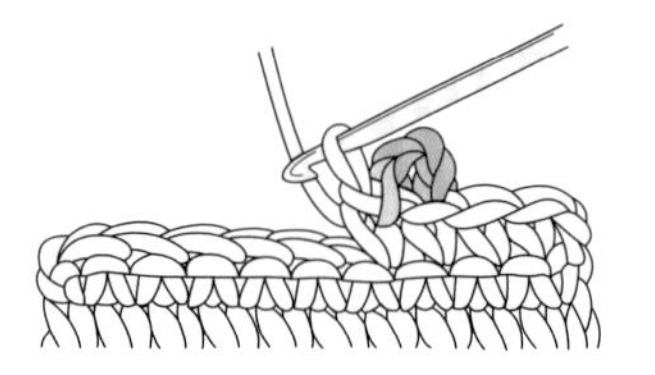

6 完成下一針的短針後，結粒針就會固定住。

3鎖針的引拔結粒針
（在松編中央的長針上鉤織）

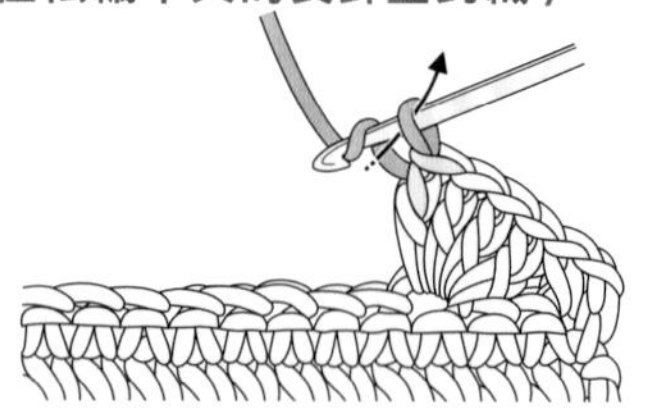

1 在松編中央的長針上，鉤織3針鎖針。

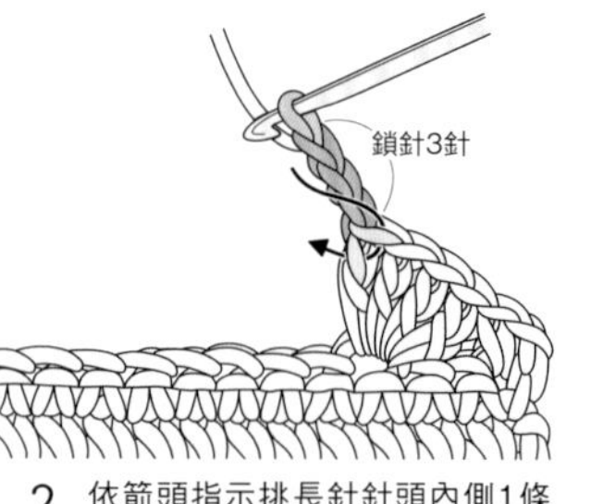
鎖針3針

2 依箭頭指示挑長針針頭內側1條線與針腳1條線。

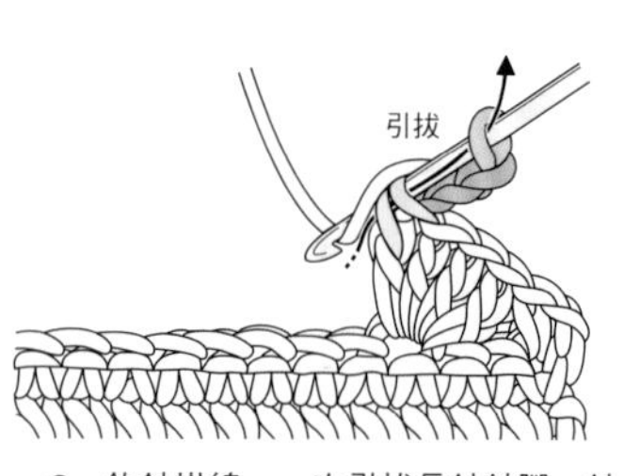
引拔

3 鉤針掛線，一次引拔長針針腳、針頭，與鉤針上的針目。

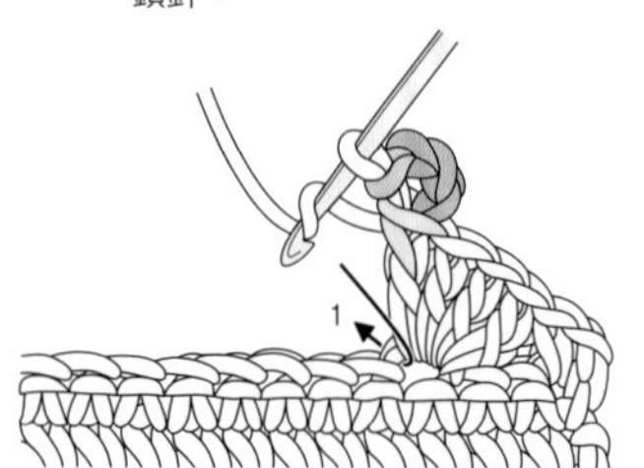
1

4 完成3鎖針的引拔結粒針。鉤針掛線，繼續在同一短針針頭挑針。

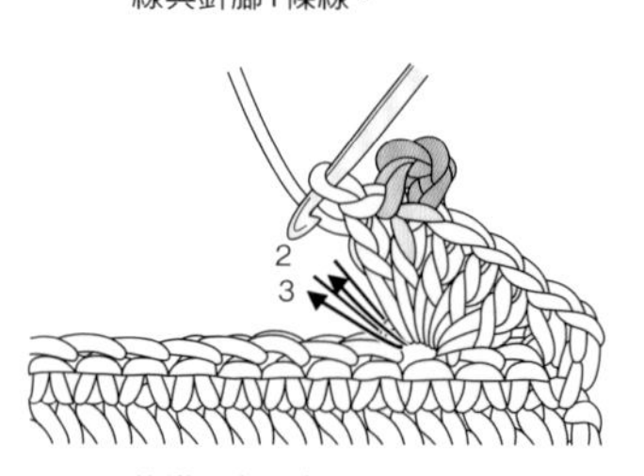
2
3

5 鉤織3針長針。

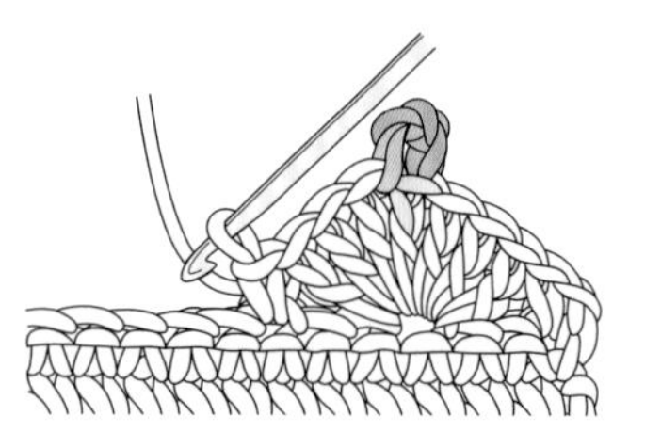

6 完成在松編中央的長針上，鉤織3鎖針的引拔結粒針。

3鎖針的短針結粒針

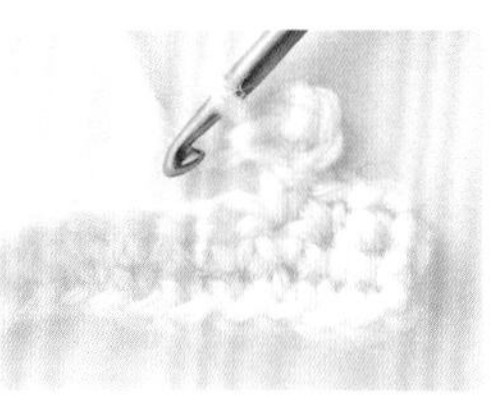

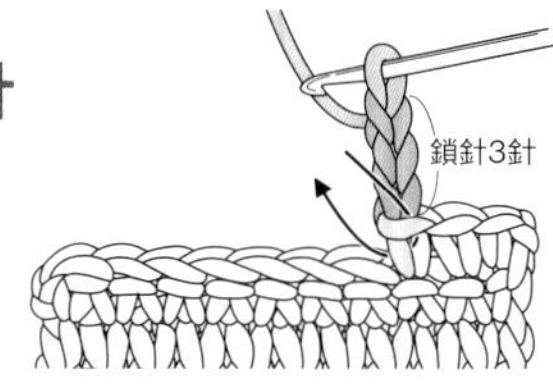
鎖針3針

1 鉤織3針鎖針，接著依箭頭指示挑短針針頭與針腳各1線。

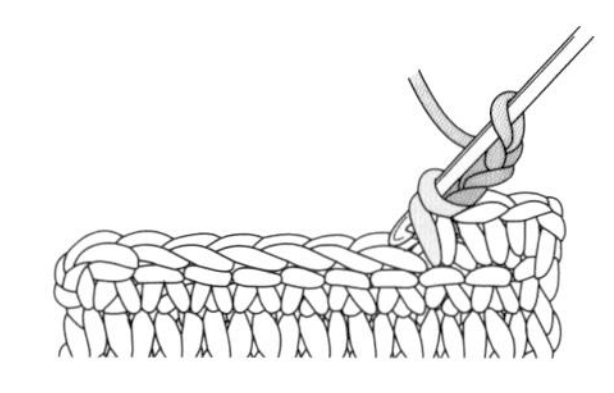

2 鉤針穿入的模樣。

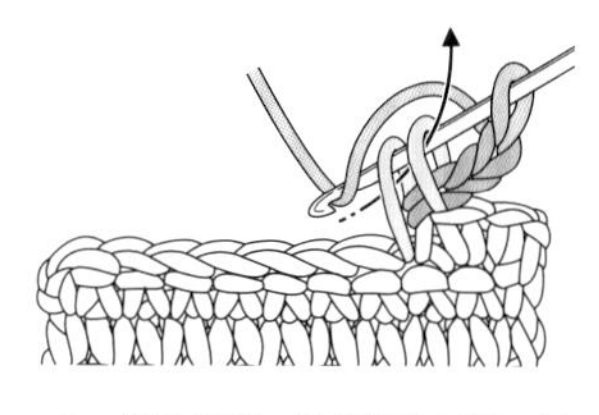

3 鉤針掛線，引拔短針針腳、針頭，鉤出織線。

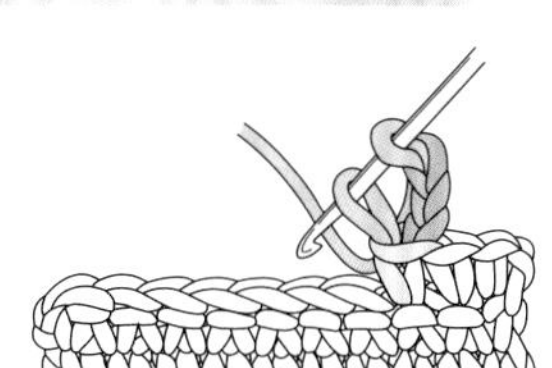

4 鉤出織線的模樣。

5 鉤針掛線，一次引拔鉤針上的2個線圈。

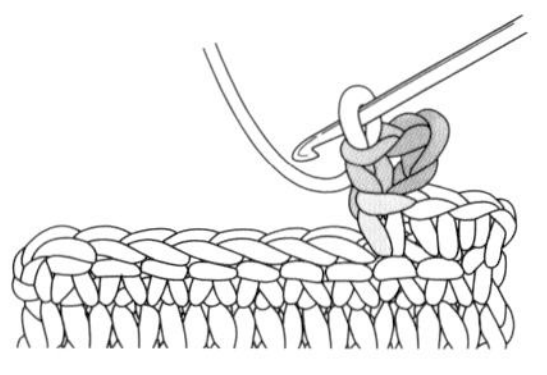

6 完成3鎖針的短針結粒針。

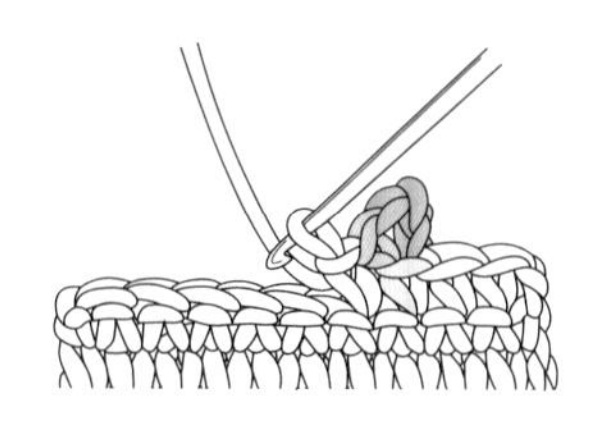

7 完成下一針的短針後，結粒針就會固定住。

3鎖針的引拔結粒針
（在網狀編的中央鉤織）

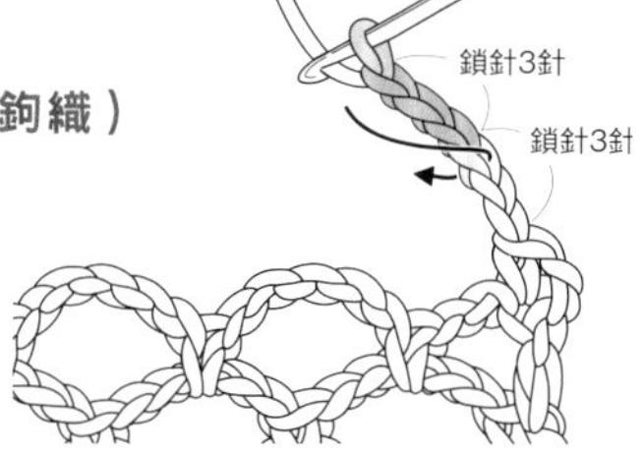
鎖針3針
鎖針3針

1 鉤織結粒針的3鎖針，接著依箭頭方向挑鎖針半針與裡山。

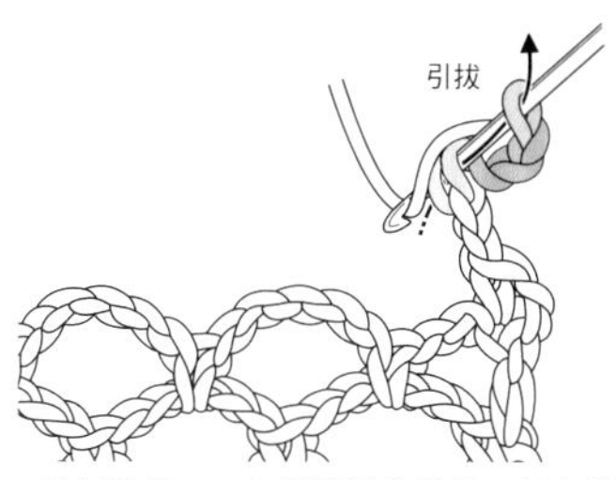
引拔

2 鉤針掛線，一次引拔鎖針半針、裡山與鉤針上的針目。

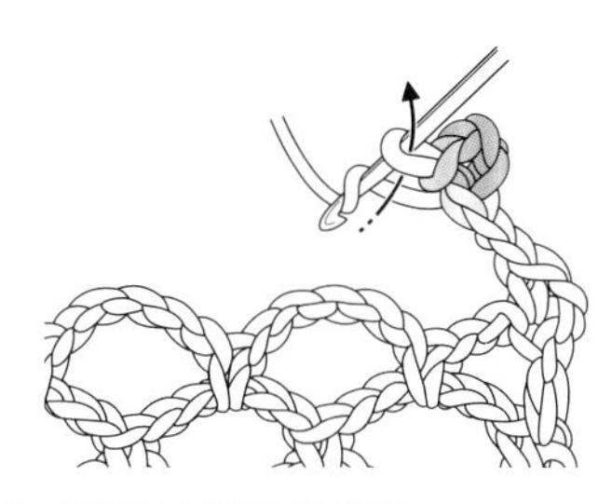

3 完成3鎖針的引拔結粒針。

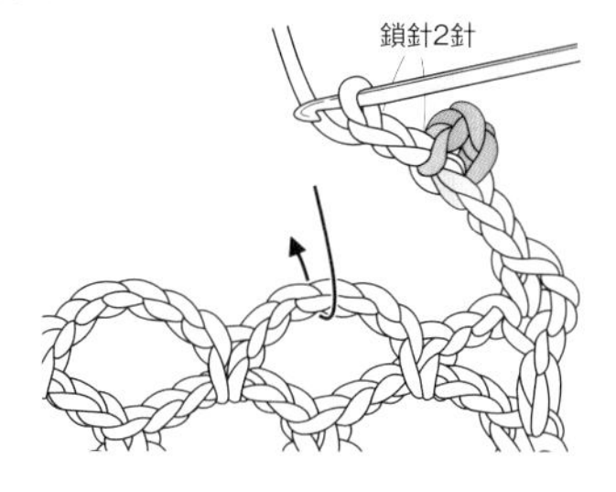
鎖針2針

4 鉤織鎖針。

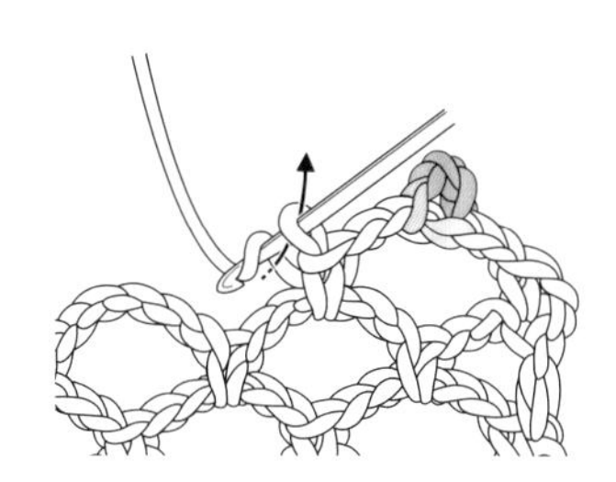

5 鉤針穿入前段鎖針下的空間，挑束鉤織短針。

3鎖針的引拔結粒針（在長針上鉤織）

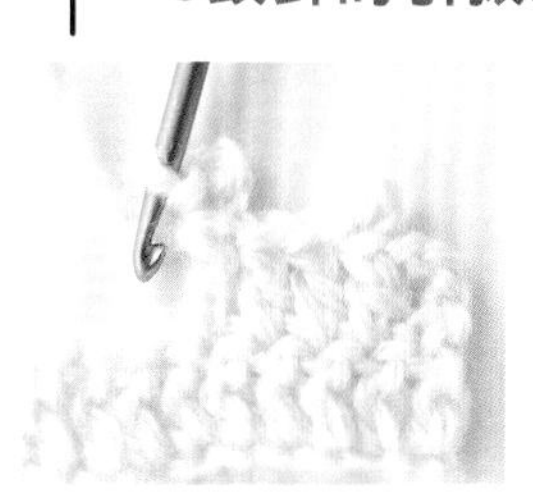

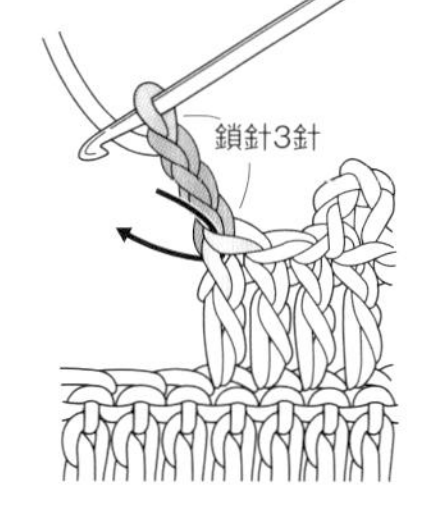
鎖針3針

1 鉤織3針鎖針，接著依箭頭指示，挑長針針頭內側1條線與針腳1條線。

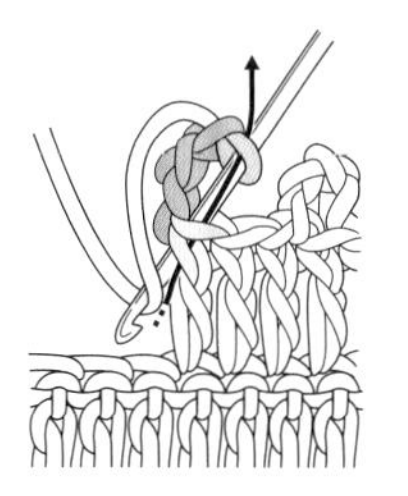

2 鉤針掛線，一次引拔長針針腳、針頭，與鉤針上的針目。

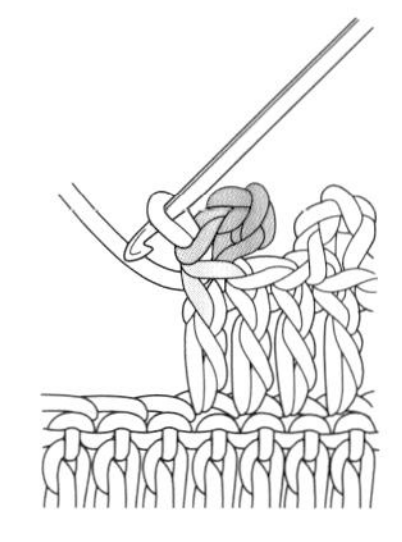

3 完成3鎖針的引拔結粒針。

交叉針

讓針目交叉的鉤織技法。

呈現的風格饒富趣味性，因此鉤織花樣編時能有多樣變化。

相較於一般的針目，鉤織交叉針時，針腳需織得較長。

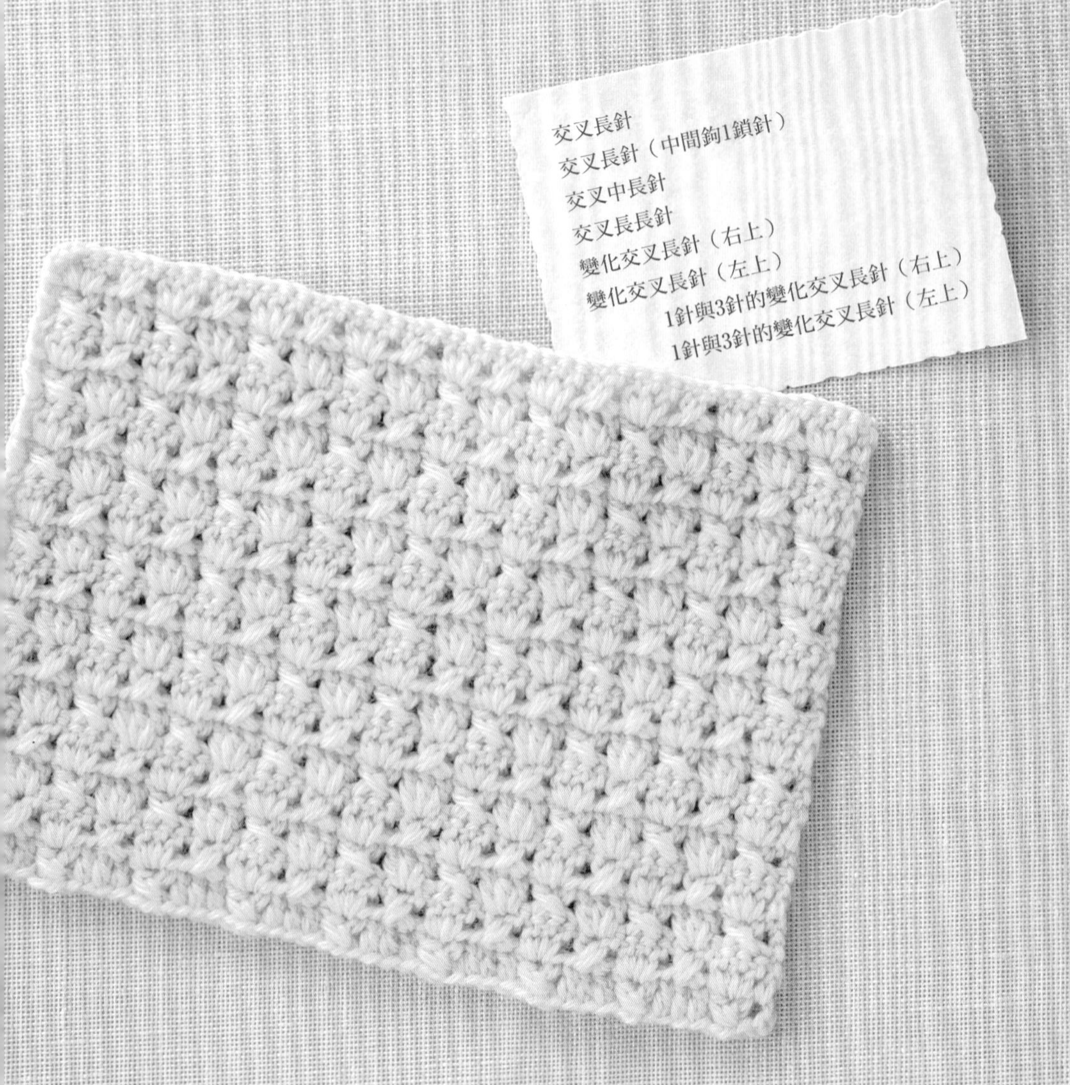

交叉長針
交叉長針（中間鉤1鎖針）
交叉中長針
交叉長長針
變化交叉長針（右上）
變化交叉長針（左上）
1針與3針的變化交叉長針（右上）
1針與3針的變化交叉長針（左上）

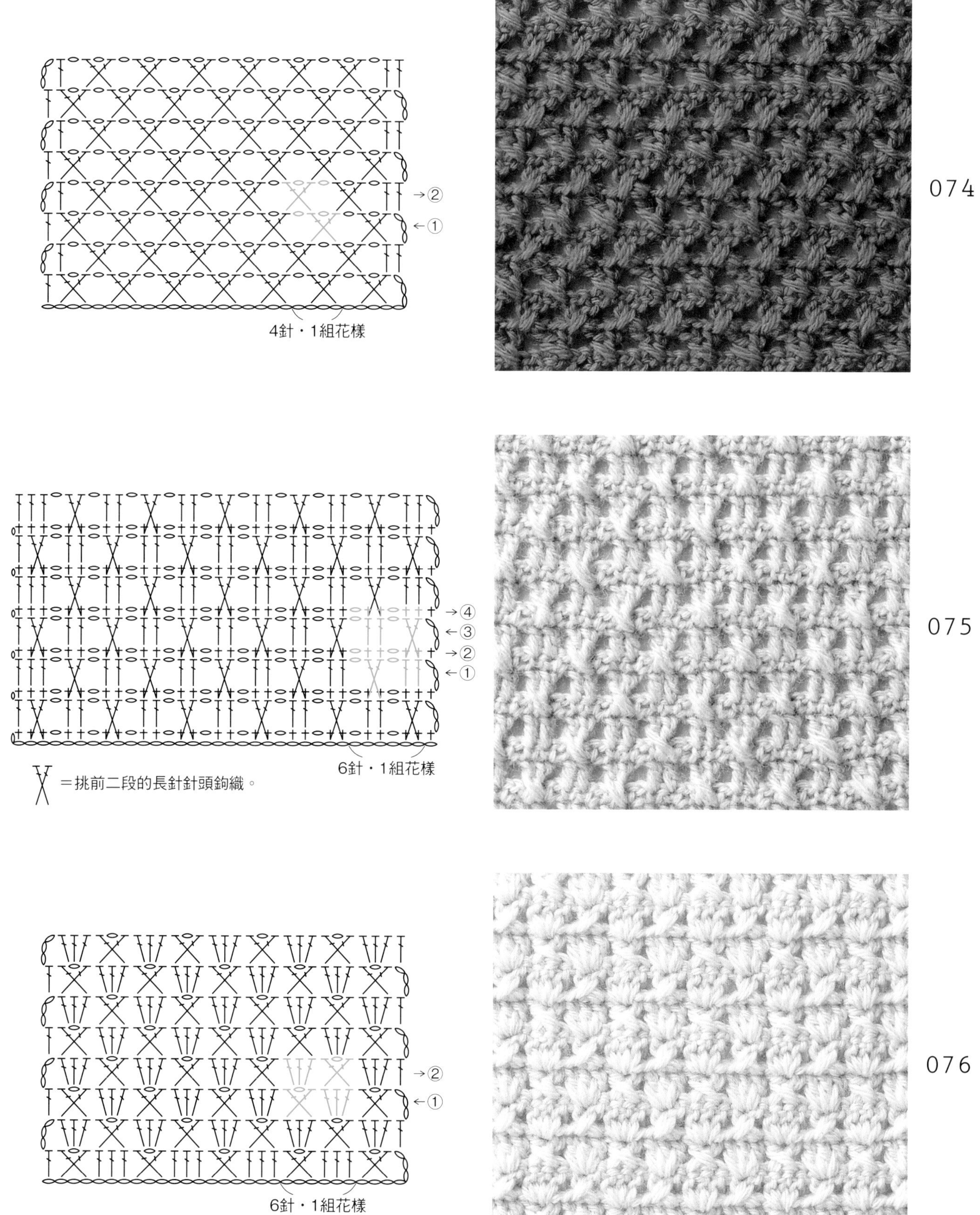
→②
←①
4針・1組花樣
074
→④
←③
→②
←①
6針・1組花樣
=挑前二段的長針針頭鉤織。
075
→②
←①
6針・1組花樣
076

交叉針

設計/太田隆澄　使用線材/074、075=40g・約180m　076=40g・約160m

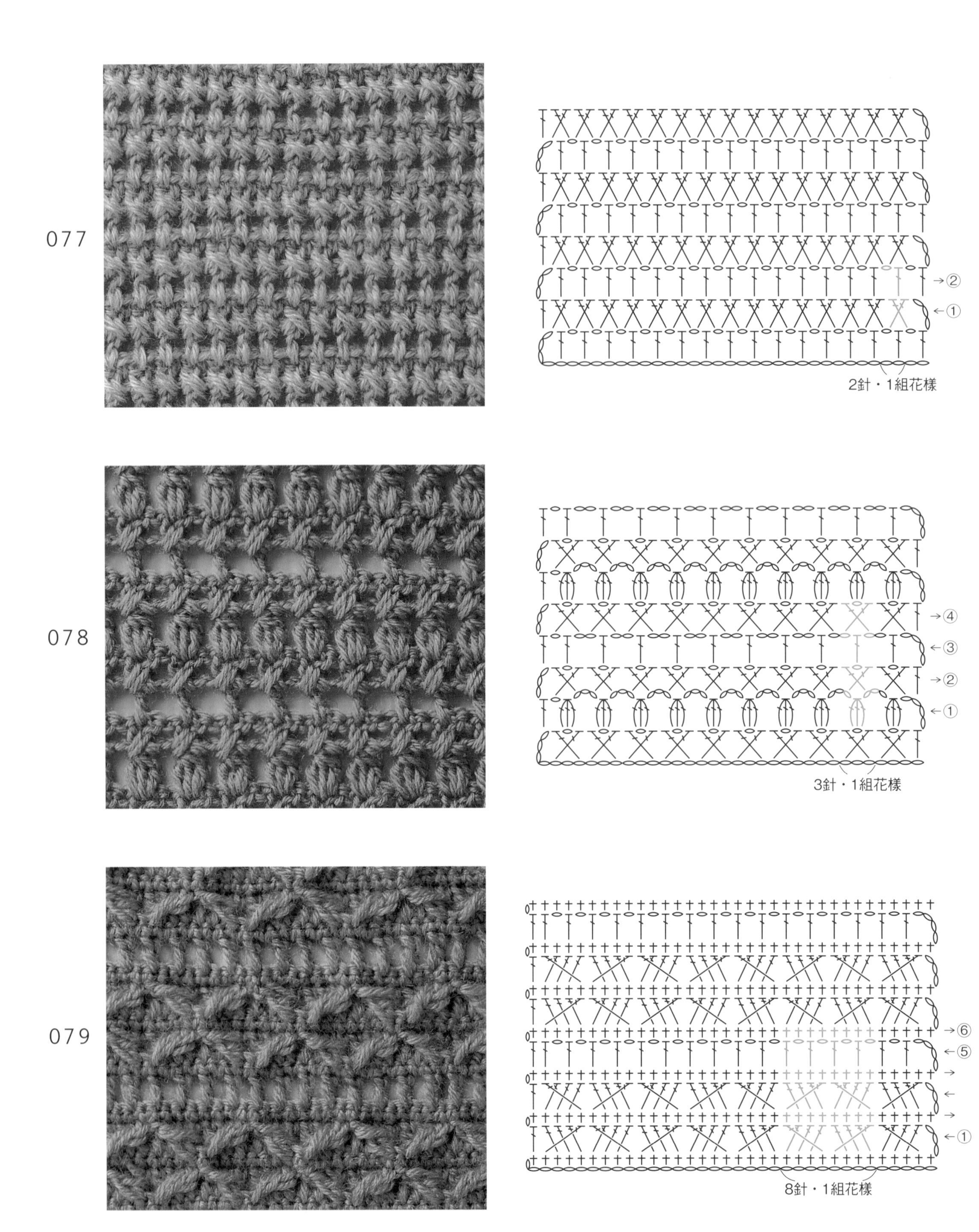
077
→②
←①
2針・1組花様
078
→④
←③
→②
←①
3針・1組花様
079
→⑥
←⑤
→
←
→
←①
8針・1組花様

 設計／本間さき子　使用線材／40g・約160m

交叉長針

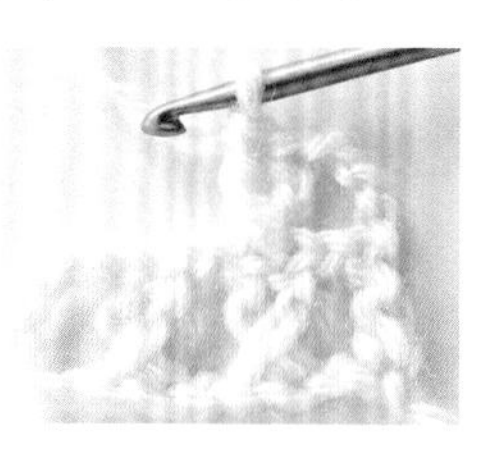

第1段

鉤針穿入裡山 1

鎖針1針

立起針的鎖針3針

基底針目

1 鉤針掛線，穿入起針的鎖針裡山，鉤織1針長針。

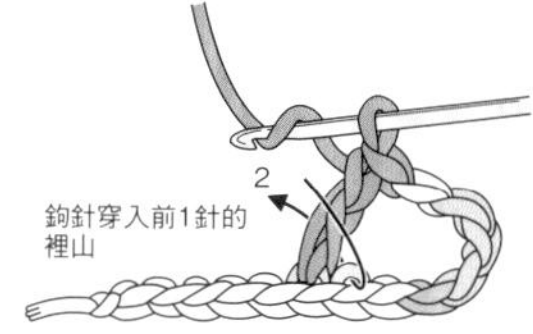
2
鉤針穿入前1針的裡山

2 鉤針掛線，依箭頭指示穿入前1針鎖針裡山。

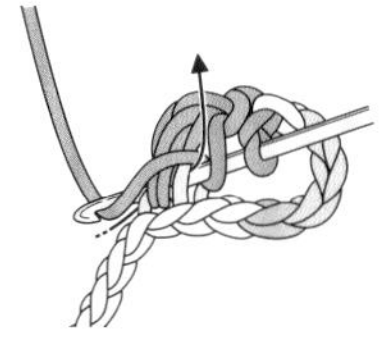

3 鉤針掛線鉤出。

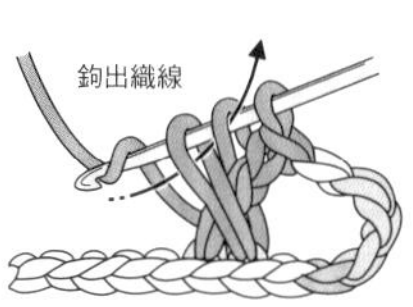
鉤出織線

4 鉤針掛線，引拔鉤針上的前2個線圈。

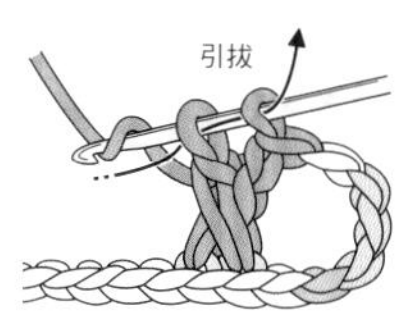
引拔

5 鉤針再次掛線，一次引拔鉤針上的2個線圈。

6 完成交叉長針。

第2段

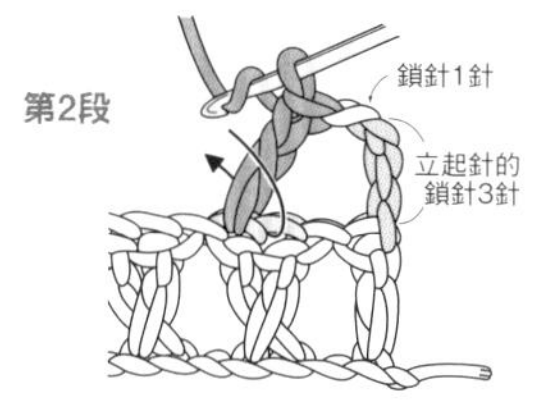
鎖針1針
立起針的鎖針3針

1 挑前段交叉針第2針針頭的2條線，鉤織第1針的長針。鉤針掛線，再挑前段交叉針第1針的針頭。

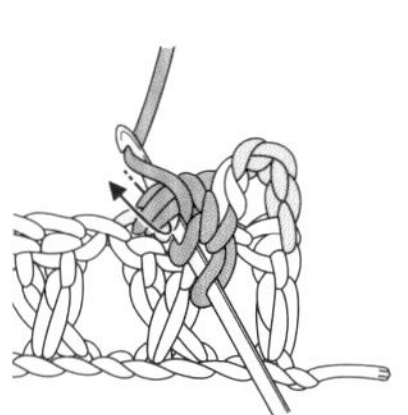

2 一邊將針目往內側倒下，一邊掛線。宛如將第1針長針包住般，鉤出織線。

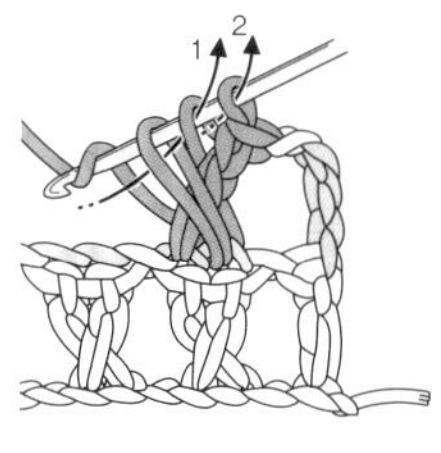
1
2

3 鉤針掛線，引拔鉤針上的前2個線圈，鉤針再次掛線，引拔針上最後的2個線圈。

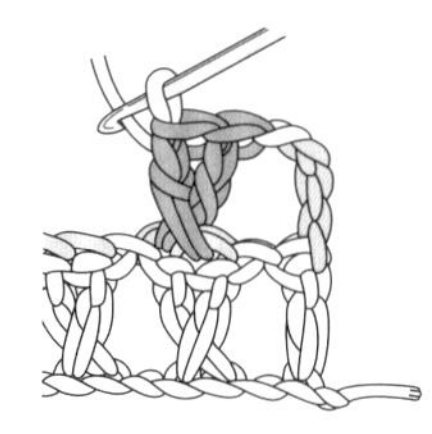

4 完成交叉長針。

交叉長針（中間鉤1鎖針）

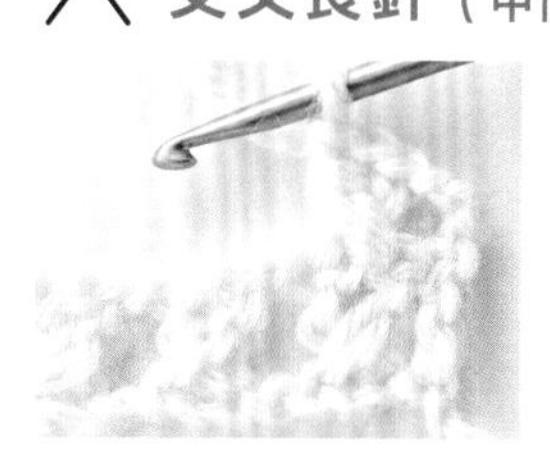

第1段

立起針的鎖針3針

鎖針2針

基底針目

1 於鎖針的裡山鉤織1針長針，並鉤1針鎖針。

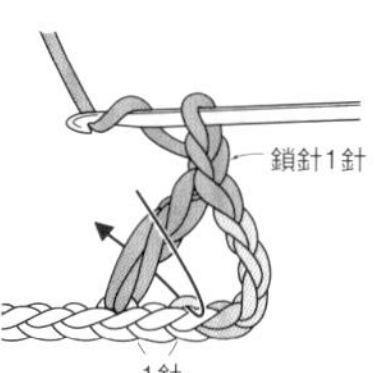
鎖針1針
1針

2 鉤針掛線之後，於前2針鎖針的裡山穿入鉤針。

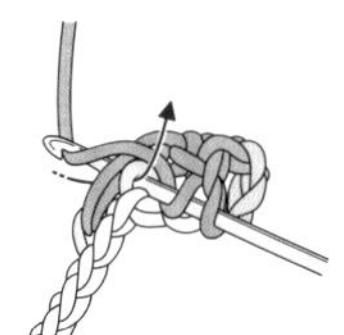

3 鉤針掛線，並依箭頭指示引出織線。

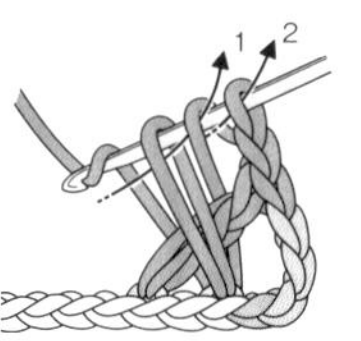
1
2

4 鉤針掛線之後，鉤織長針。

5 完成交叉長針。

第2段

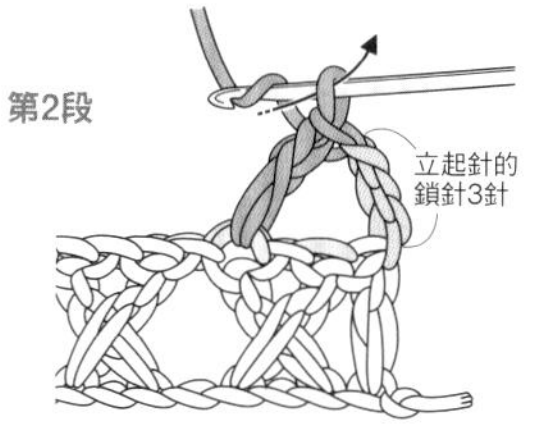
立起針的鎖針3針

1 挑前段第3針針頭的2條線，鉤織第1針的長針，再鉤1針鎖針。

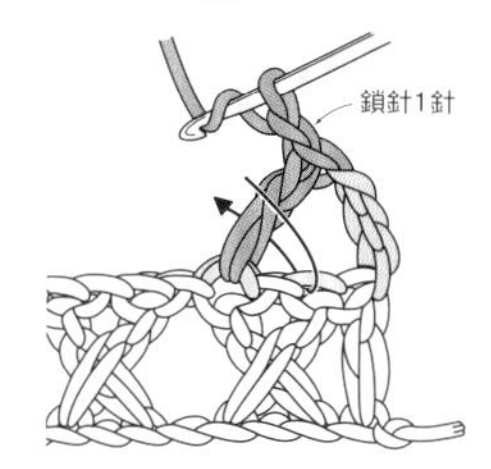
鎖針1針

2 鉤針掛線，依箭頭指示挑前段第1針的針頭。

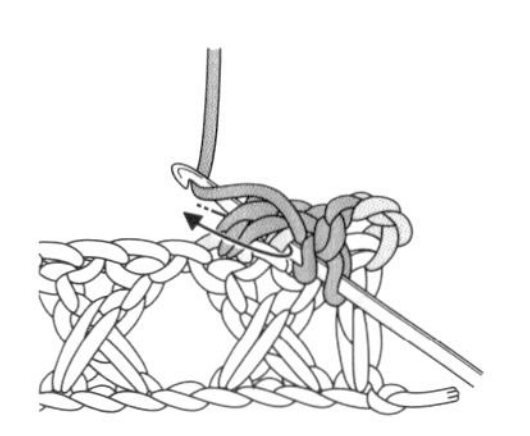

3 一邊將針目往內側倒下，一邊掛線。宛如將第1針長針包住般，鉤出織線。

1
2

4 鉤針掛線，引拔鉤針上的前2個線圈，鉤針再次掛線，引拔針上最後的2個線圈。

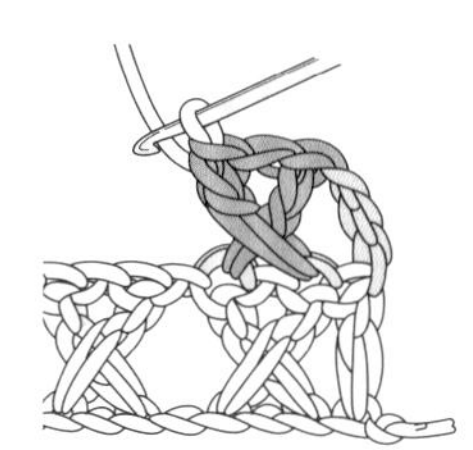

5 完成交叉長針。

交叉中長針

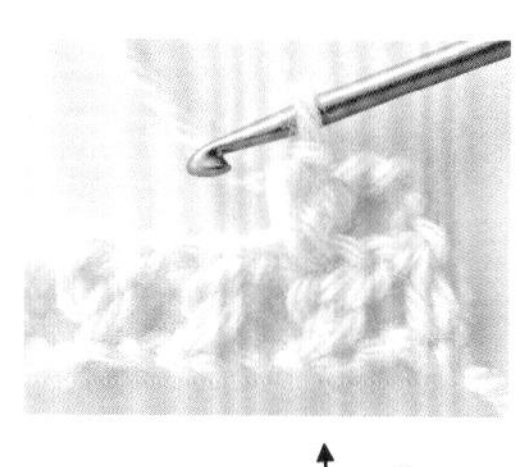

第1段

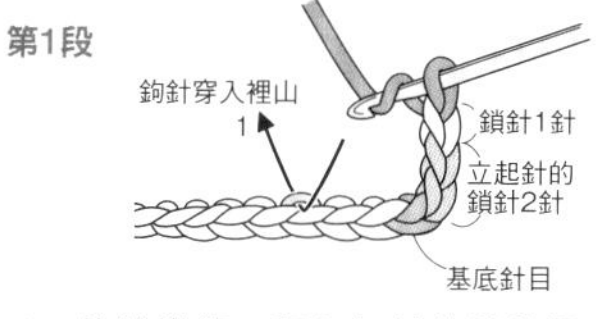
鉤針穿入裡山
1
鎖針1針
立起針的鎖針2針
基底針目

1 鉤針掛線，穿入起針的鎖針裡山，鉤織1針中長針。

鉤針穿入前1針的裡山
2

2 鉤針掛線，依箭頭指示穿入前1針鎖針的裡山。

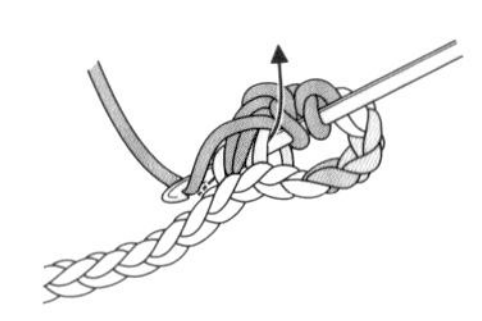

3 鉤針掛線鉤出。

引拔

4 鉤針掛線，一次引拔針上的3個線圈。

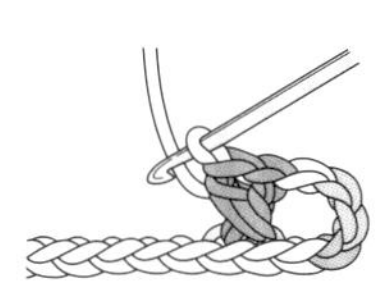

5 完成交叉中長針。

第2段

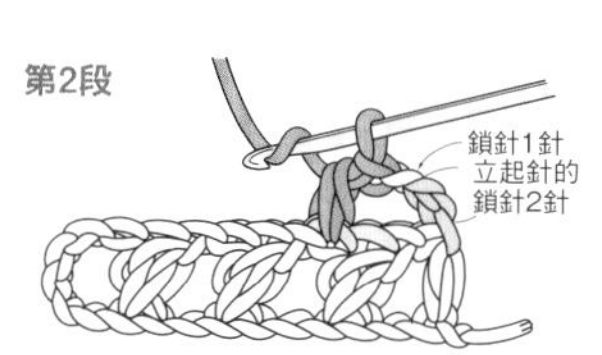
鎖針1針
立起針的鎖針2針

1 挑前段第2針針頭的2條線、鉤織第1針的中長針。鉤針掛線。

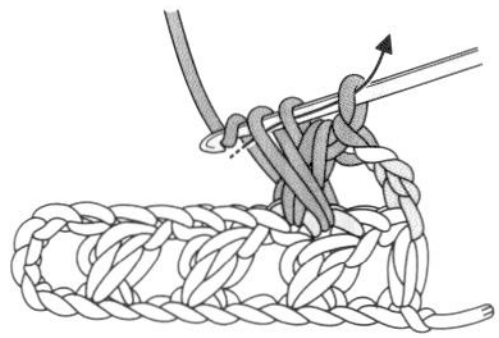

2 接著，再挑前段第2針的針頭，宛如將第1針包住般，鉤出織線，完成中長針。

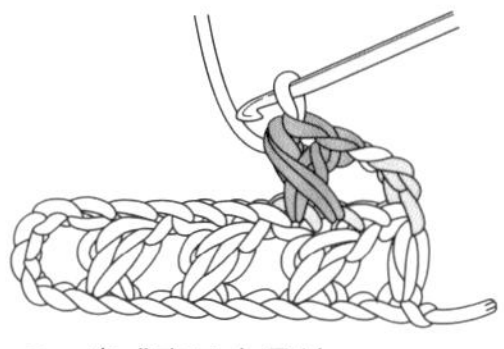

3 完成交叉中長針。

變化交叉長針（右上）

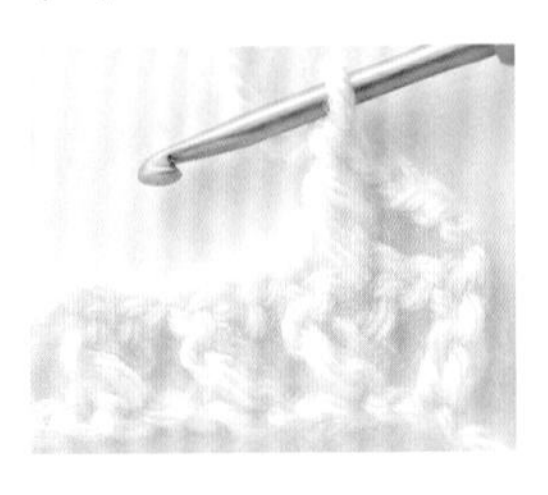

第1段

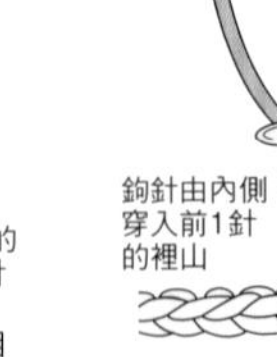
鉤針由內側穿入前1針的裡山
2

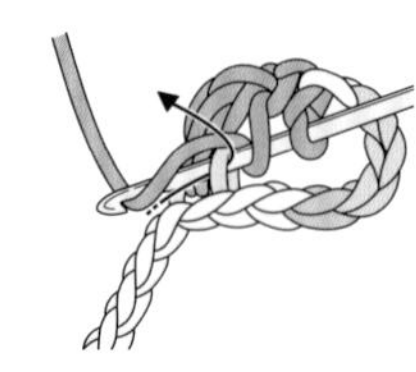

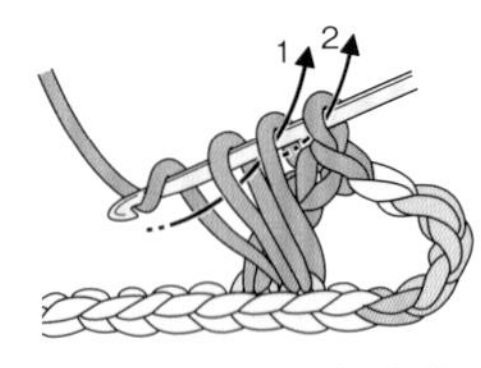
1
2

1 鉤針掛線，在鎖針裡山挑針，鉤織1針長針。

2 鉤針掛線，依箭頭指示在前1針的鎖針裡山挑針（避開在後方的第1針長針）。

3 鉤針掛線，依箭頭指示鉤出織線。

4 鉤織長針。要避免包住在後方的第1針長針。

5 完成變化交叉長針（右上）。

第2段

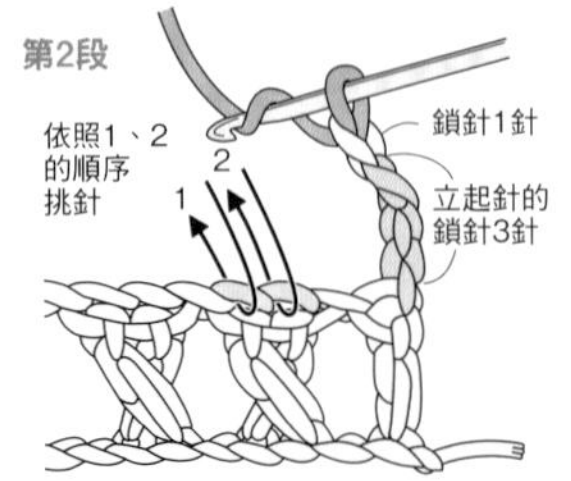
依照1、2的順序挑針
1
2
鎖針1針
立起針的鎖針3針

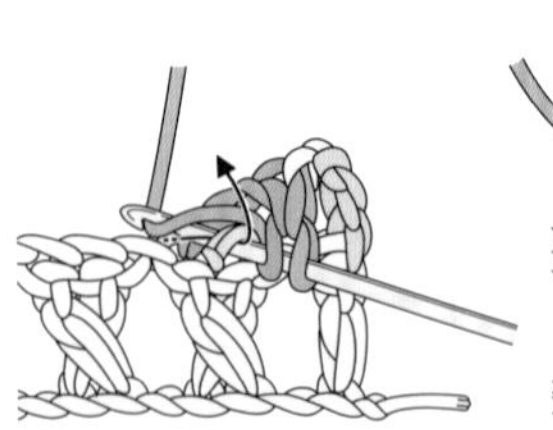

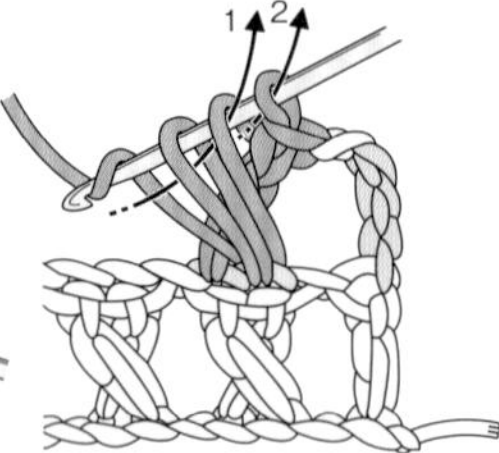
1
2

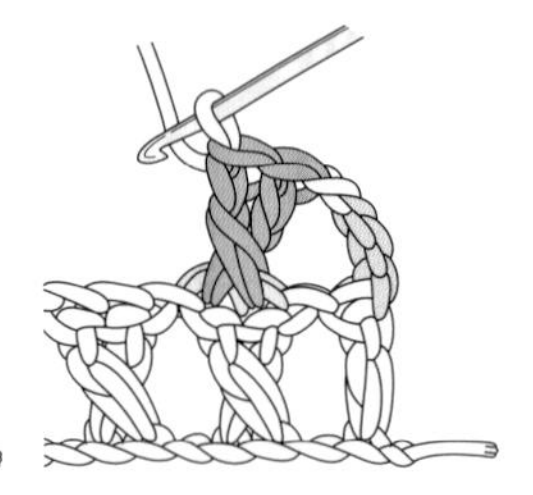

1 在前段的第2針長針，挑針鉤織第1針長針。

2 鉤針掛線，在前段的第1針挑針（避開在後方的第1針長針），掛線鉤出。

3 鉤織長針。要避免包住在後方的第1針長針。

4 完成變化交叉長針（右上）。

變化交叉長針（左上）

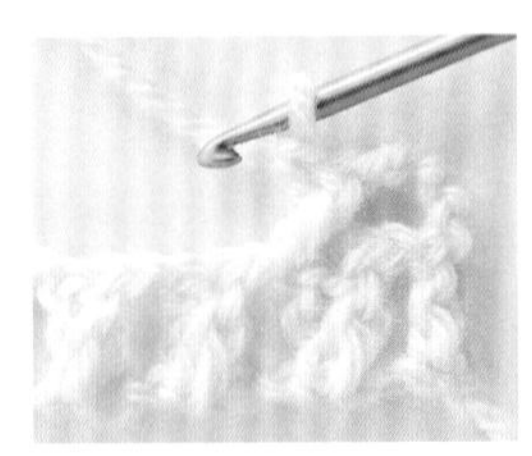

第1段

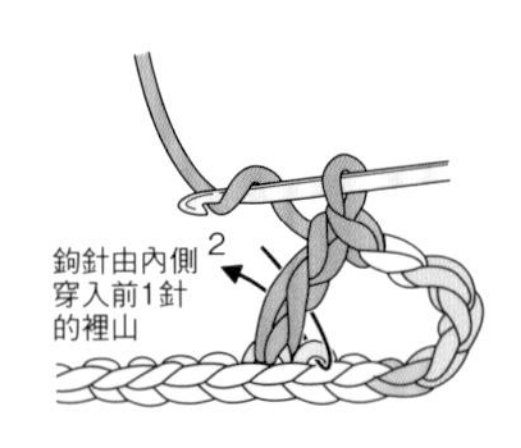
鉤針由內側穿入前1針的裡山
2

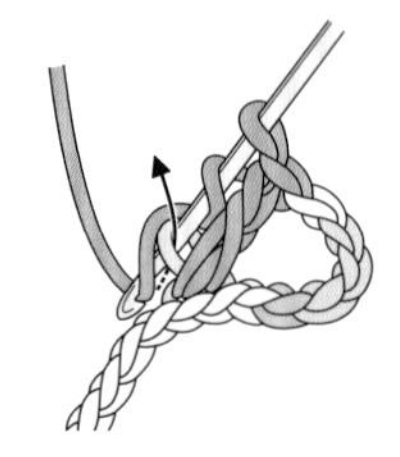

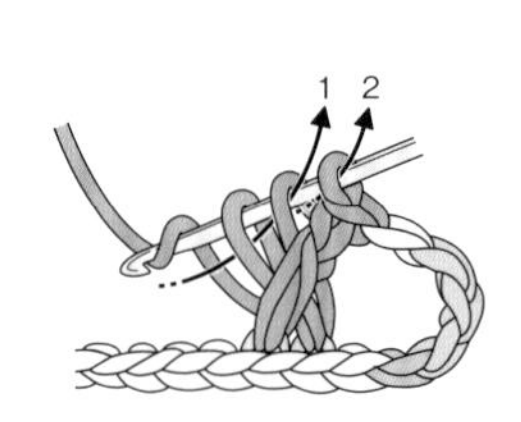
1
2

1 鉤針掛線，在鎖針裡山挑針，鉤織1針長針。

2 鉤針掛線，依箭頭指示在前1針的鎖針裡山挑針（避開在前方的第1針長針）。

3 鉤針掛線，依箭頭指示鉤出織線。

4 鉤織長針。要避免包住在前方的第1針長針。

5 完成變化交叉長針（左上）。

第2段

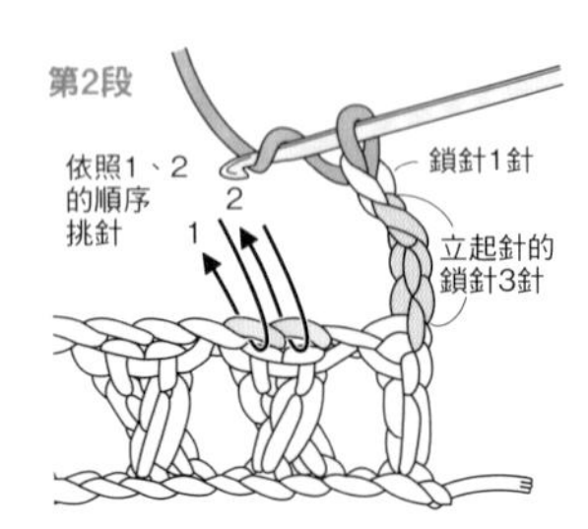
依照1、2的順序挑針
1
2
鎖針1針
立起針的鎖針3針

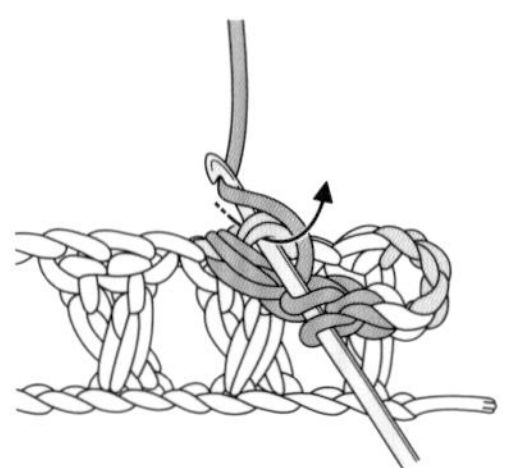

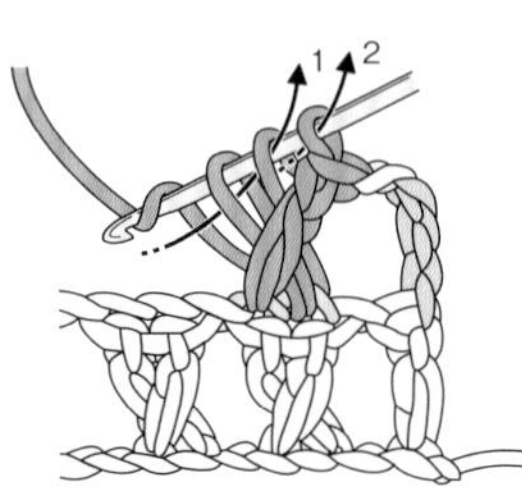
1
2

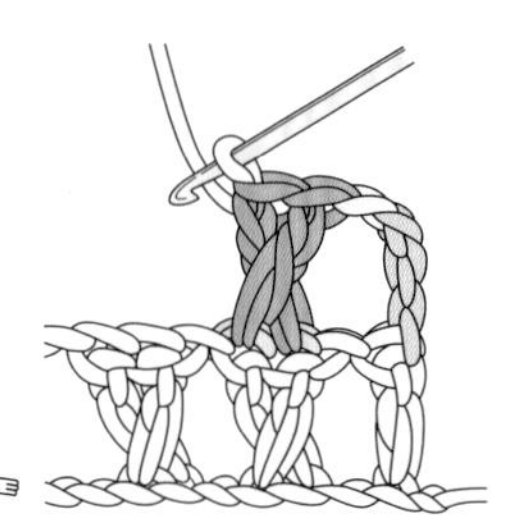

1 在前段的第2針長針，挑針鉤織第1針長針。

2 鉤針掛線，在前段的第1針挑針（壓下在前方的第1針長針），掛線鉤出。

3 鉤織長針。要避免包住在前方的第1針長針。

4 完成變化交叉長針（左上）。

交叉長長針

第1段

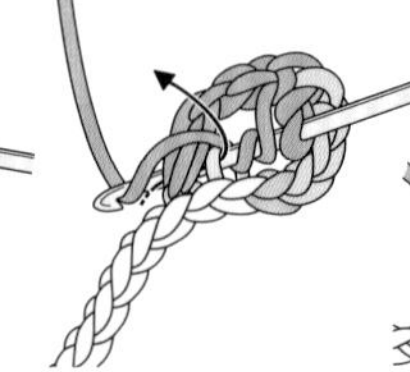

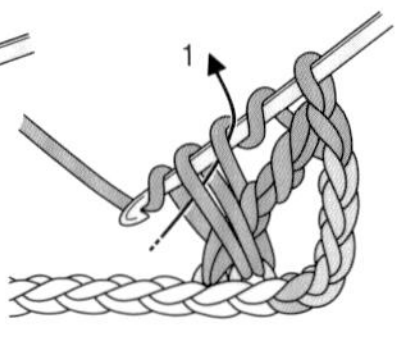
1

2
3

1 鉤針掛線2次，穿入起針的鎖針裡山。

2 鉤織1針長長針。接著再掛線2次，依箭頭指示穿入前1針鎖針的裡山。

3 鉤針掛線，依箭頭指示鉤出織線。

4 鉤針掛線，引拔鉤針上的前2個線圈。

5 鉤針再次掛線，先引拔前2個線圈，再引拔最後的的2個線圈。

1針與3針的變化交叉長針（右上）

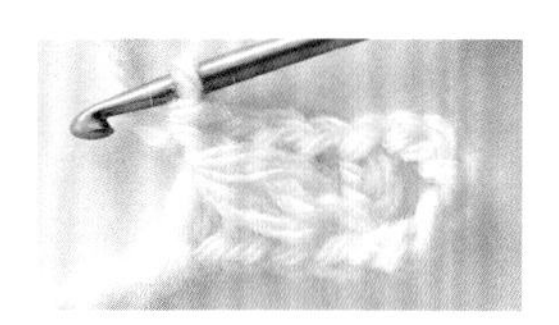

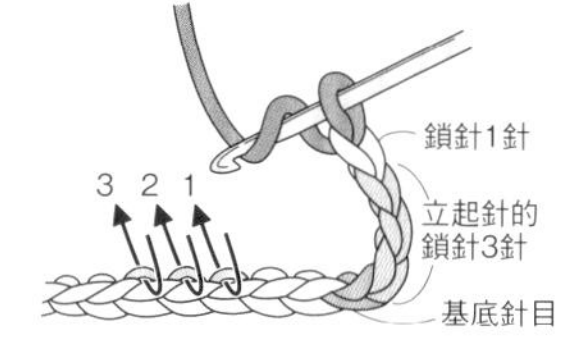

3 2 1
鎖針1針
立起針的
鎖針3針
基底針目

1 鉤針掛線，穿入起針的鎖針裡山，鉤織3針長針。

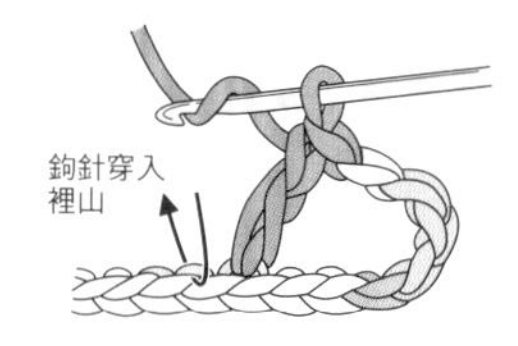

鉤針穿入
裡山

2 首先鉤織1針長針，接著鉤針掛線，鉤織第2針長針。

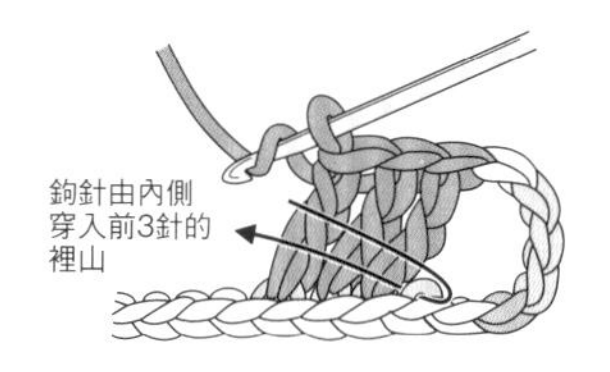

鉤針由內側
穿入前3針的
裡山

3 鉤織第3針的長針。接著鉤針掛線，由內側穿入4針前的鎖針裡山（避開在後方的3針長針）。

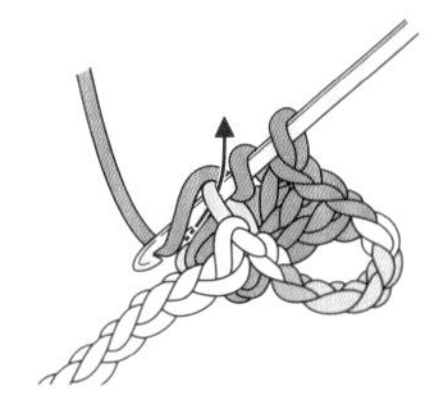

4 鉤針掛線，依箭頭指示鬆鬆地鉤出織線。

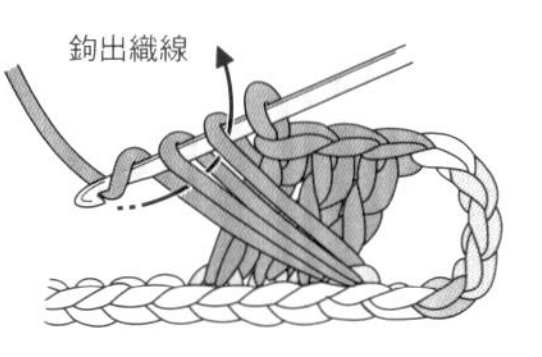

鉤出織線

5 鉤針掛線，依箭頭指示引拔前2個線圈。

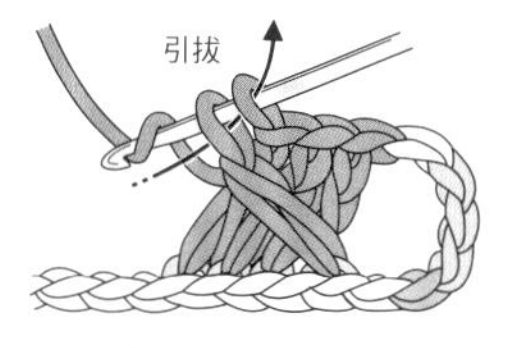

引拔

6 鉤針掛線，引拔鉤針上的2個線圈，這時要避免包住在後方的3針長針。

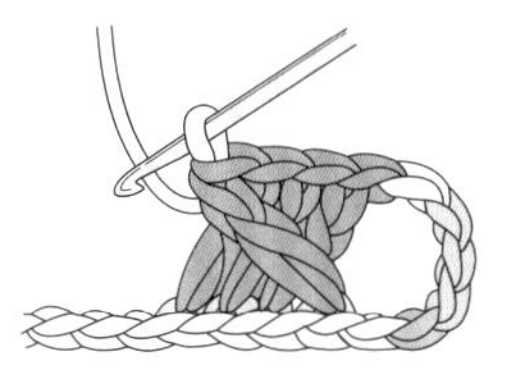

7 完成1針與3針的變化交叉長針（右上）。

1針與3針的變化交叉長針（左上）

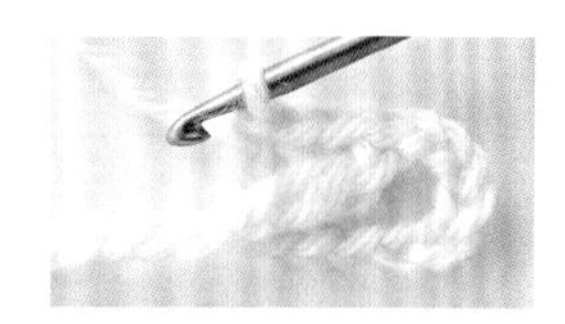

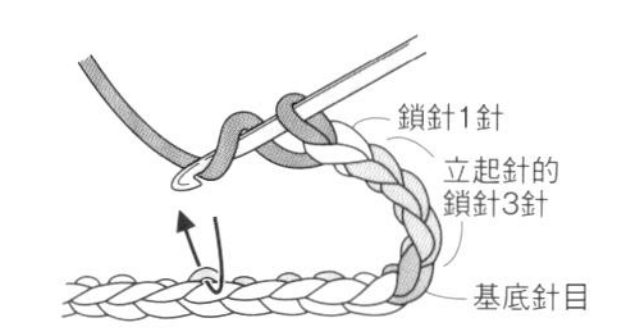

鎖針1針
立起針的
鎖針3針
基底針目

1 鉤針掛線，穿入起針的鎖針裡山，鉤織1針長針（拉長針腳）。

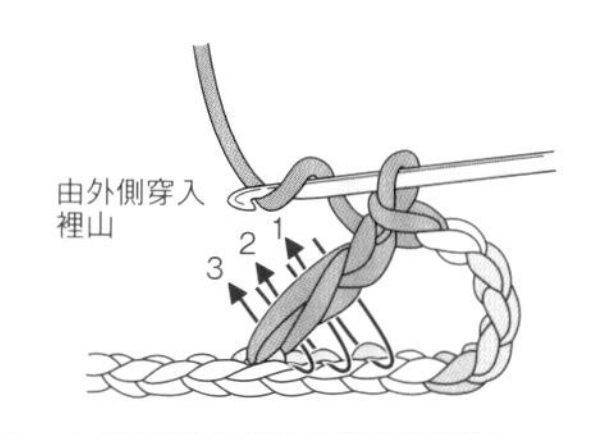

由外側穿入
裡山
3 2 1

2 由外側穿入前3針的鎖針裡山（避開在前方的1針長針）。

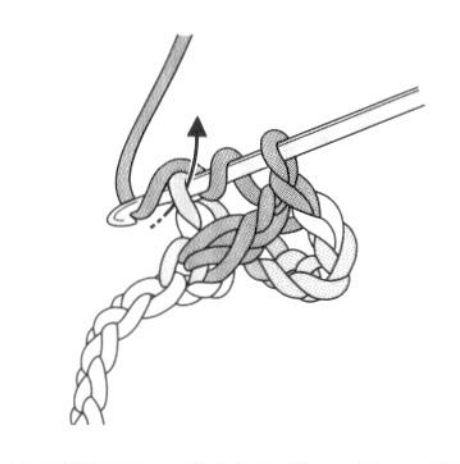

3 鉤針掛線，依箭頭指示鉤出織線。

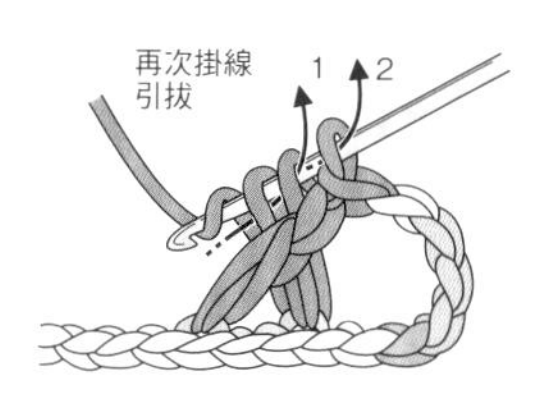

再次掛線
引拔
1 2

4 鉤織1針長針。

5 鉤針掛線，鉤織第3針的長針。

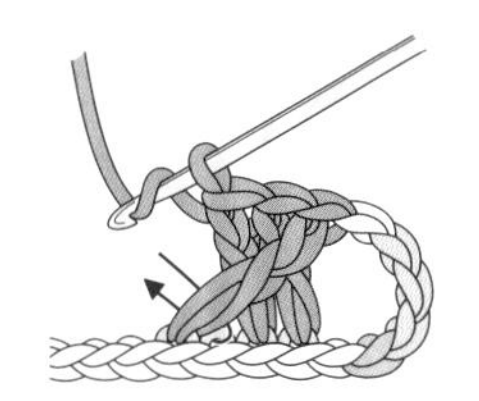

6 鉤針掛線，鉤織第4針的長針。

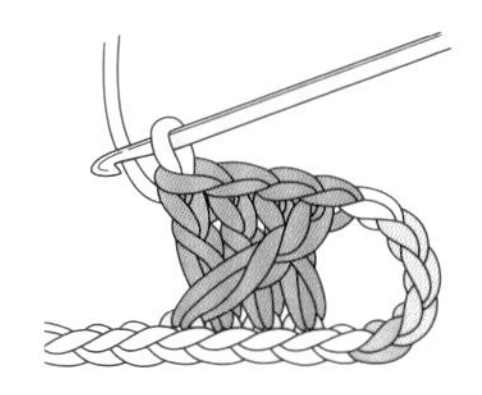

7 鉤織時要避免包住在前方的1針長針。完成1針與3針的變化交叉長針（左上）。

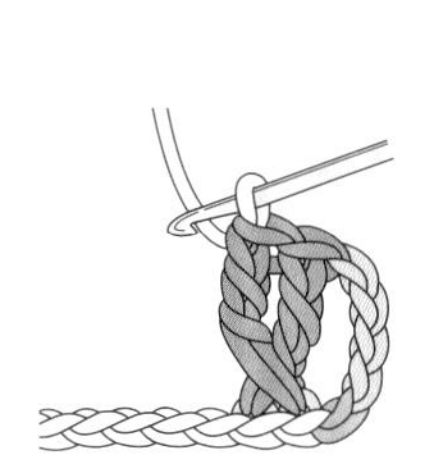

6 完成交叉長長針。

第2段

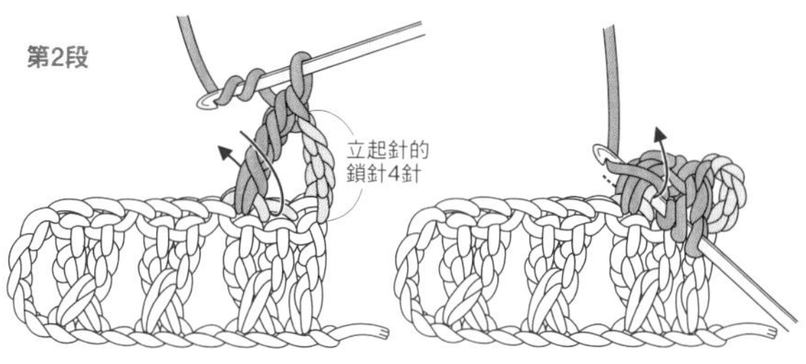

立起針的
鎖針4針

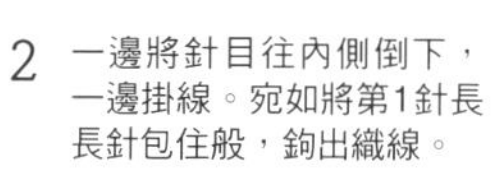

1 挑前段第2針針頭的2條線，鉤織第1針的長長針。鉤針掛線2次，再挑前段第1針的針頭。

2 一邊將針目往內側倒下，一邊掛線。宛如將第1針長長針包住般，鉤出織線。

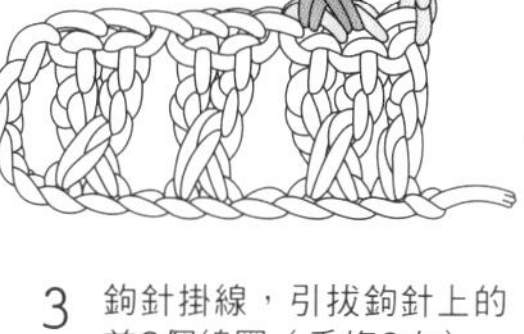

1 2 3

3 鉤針掛線，引拔鉤針上的前2個線圈（重複2次），鉤針再次掛線，引拔針上最後的2個線圈。

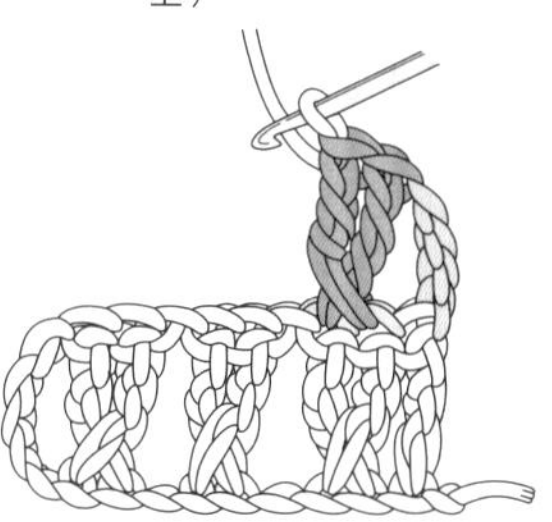

4 完成交叉長針。

引上針

這是挑前段或前二段針目針腳鉤織的技法。

鉤織針目的針腳覆蓋在前段或前二段正面的，即為表引針，

拉長的針腳在背面的，則為裡引針。

織片會呈現立體感與厚實的分量感。

表引短針
裡引短針
表引中長針
裡引中長針
表引長針
裡引長針

表引長針交叉針
（中間鉤1鎖針）
2表引長針加針
（中間鉤1鎖針）
表引長針2併針
表引長長針2併針

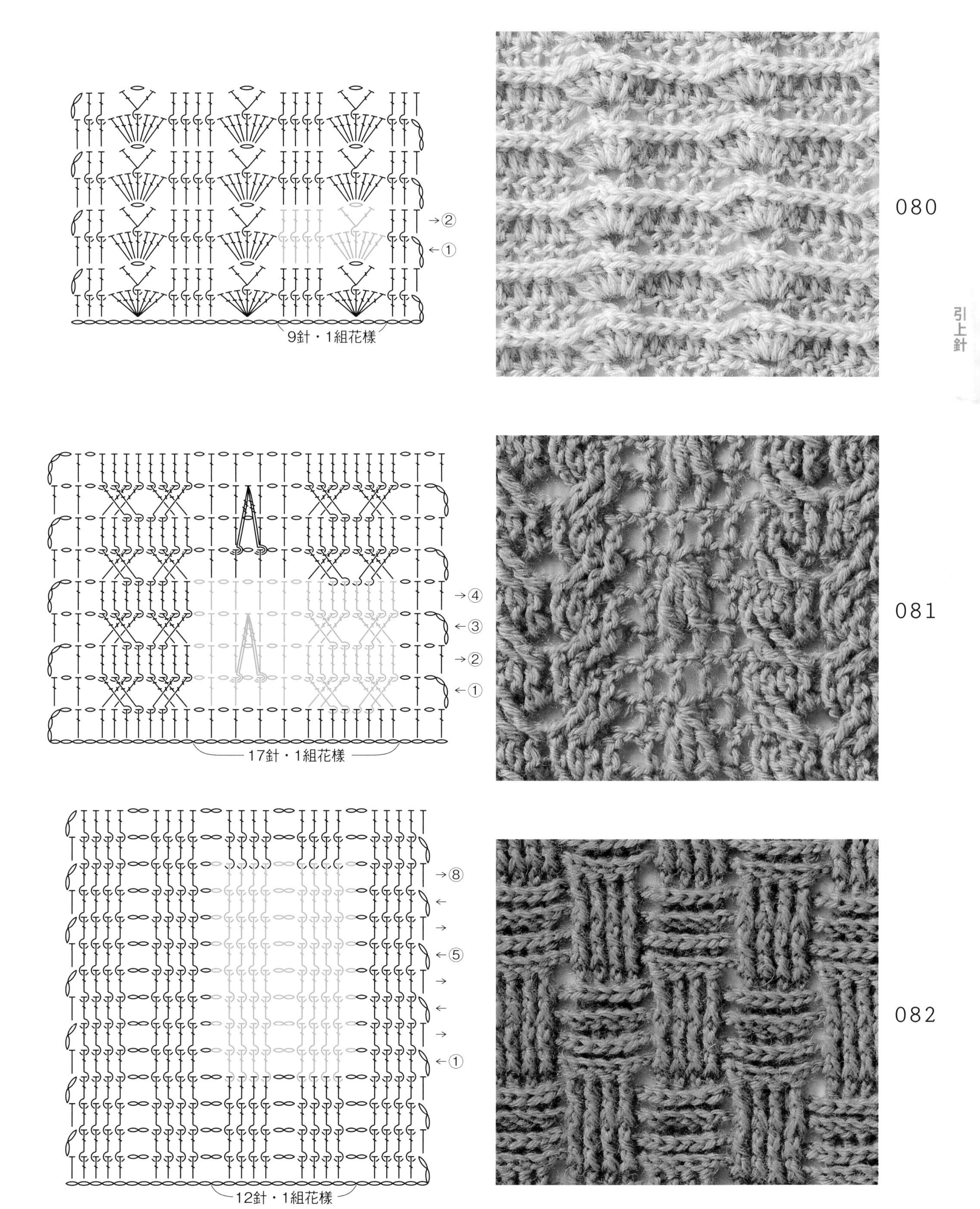

→②
←①
9針・1組花様
080
→④
←③
→②
←①
17針・1組花様
081
→⑧
←
→
←⑤
→
←
→
←①
12針・1組花様
082

設計／柴田 淳　使用線材／40g・約180m

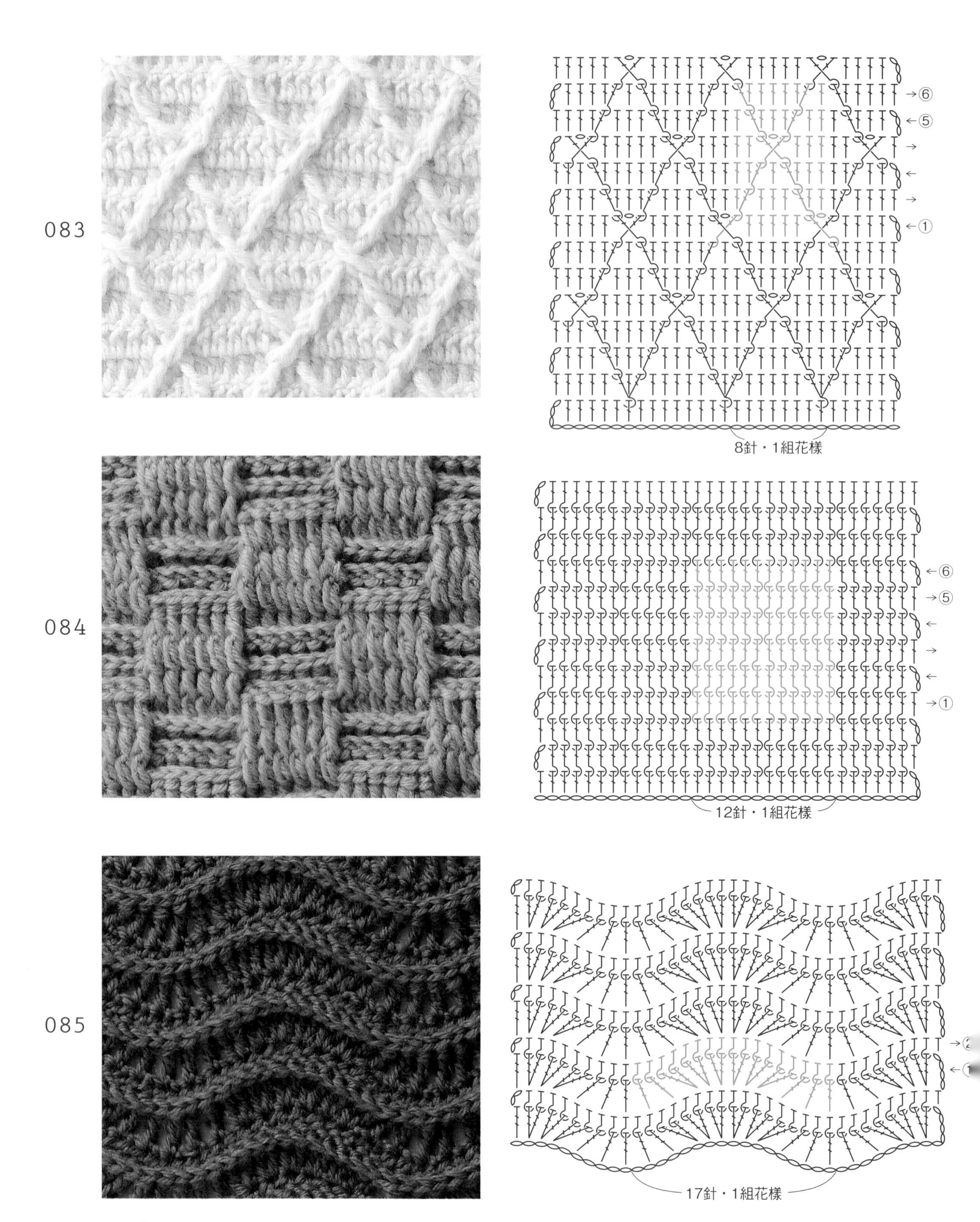
083
→⑥
←⑤
→
←
→
←①
8針・1組花様
084
←⑥
→⑤
←
→
←
→①
12針・1組花様
085
17針・1組花様

設計／横山純子　使用線材／40g・約160m

086

087

086的織圖刊載於p.109。

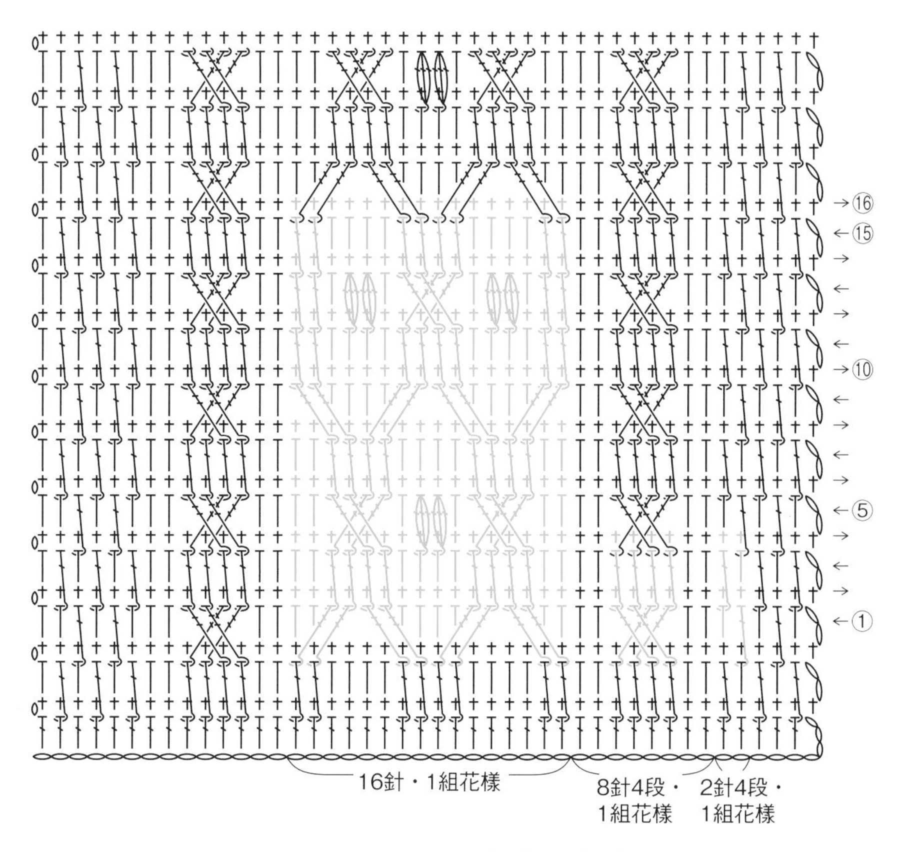
⑯
⑮
⑩
⑤
①
16針・1組花樣
8針4段・1組花樣
2針4段・1組花樣

設計／武田敦子　使用線材／40g・約180m

表引短針

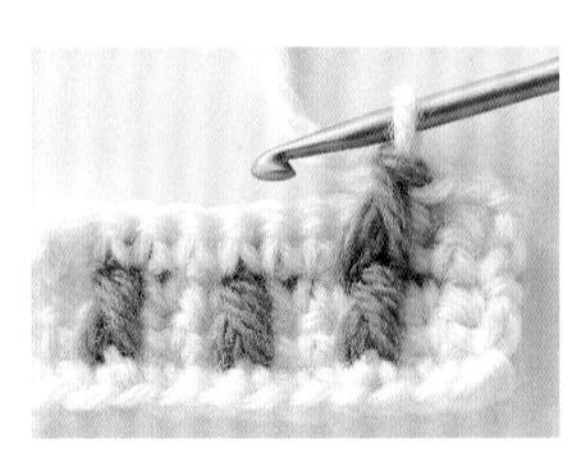

第1段

1 鉤針依箭頭指示，在表面（內側）橫向穿入前二段的針腳。

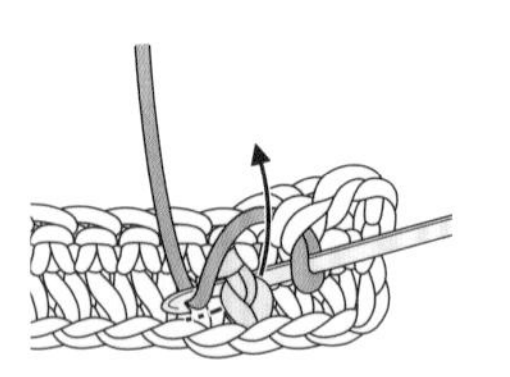

2 鉤針掛線鉤出，織線要稍微拉長。

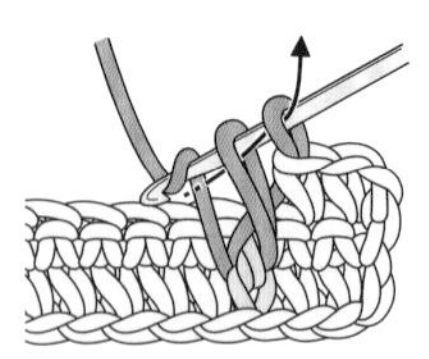

3 鉤針掛線，一次引拔鉤針上的2個線圈。

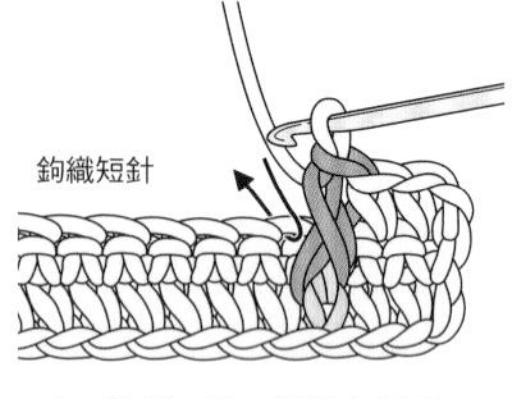
鉤織短針

4 跳過1針，繼續在前段挑針，鉤織下一針的短針。

第3段

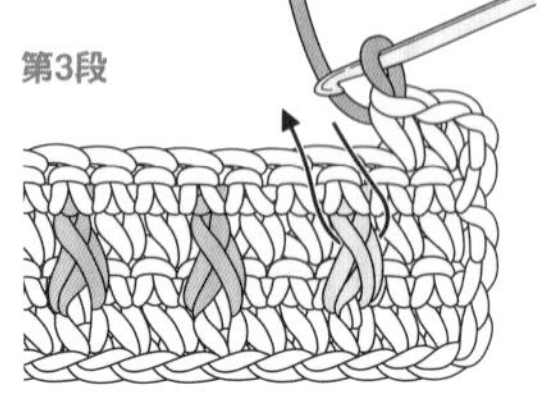

1 鉤針依箭頭指示，橫向穿入前二段的表引短針針腳。

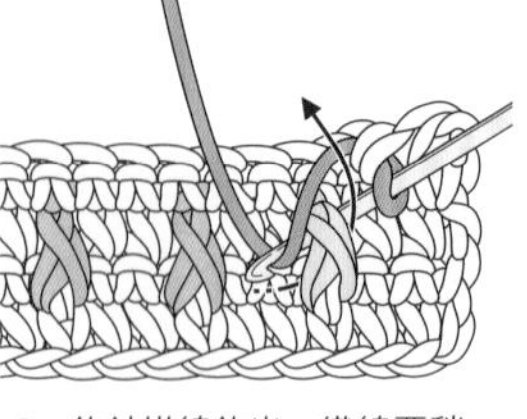

2 鉤針掛線鉤出，織線要稍微拉長。

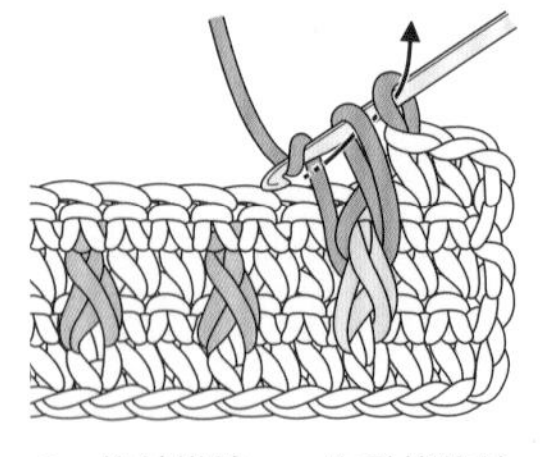

3 鉤針掛線，一次引拔鉤針上的2個線圈。

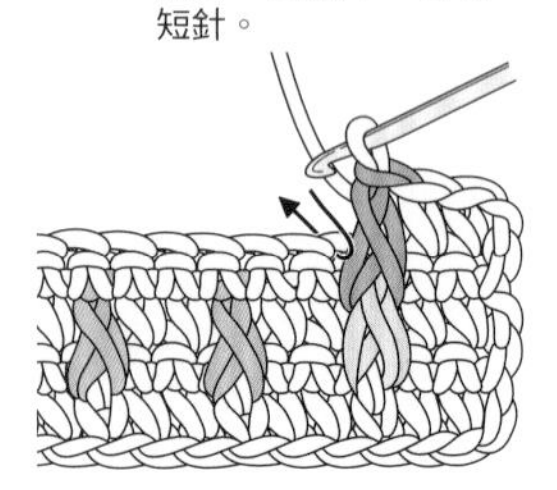

4 跳過1針，繼續在前段挑針鉤織下一針的短針。

表引中長針

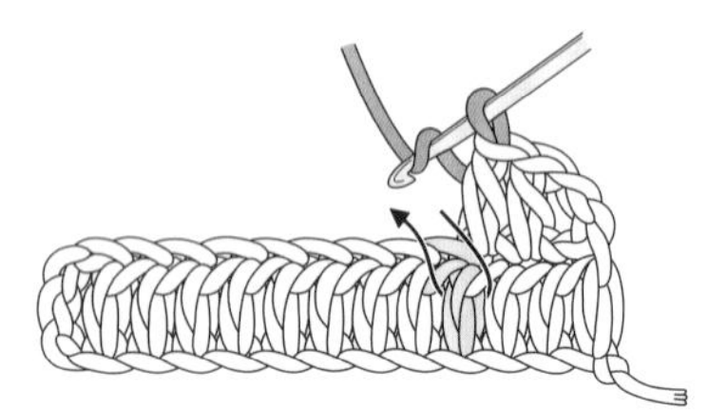

1 鉤針掛線，依箭頭指示，在表面（內側）橫向穿入前段的針腳。

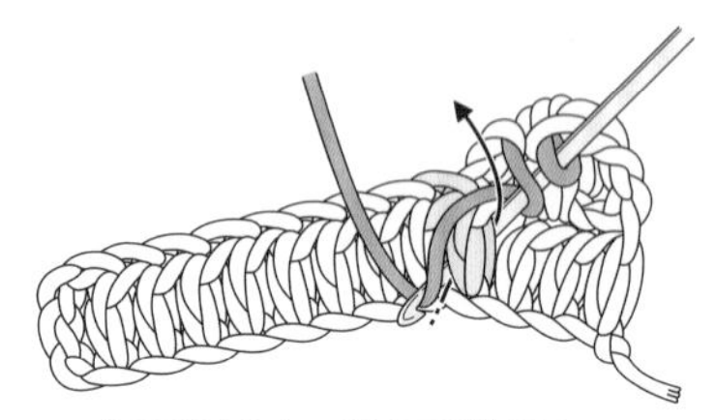

2 鉤針掛線鉤出，織線要稍微拉長。

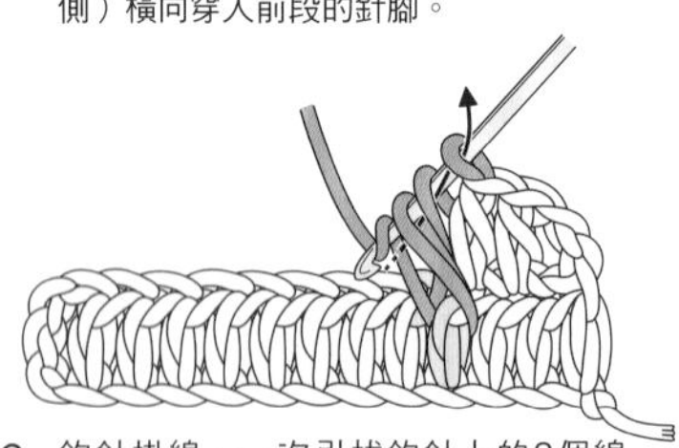

3 鉤針掛線，一次引拔鉤針上的3個線圈。

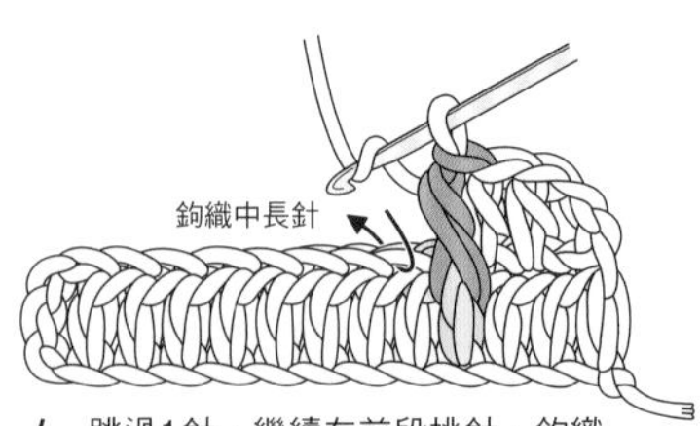
鉤織中長針

4 跳過1針，繼續在前段挑針，鉤織下一針的中長針。

表引長針

1 鉤針掛線，依箭頭指示，在表面（內側）橫向穿入前段的針腳。

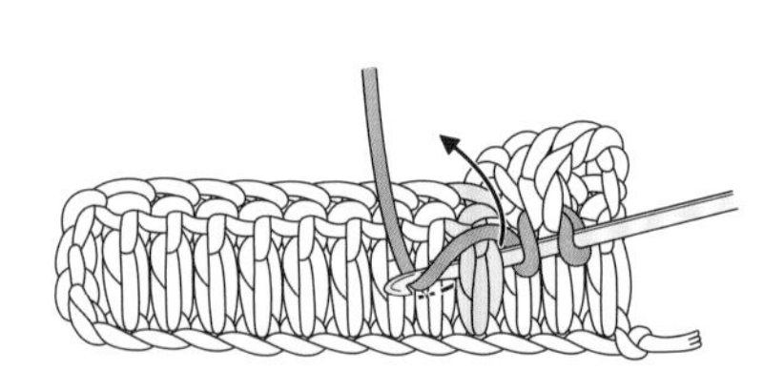

2 鉤針掛線鉤出，織線要稍微拉長。

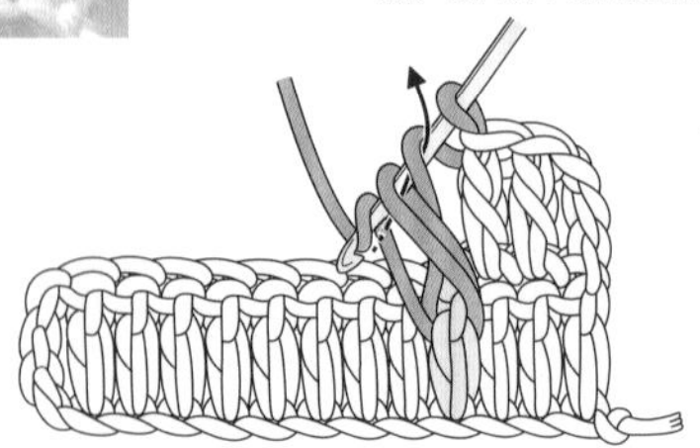

3 鉤針掛線，引拔鉤針上的前2個線圈。

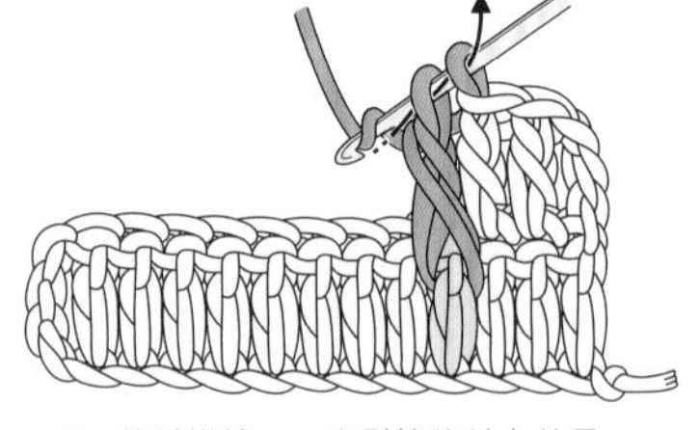

4 鉤針掛線，一次引拔鉤針上的最後2個線圈。

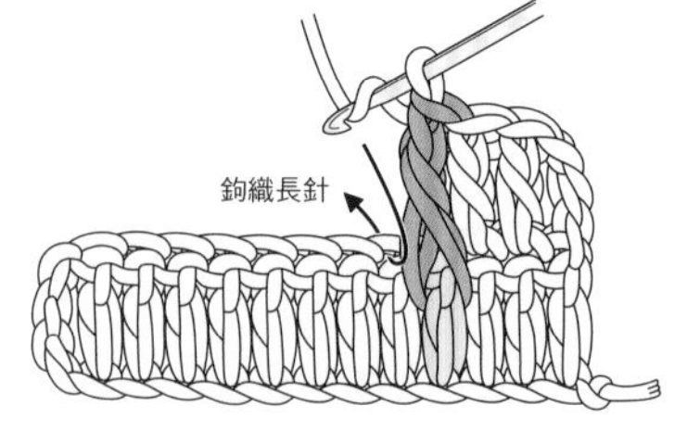
鉤織長針

5 跳過1針，繼續在前段挑針，鉤織下一針的長針。

裡引短針

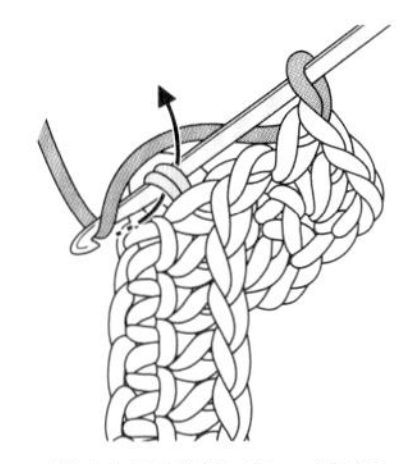

1 鉤針依箭頭指示，在背面（外側）橫向穿入前二段的針腳。

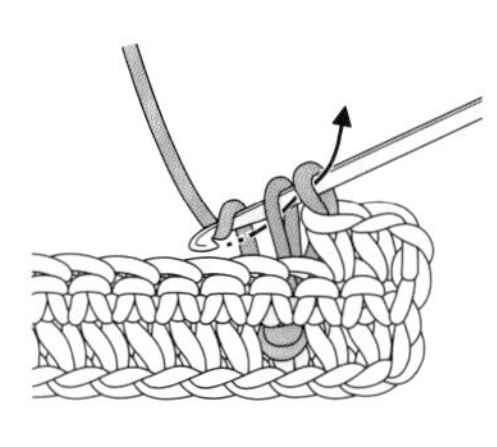

2 鉤針掛線鉤出，織線要稍微拉長。

3 鉤針掛線，一次引拔鉤針上的2個線圈。

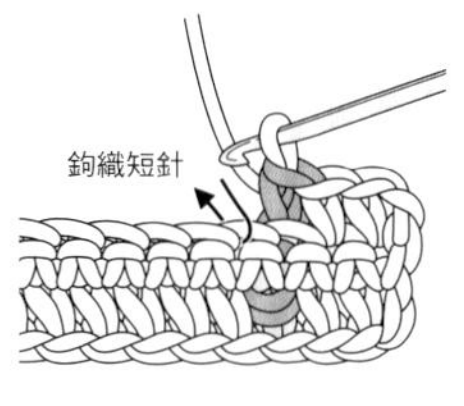
鉤織短針

4 跳過1針，繼續在前段挑針，鉤織下一針的短針。

裡引中長針

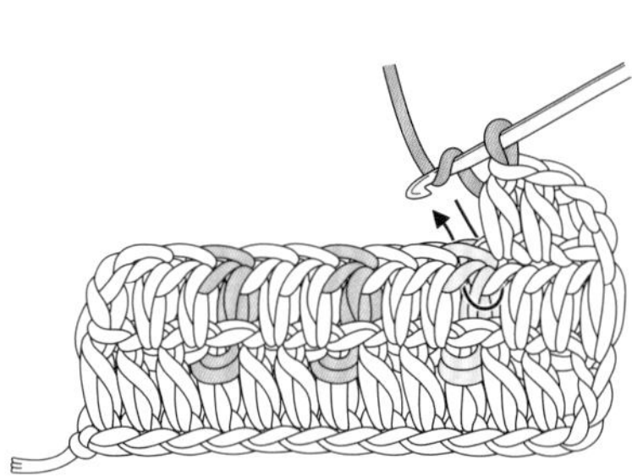

1 鉤針掛線，依箭頭指示，在背面（外側）橫向穿入前段的針腳。

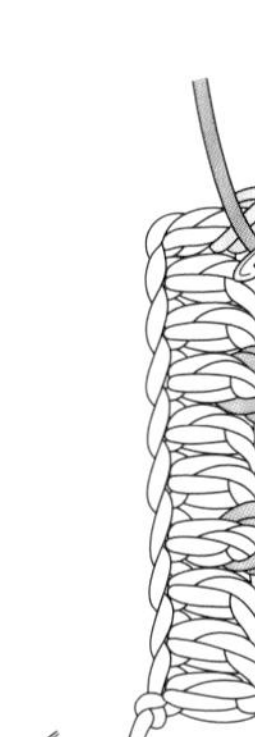

2 鉤針掛線鉤出，織線要稍微拉長。

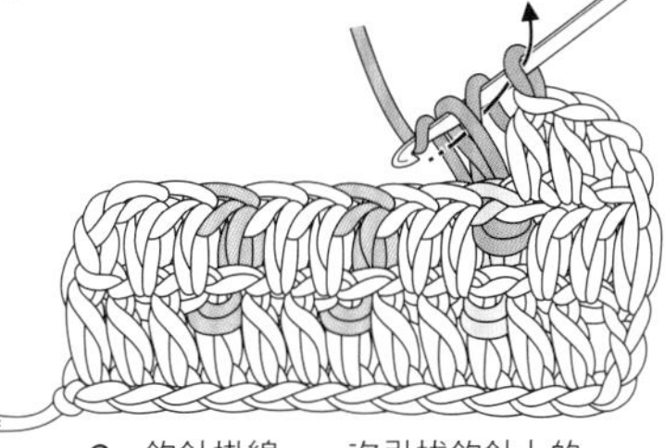

3 鉤針掛線，一次引拔鉤針上的3個線圈。

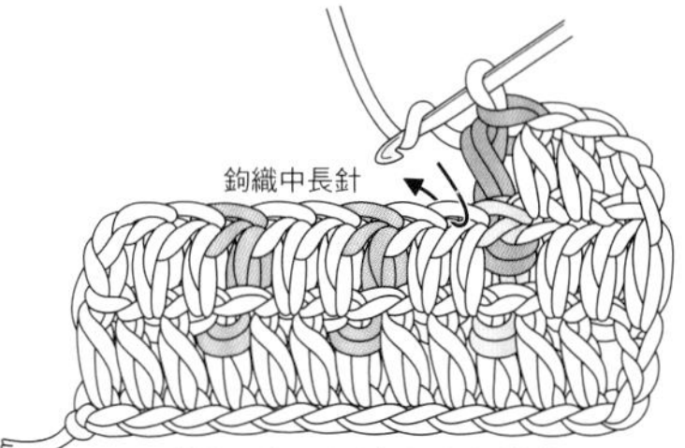
鉤織中長針

4 跳過1針，繼續在前段挑針，鉤織下一針的中長針。

裡引長針

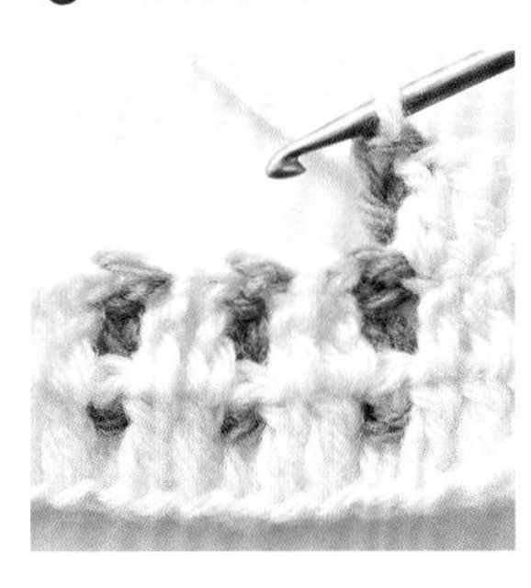

1 鉤針掛線，依箭頭指示，在背面（外側）橫向穿入前段的針腳。

2 鉤針掛線鉤出，織線要稍微拉長。

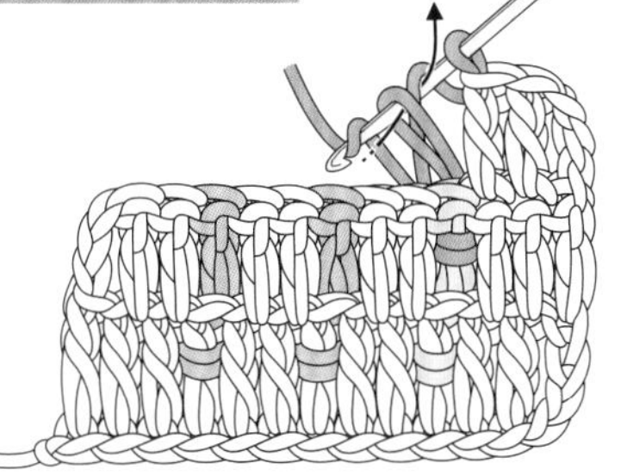

3 鉤針掛線，引拔鉤針上的前2個線圈。

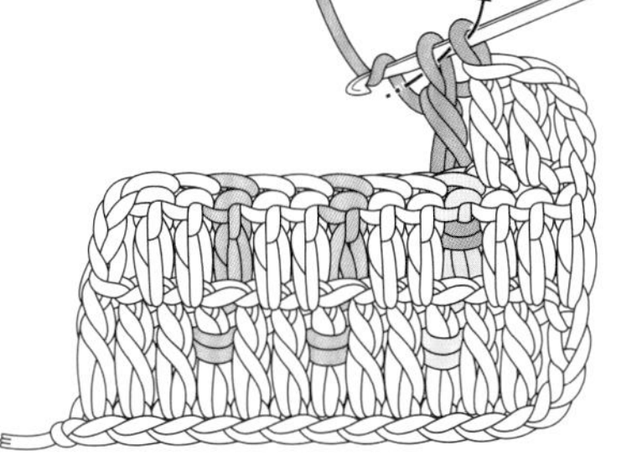

4 鉤針掛線，一次引拔鉤針上的最後2個線圈。

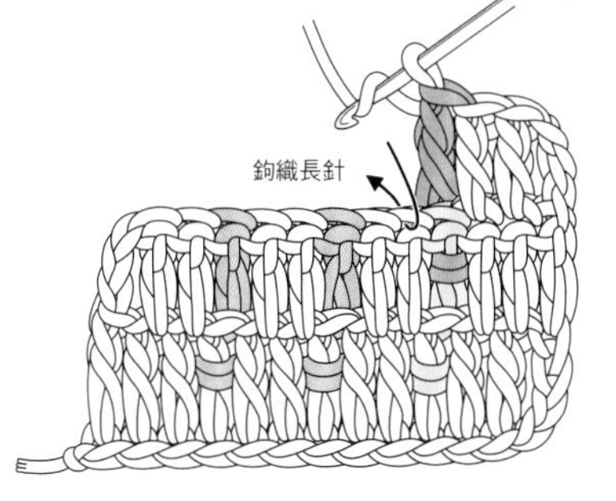
鉤織長針

5 跳過1針，繼續在前段挑針，鉤織下一針的長針。

表引長針交叉針（中間鉤1鎖針）

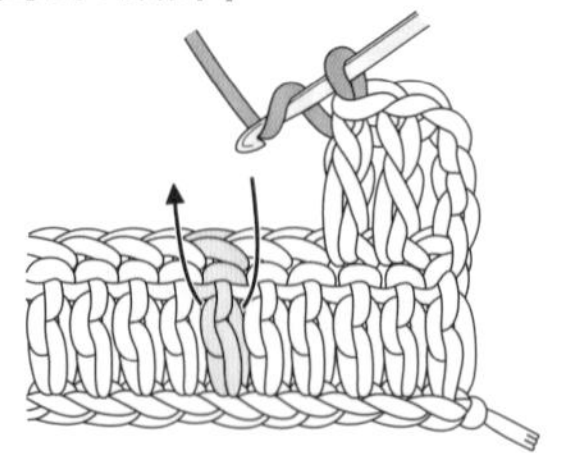

1 鉤針掛線，依箭頭指示，在表面（內側）橫向穿入前段往前數第3針的針腳。

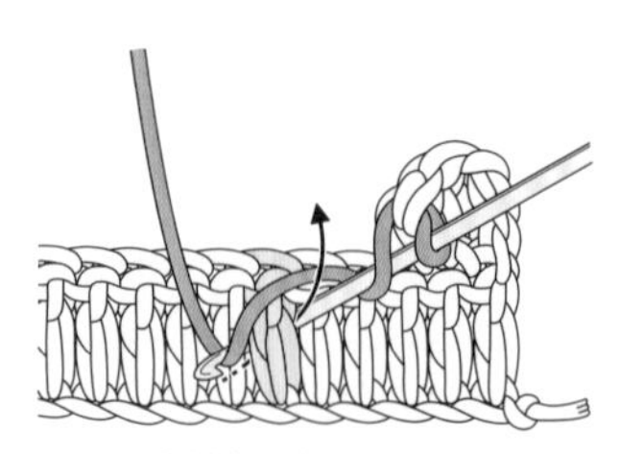

2 鉤針掛線鉤出，織線要稍微拉長。

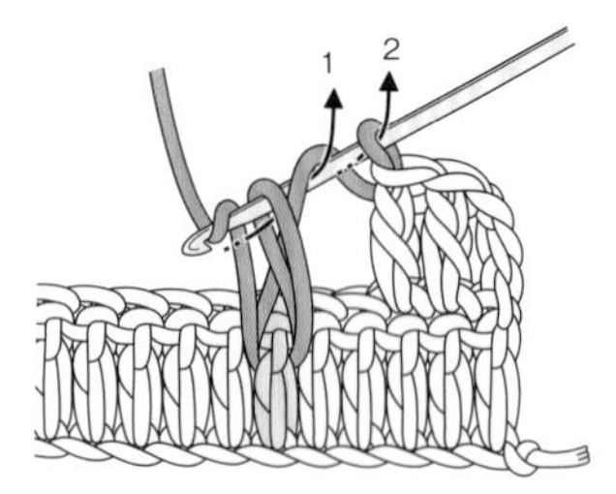
1
2

3 鉤針掛線，引拔鉤針上的前2個線圈。鉤針再次掛線，一次引拔鉤針上的最後2個線圈。

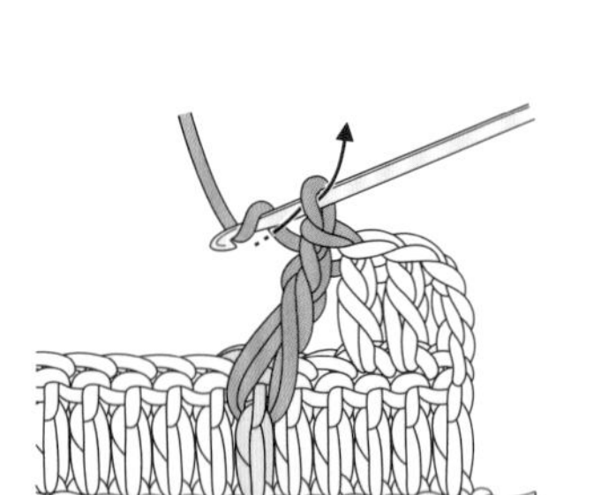

4 鉤織1針鎖針。

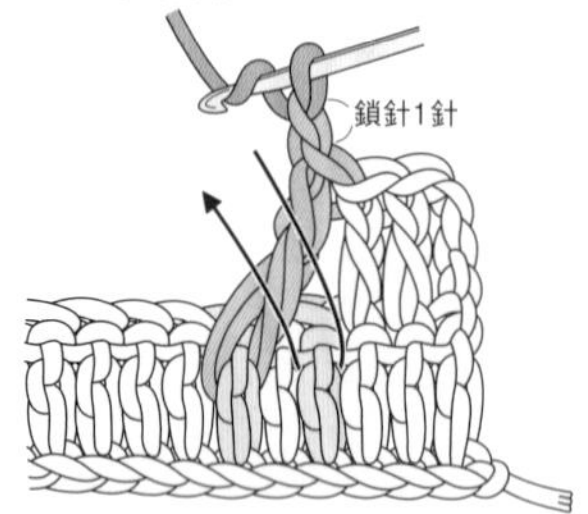
鎖針1針

5 鉤針掛線，依箭頭指示，在表面（內側）橫向穿入前段第1針的針腳。

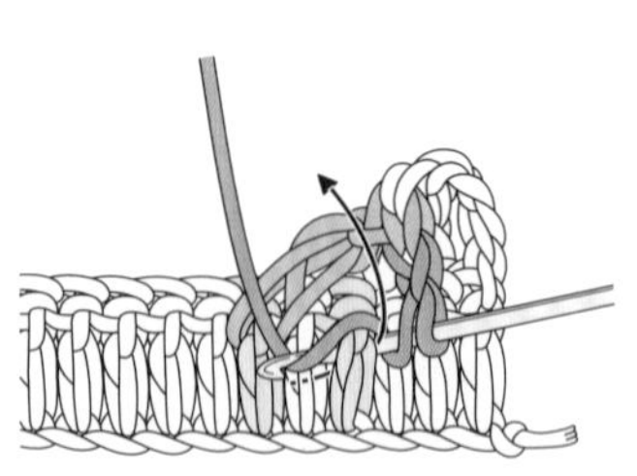

6 鉤針掛線鉤出，織線要稍微拉長。

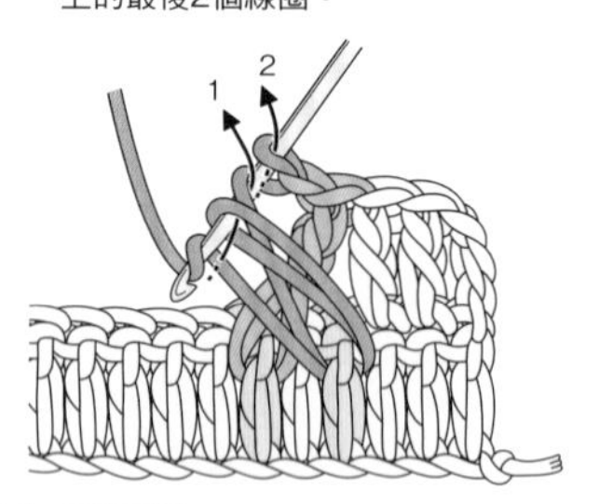
1
2

7 鉤織長針。

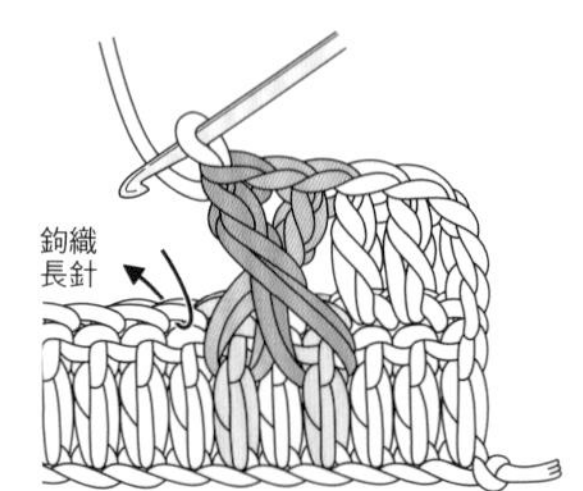
鉤織
長針

8 跳過3針，繼續在前段挑針，鉤織下一針的長針。

表引長針2併針

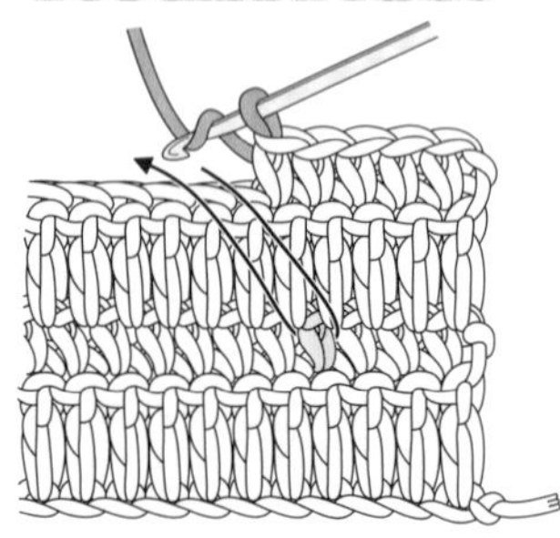

1 鉤針掛線，依箭頭指示，在表面（內側）橫向穿入前二段往回數第2針的短針針腳。

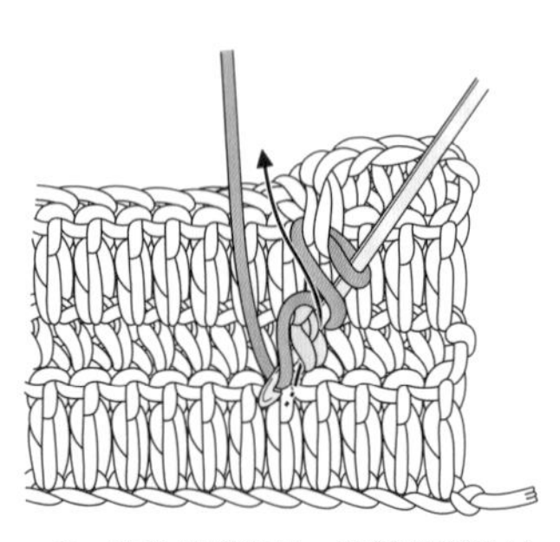

2 鉤針掛線鉤出，織線要稍微拉長。

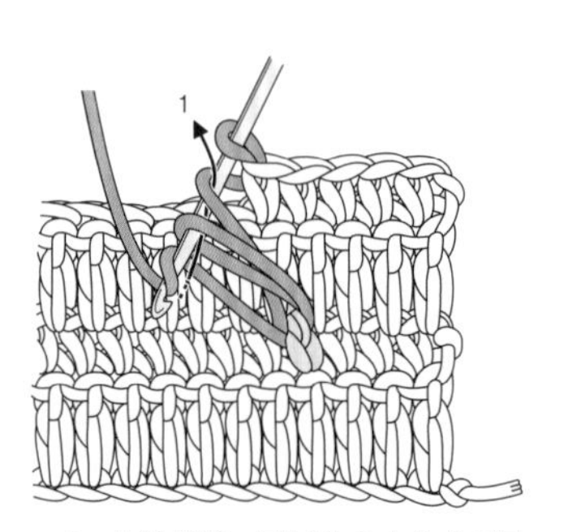
1

3 鉤針掛線，引拔鉤針上的前2個線圈（未完成的表引長針）。

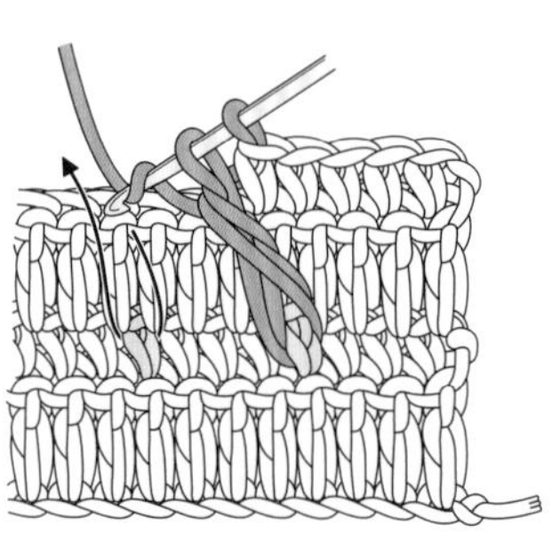

4 鉤針掛線，依箭頭指示，在表面（內側）橫向穿入前二段往前數4針的短針針腳。

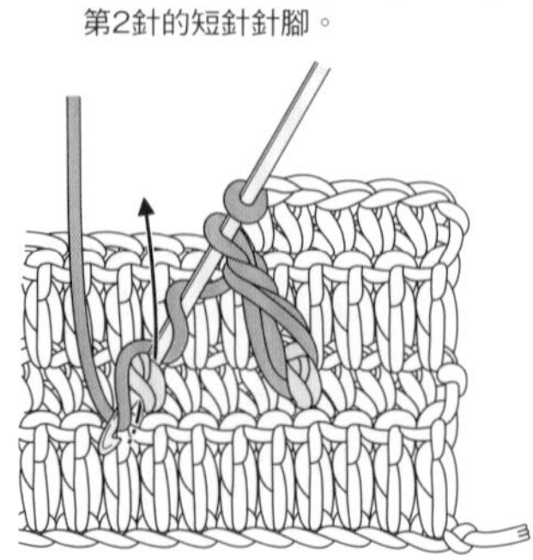

5 鉤針掛線鉤出，織線要稍微拉長。

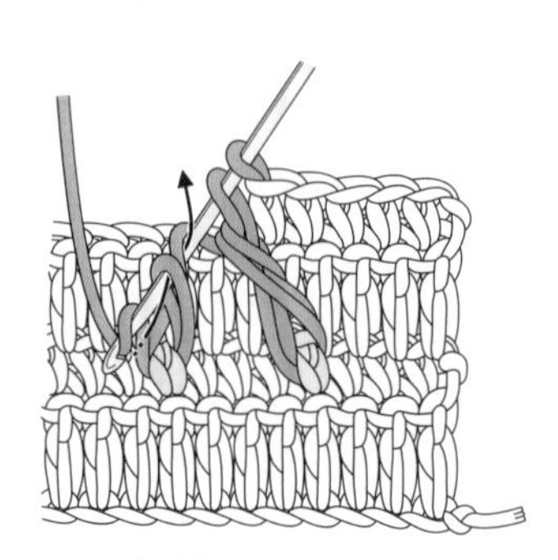

6 鉤針掛線，引拔鉤針上的前2個線圈（未完成的表引長針）。

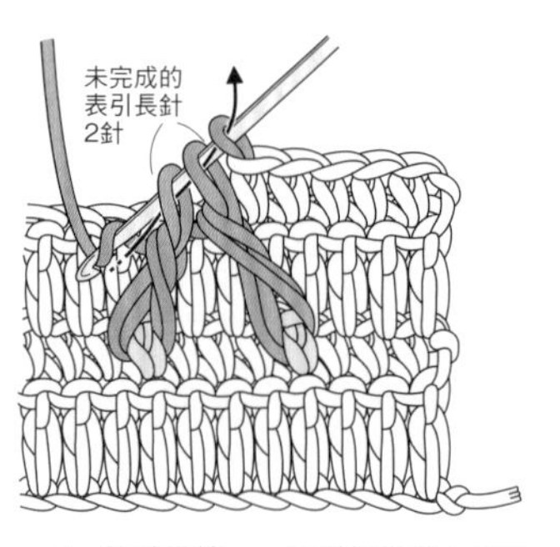
未完成的
表引長針
2針

7 鉤針掛線，一次引拔鉤針上的3個線圈。

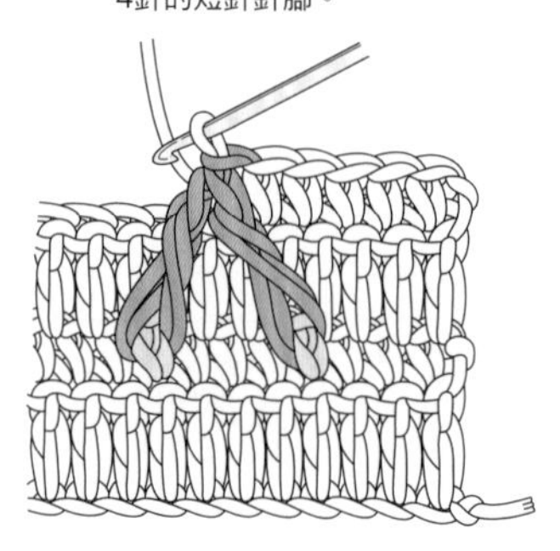

8 跳過1針，繼續在前段挑針，鉤織下一針的短針。

2表引長針加針

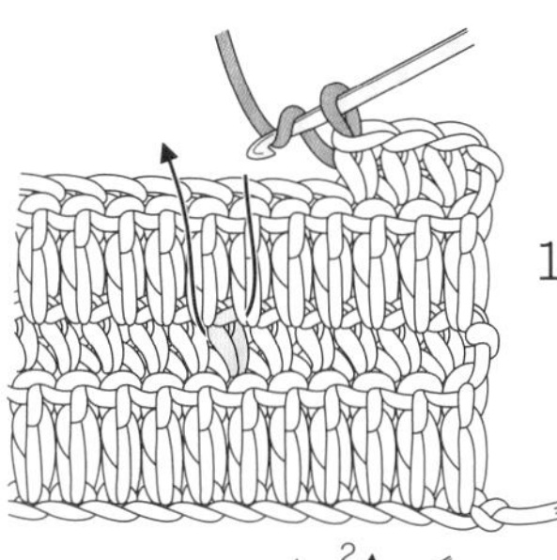

1 鉤針掛線，依箭頭指示，在表面（內側）橫向穿入前二段往前數第3針的短針針腳。

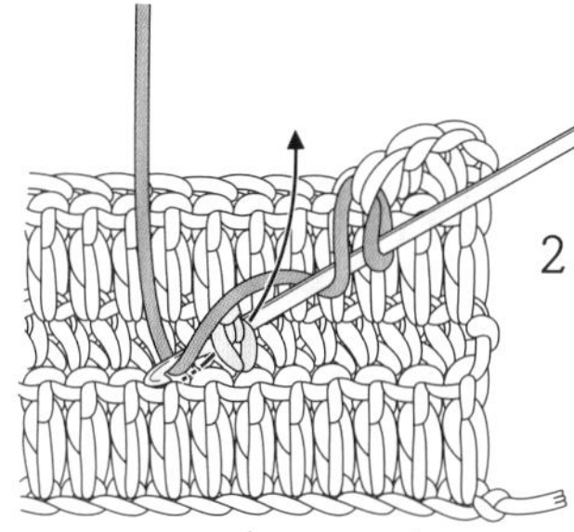

2 鉤針掛線鉤出，織線要稍微拉長。

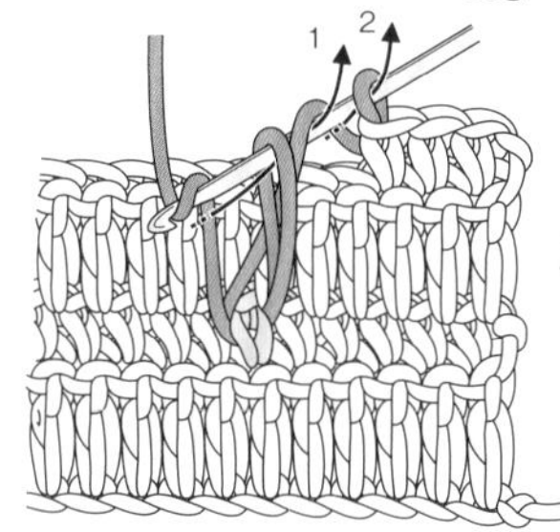
1
2

3 鉤織長針。

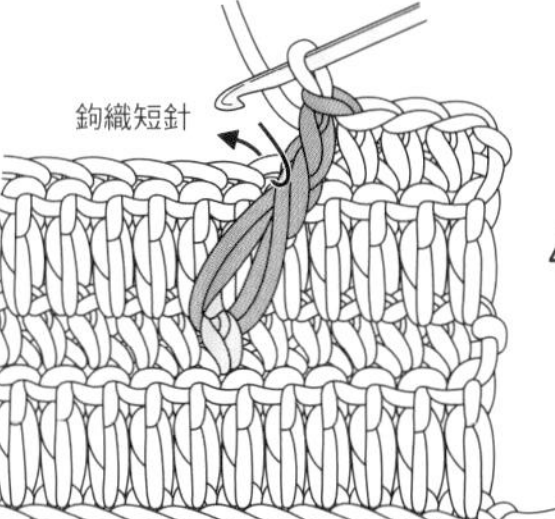
鉤織短針

4 跳過1針，繼續在前段挑針鉤織3針短針。

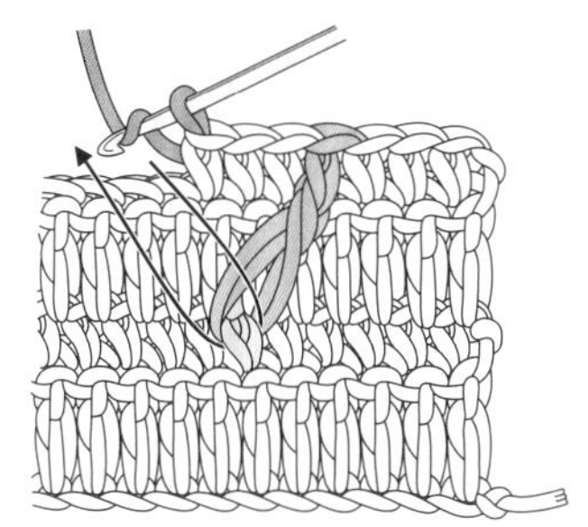

5 鉤針掛線，依箭頭指示，在表面（內側）橫向穿入先前在前二段挑針的短針針腳。

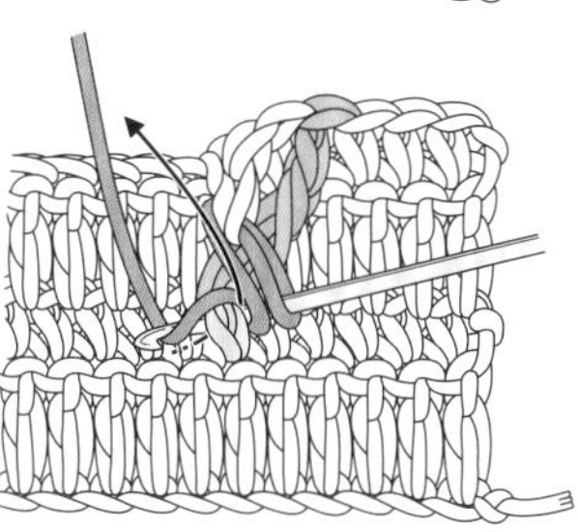

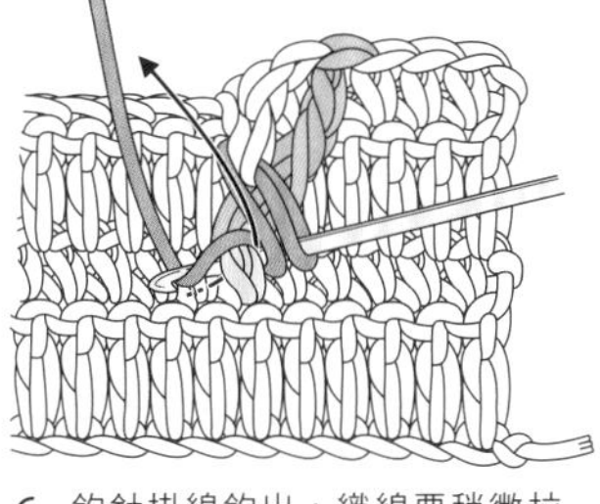

6 鉤針掛線鉤出，織線要稍微拉長。

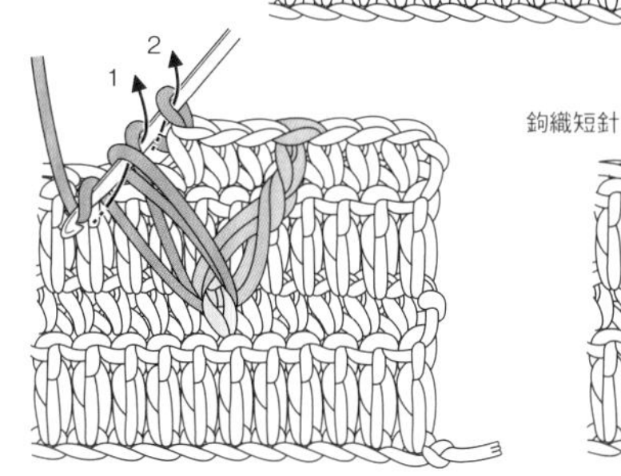
1
2

7 鉤織長針。

鉤織短針

8 跳過1針，繼續在前段挑針，鉤織下一針的短針。

表引長長針2併針

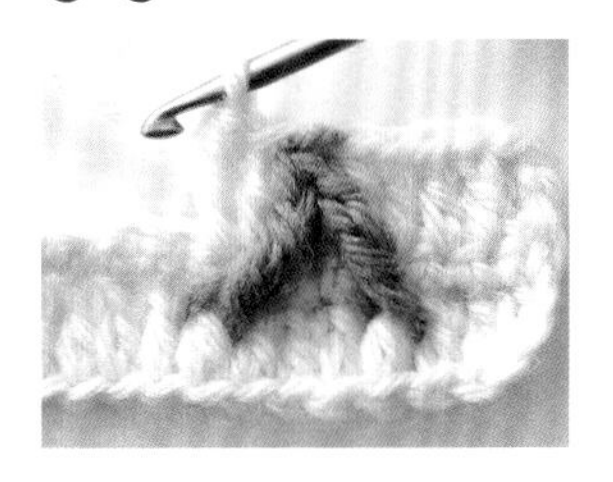

掛線2次

1 鉤針掛線2次，依箭頭指示，在表面（內側）橫向穿入前二段往回數第2針的長針針腳。

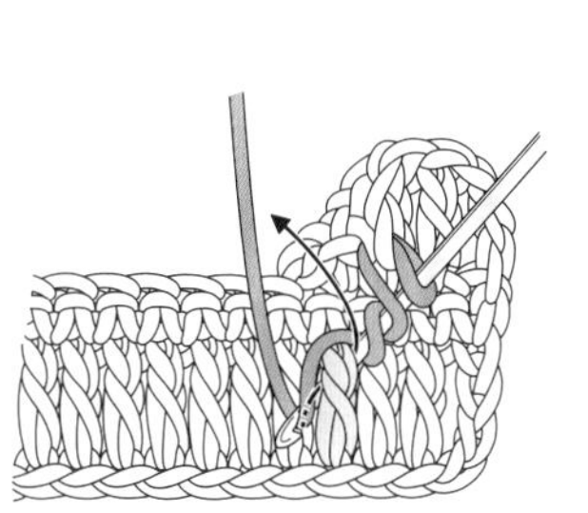

2 鉤針掛線鉤出，織線要稍微拉長。

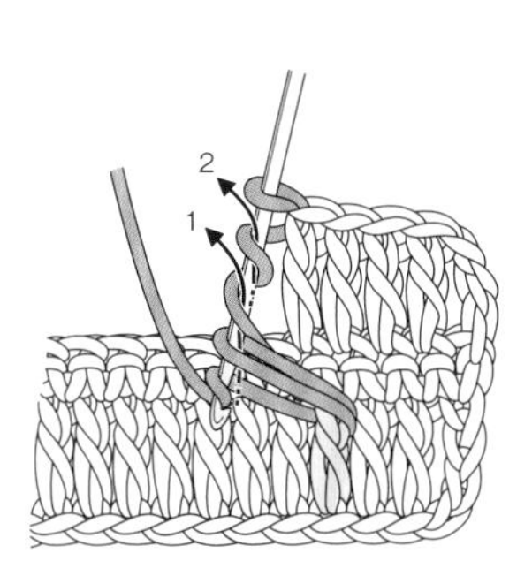
2
1

3 鉤織未完成的表引長長針。

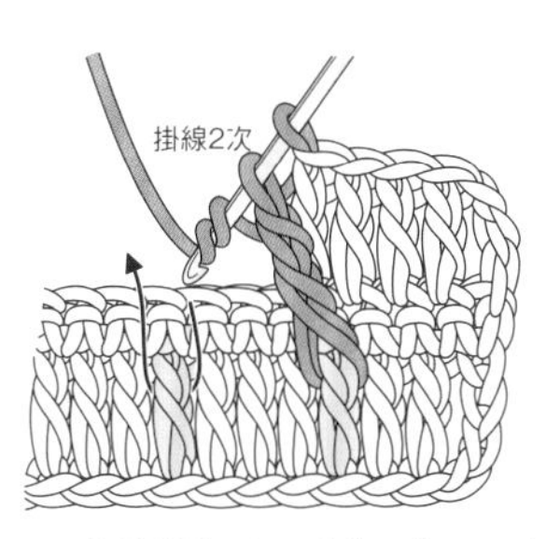
掛線2次

4 鉤針掛線2次，依箭頭指示，在表面（內側）橫向穿入前二段往前數4針的長針針腳。

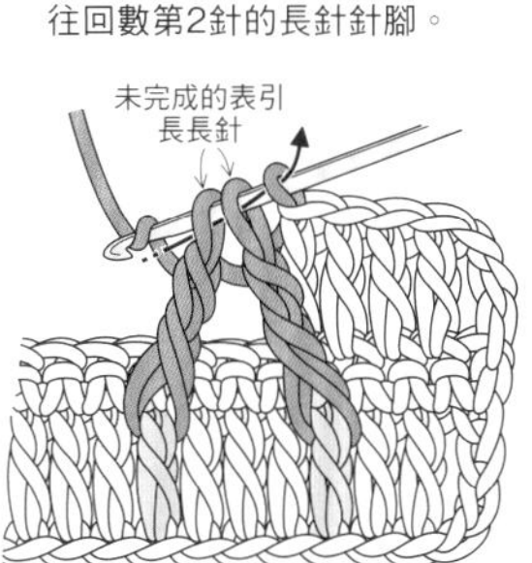
未完成的表引
長長針

5 鉤織未完成的長長針，鉤針掛線，一次引拔鉤針上的3個線圈。

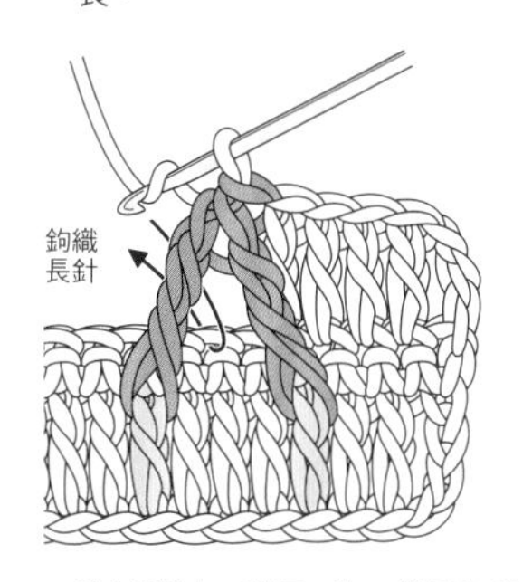
鉤織
長針

6 鉤針掛線，跳過1針，繼續在前段的短針上挑針鉤織長針。

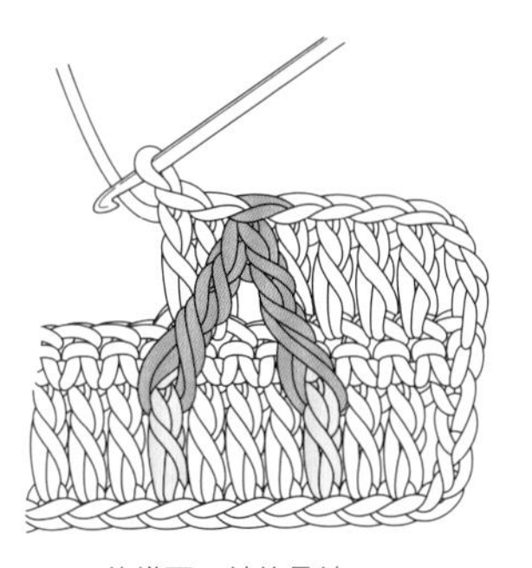

7 鉤織下一針的長針。

變化款針目 I

將針目織法稍加變化的鉤織技法，
但織片的豐富性與趣味性，
卻會明顯的增加許多。
乍看之下，似乎不易鉤織，
但其實只是組合先前介紹過的織法而已。

Y字針
逆Y字針
十字交叉長針
十字交叉長長針
三角編
5長針針腳的玉針
逆Y字與Y字的組合針

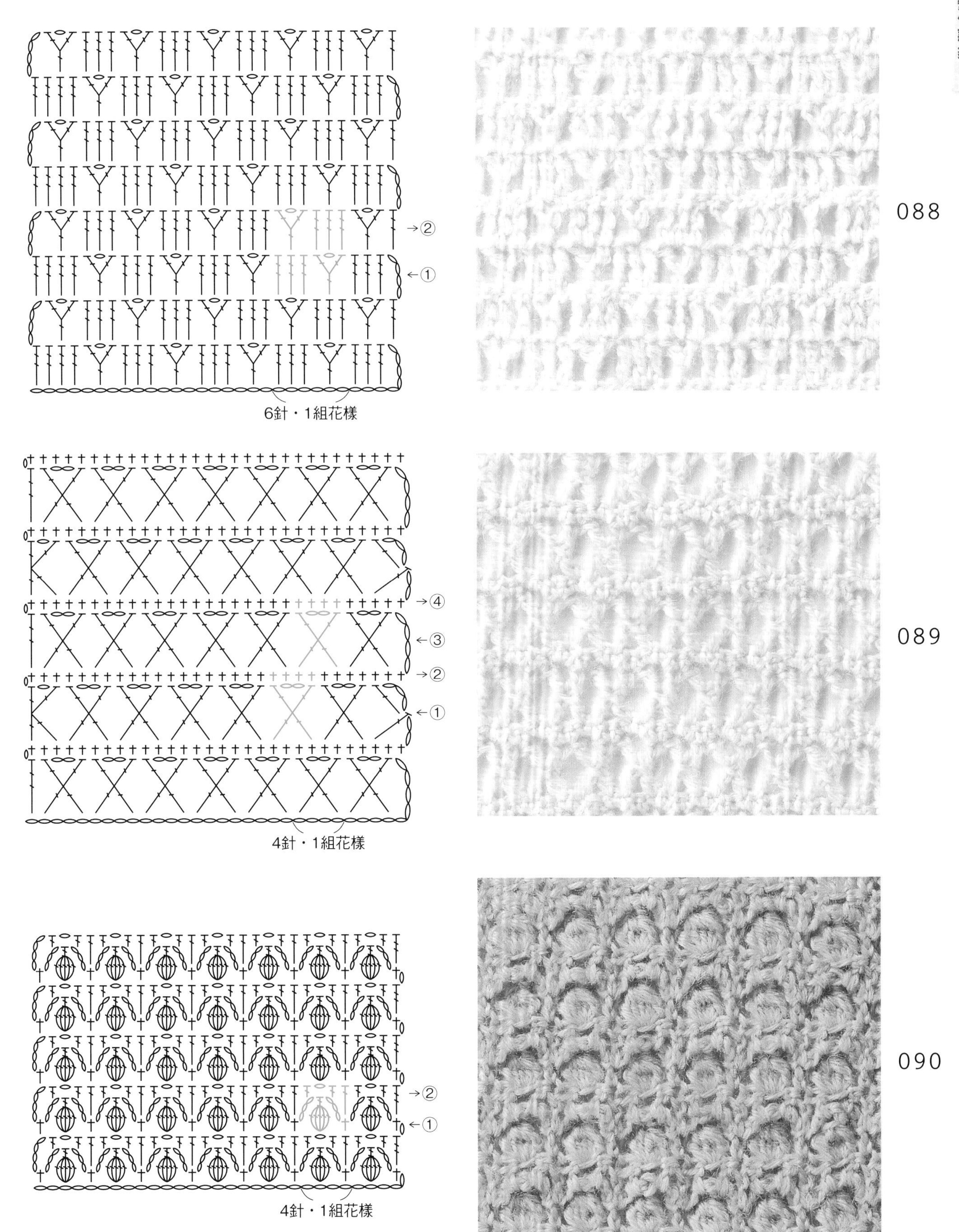

→②
←①
6針・1組花樣
088
→④
←③
→②
←①
4針・1組花樣
089
→②
←①
4針・1組花樣
090

設計／広瀬光治　使用線材／40g・約180m

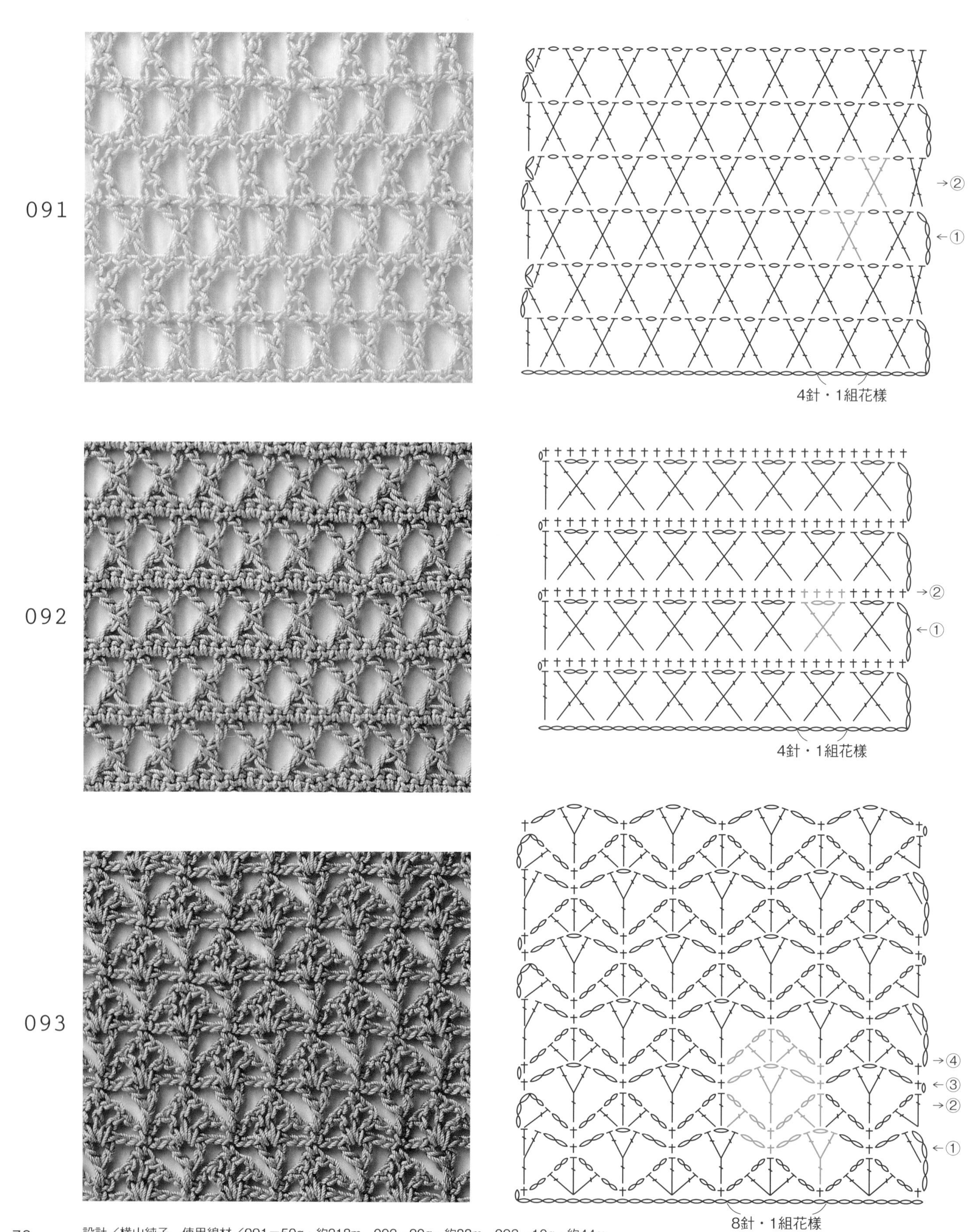
091
4針・1組花様
→②
←①
092
4針・1組花様
→②
←①
093
8針・1組花様
→④
←③
→②
←①

設計／横山純子　使用線材／091＝50g・約218m　092＝20g・約88m　093＝10g・約44m

094的織圖刊載於p.107。

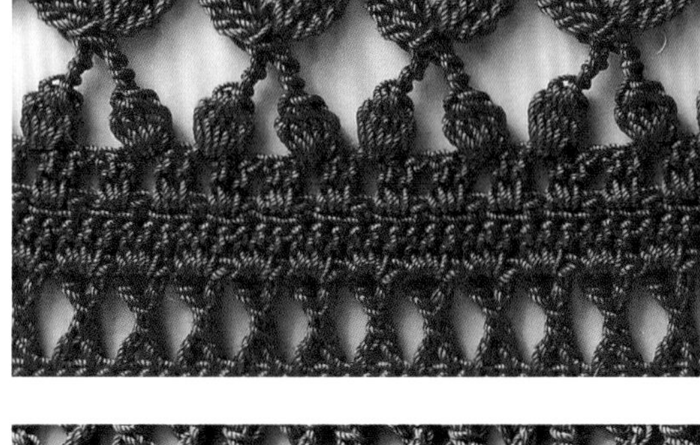

094

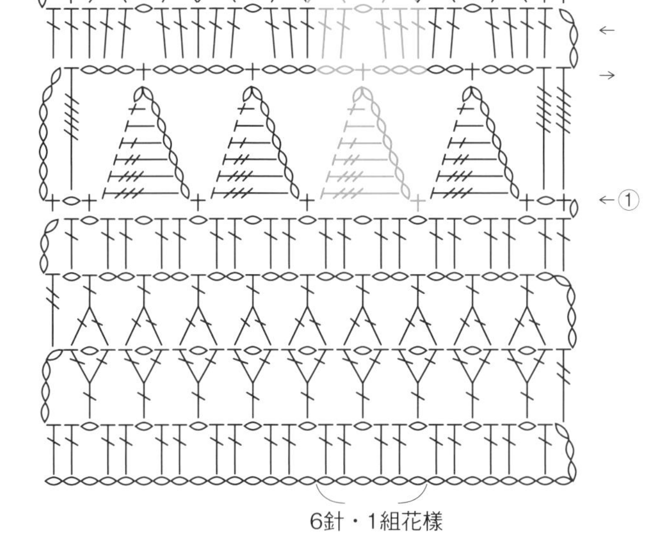
→⑩
←
→
←
→
←⑤
→
←
→
←①
6針・1組花樣

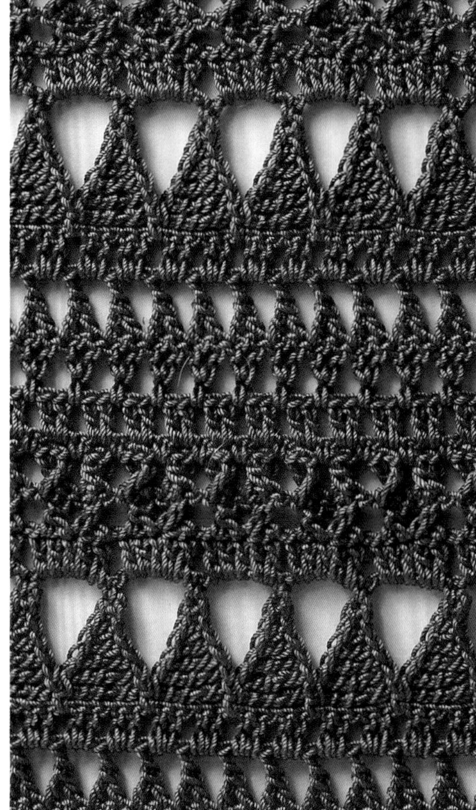

095

設計／岡本真希子　使用線材／094＝10g・約44m　095＝50g・約218m

Y字針

1 鉤針掛線2次，穿入鎖針裡山。

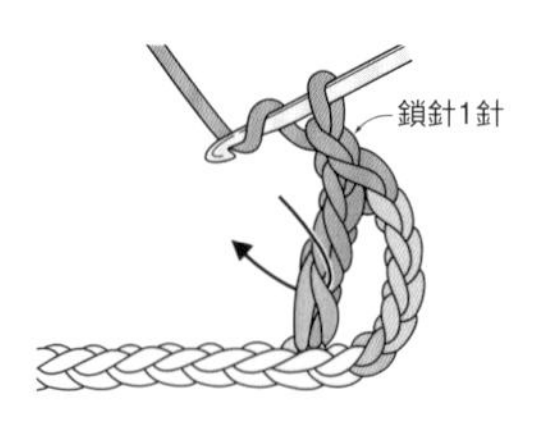
鎖針1針

2 鉤織長長針，再鉤1針鎖針。鉤針掛線，穿入長針針腳的2條線。

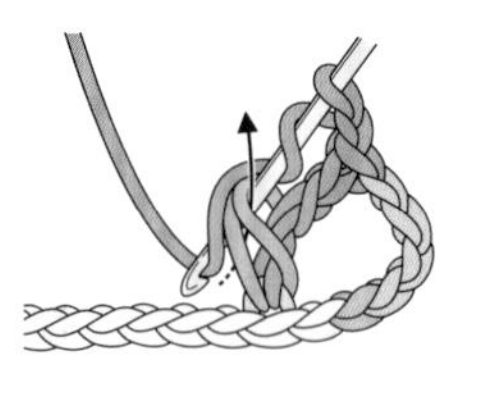

3 鉤針掛線，依箭頭指示鉤出織線。

1

4 鉤針掛線，引拔鉤針上的前2個線圈。

2

5 鉤針再次掛線，引拔鉤針上的2個線圈。

6 完成Y字針。

逆Y字針

1 鉤針掛線2次，穿入鎖針裡山。

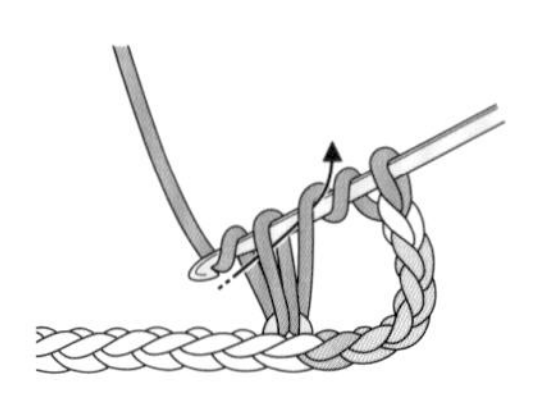

2 鉤針掛線，引拔鉤針上的前2個線圈（未完成的長針）。

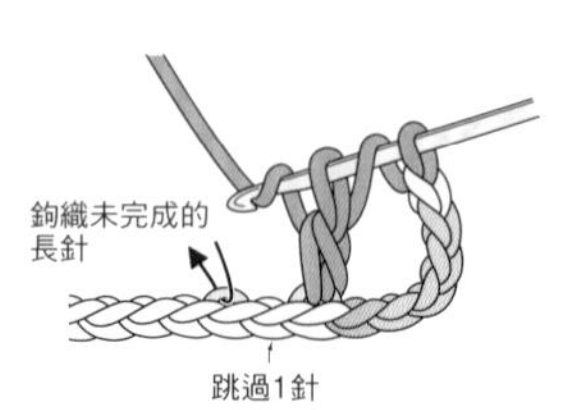
鉤織未完成的
長針
跳過1針

3 鉤針掛線，跳過1針後，在下一針鎖針裡山挑針。

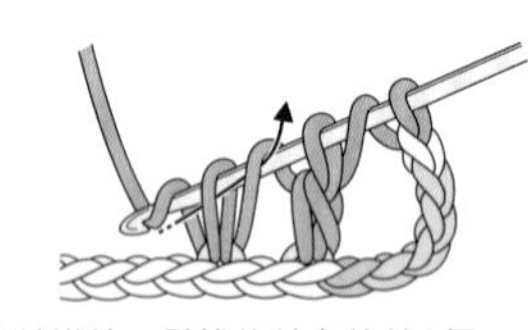

4 鉤針掛線，引拔鉤針上的前2個線圈（未完成的長針）。

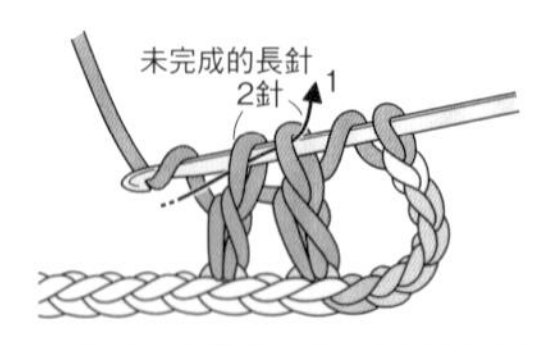
未完成的長針
2針
1

5 鉤針再次掛線，引拔鉤針上的前2個線圈。

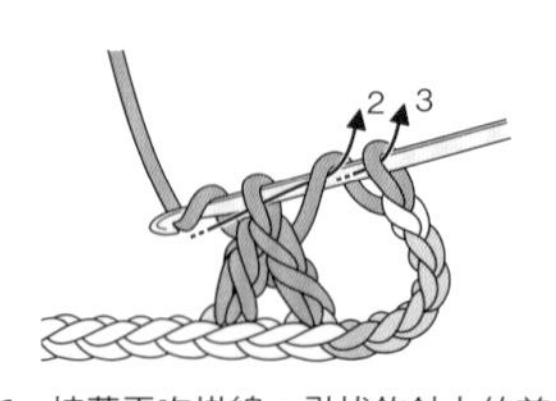
2
3

6 接著再次掛線，引拔鉤針上的前2個線圈。再掛線1次，引拔鉤針上最後的2個線圈。

7 完成逆Y字針。

逆Y字針

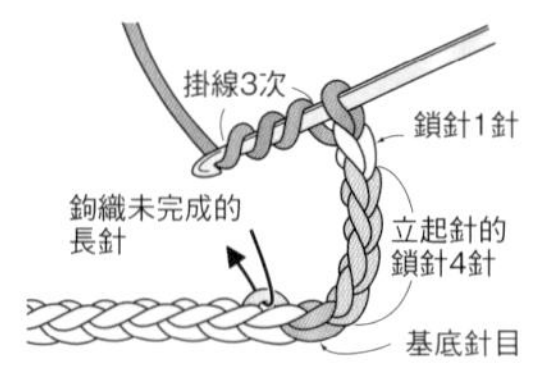
掛線3次
鎖針1針
鉤織未完成的
長針
立起針的
鎖針4針
基底針目

1 鉤針掛線3次，穿入鎖針裡山。

2 鉤針掛線，引拔鉤針上的前2個線圈（未完成的長針）。

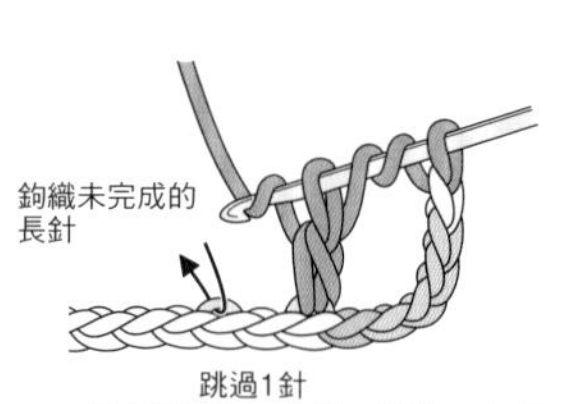
鉤織未完成的
長針
跳過1針

3 鉤針掛線，跳過1針後，在下一針鎖針裡山挑針。

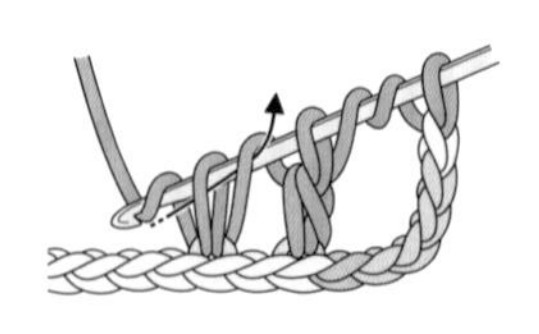

4 鉤針掛線，引拔鉤針上的前2個線圈（未完成的長針）。

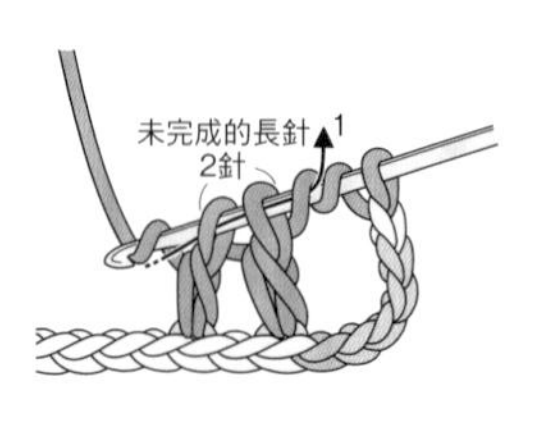
未完成的長針
2針
1

5 鉤針再次掛線，引拔鉤針上的前3個線圈。

2
3

6 接著再次掛線，引拔鉤針上的前2個線圈。再掛線1次，引拔鉤針上最後的2個線圈。

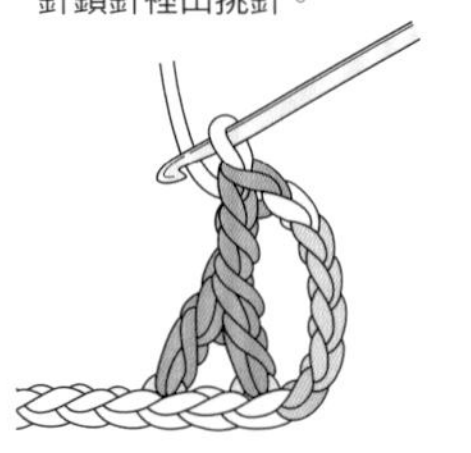

7 完成逆Y字針。

十字交叉長針

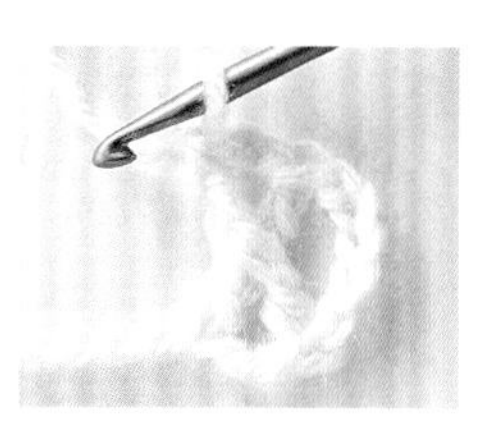

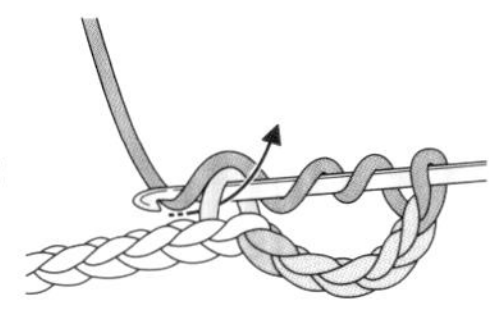
掛線2次
立起針的
4鎖針
基底針目

1 鉤針掛線2次，穿入鎖針裡山。

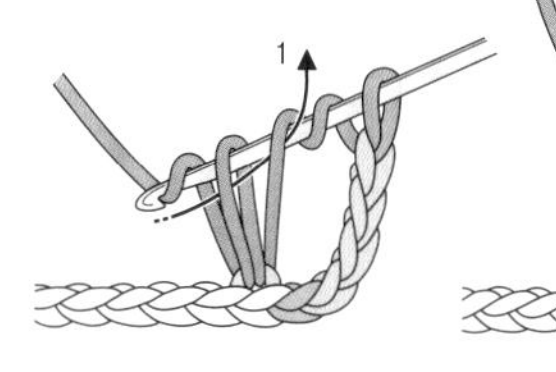

2 鉤針掛線鉤出。

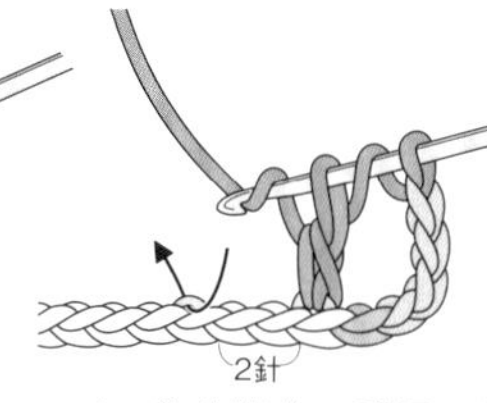

3 鉤針掛線，引拔鉤針上的前2個線圈（未完成的長針）。

4 鉤針掛線，跳過2針後，在下一針鎖針裡山挑針。

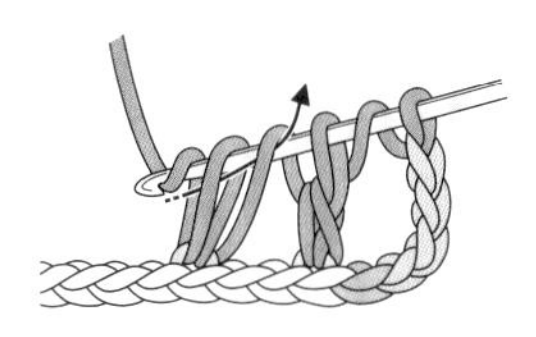

5 鉤針掛線鉤出，再次掛線引拔鉤針上的前2個線圈（未完成的長針）。

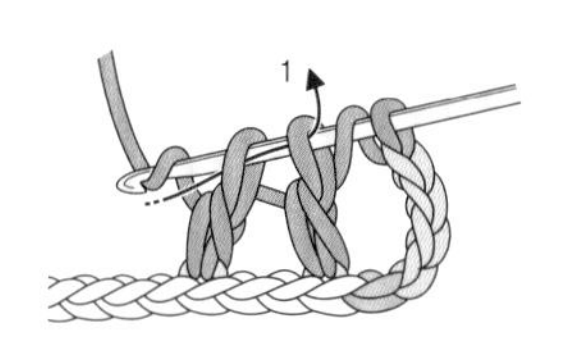

6 鉤針掛線，依箭頭指示引拔鉤針上的前2個線圈。

7 鉤針掛線，引拔鉤針上的前2個線圈。鉤針再次掛線，一次引拔針上的最後2個線圈。

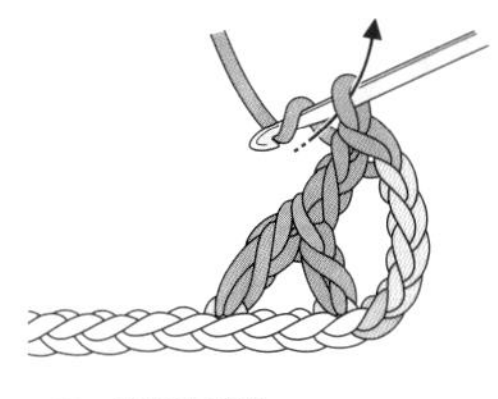

8 鉤2針鎖針。

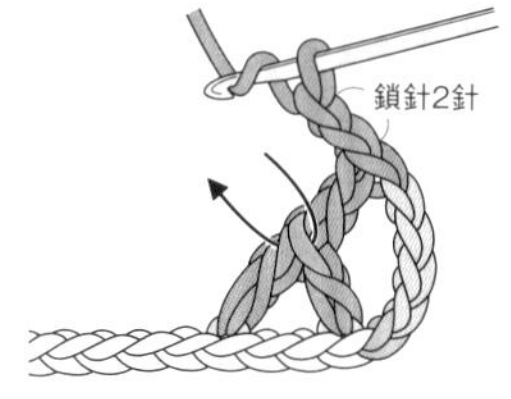
鎖針2針

9 鉤針掛線，依箭頭指示穿入。

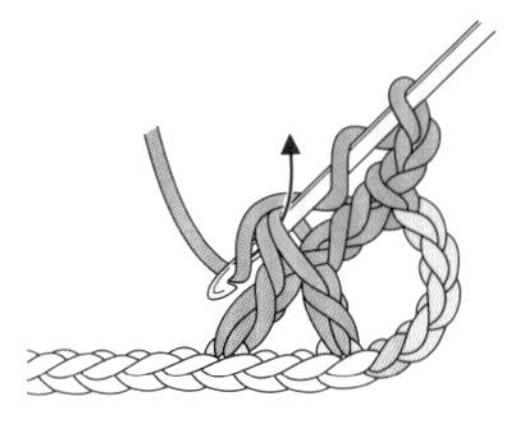

10 鉤針掛線鉤出。

11 鉤針掛線，引拔鉤針上的前2個線圈。鉤針再次掛線，一次引拔針上的2個線圈。

12 完成十字交叉長針。

十字交叉長針

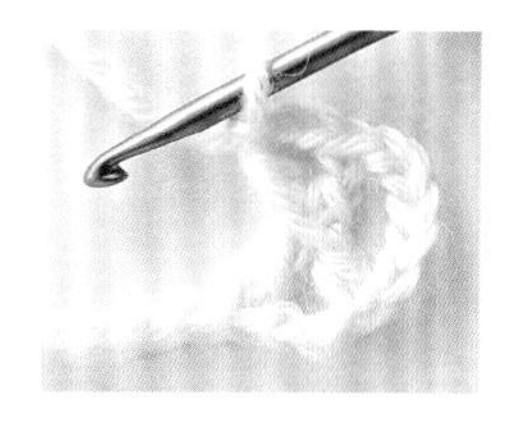

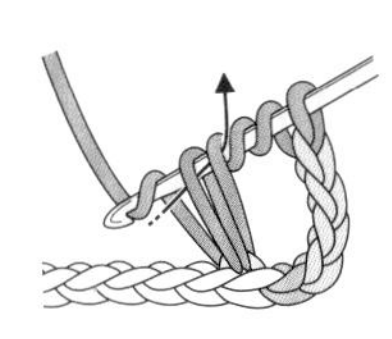
掛線3次
立起針的
鎖針4針
基底針目

1 鉤針掛線鉤出，再次掛線引拔鉤針上的前2個線圈（未完成的長針）。

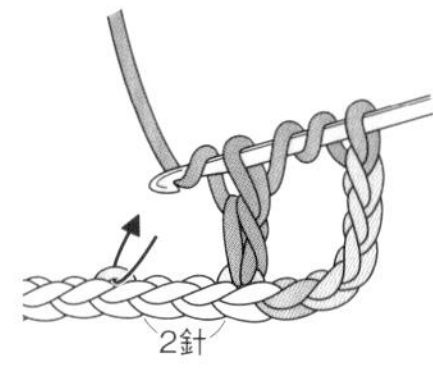

2 鉤針掛線，跳過2針後，在下一針鎖針裡山挑針。

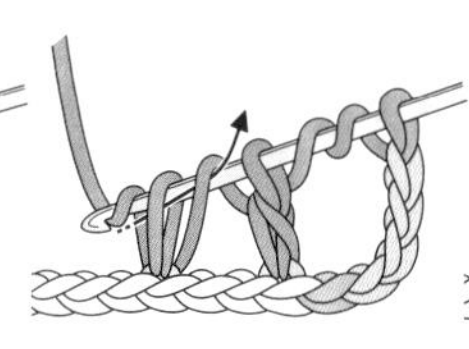
2針

3 鉤針掛線鉤出，再次掛線引拔鉤針上的前2個線圈（未完成的長針）。

4 鉤針掛線，依箭頭指示引拔鉤針上的前3個線圈。

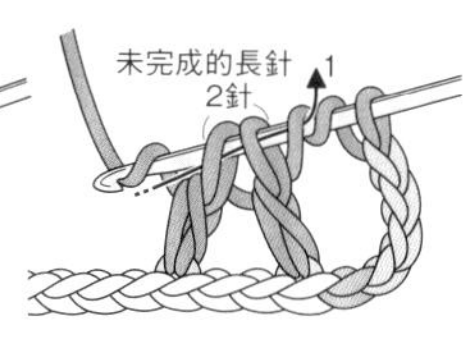
未完成的長針
2針

5 鉤針掛線，引拔鉤針上的前2個線圈。鉤針再次掛線，一次引拔針上的2個線圈。

6 鉤針掛線，引拔鉤針上的前2個線圈。鉤針再次掛線，一次引拔針上的最後2個線圈。

7 鉤2針鎖針。

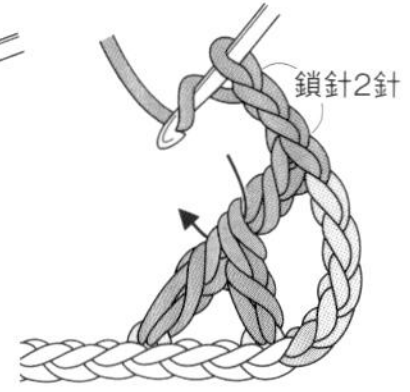
鎖針2針

8 鉤針掛線，依箭頭指示穿入。

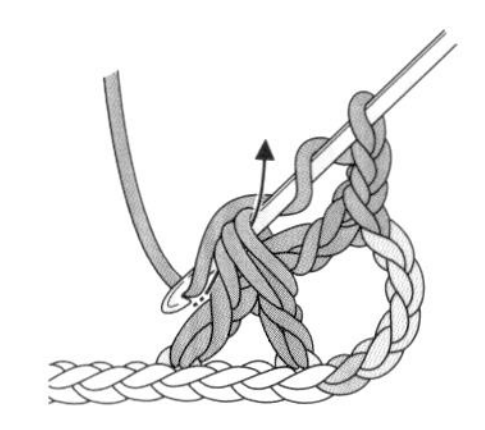

9 鉤針掛線鉤出。

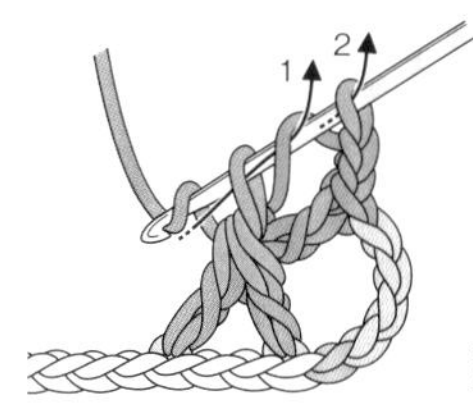

10 鉤針掛線，引拔鉤針上的前2個線圈。鉤針再次掛線，一次引拔針上的最後2個線圈。

11 完成十字交叉長針。

十字交叉長長針

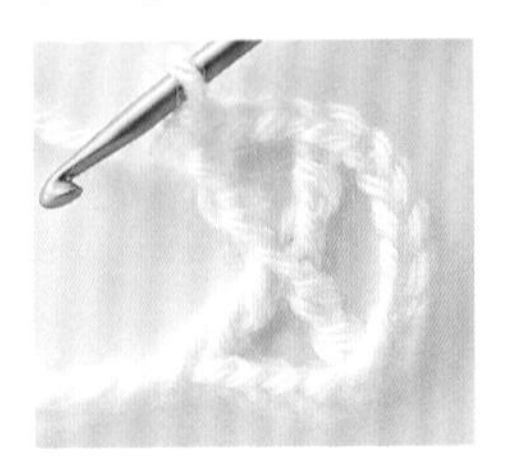

1 鉤針掛線4次，穿入鎖針裡山。

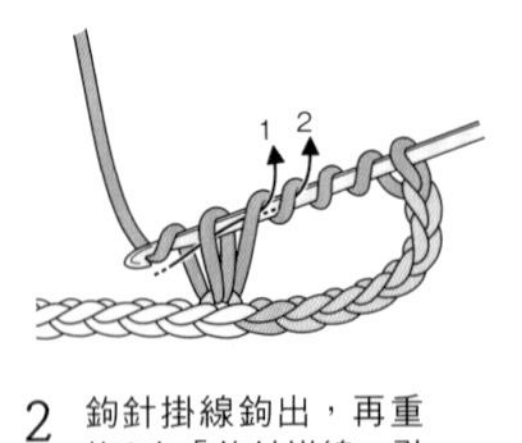
1
2

2 鉤針掛線鉤出，再重複2次「鉤針掛線，引拔鉤針上的前2個線圈」（未完成的長長針）。

3 鉤針掛線2次，跳過3針後，在下一針鎖針裡山挑針。

1
2

4 鉤針掛線鉤出，再重複2次「鉤針掛線，引拔鉤針上的前2個線圈」（未完成的長長針）。

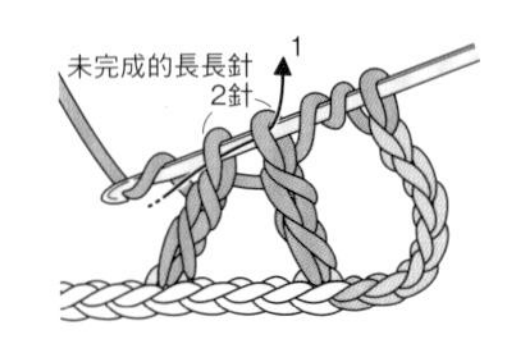
未完成的長長針
2針
1

5 鉤針掛線，引拔鉤針上的前2個線圈。

2
3
4

6 鉤針掛線鉤出，再重複2次「鉤針掛線，引拔鉤針上的前2個線圈」。鉤針再次掛線，一次引拔針上最後的2個線圈。

7 鉤織3針鎖針。

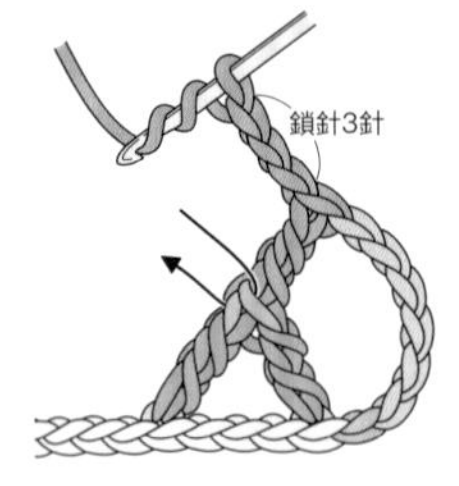
鎖針3針

8 鉤針掛線2次，依箭頭指示穿入。

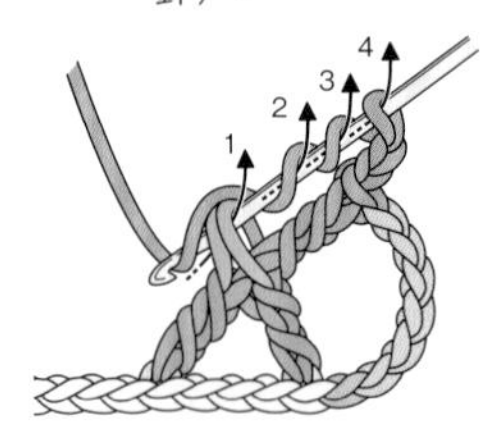
1
2
3
4

9 鉤針掛線鉤出，再重複2次「鉤針掛線，引拔鉤針上的前2個線圈」。鉤針再次掛線，一次引拔針上最後的2個線圈。

10 完成十字交叉長長針。

 三角編

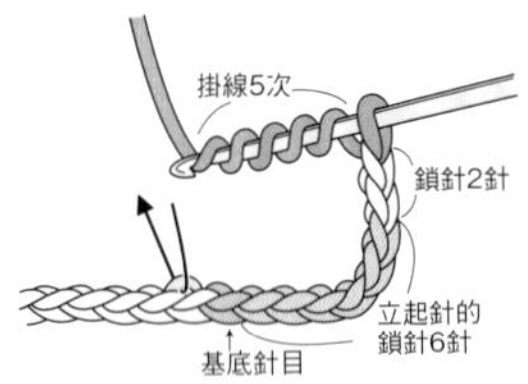
掛線5次
鎖針2針
立起針的
鎖針6針
基底針目

1 鉤針掛線5次，穿入鎖針裡山。

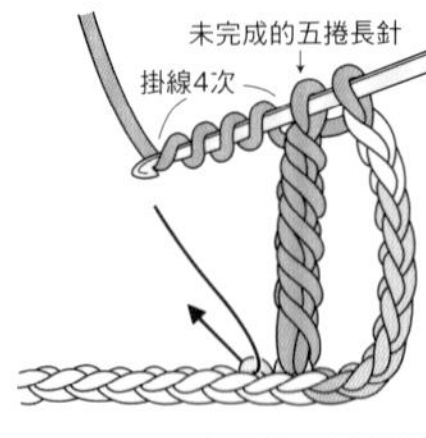
未完成的五捲長針
掛線4次

2 鉤織未完成的五捲長針。

3 自下一針開始，依序鉤織未完成的四捲長針、三捲長針、長長針、長針。接著，鉤針掛線，引拔鉤針上的前2個線圈。

4 鉤出的模樣。

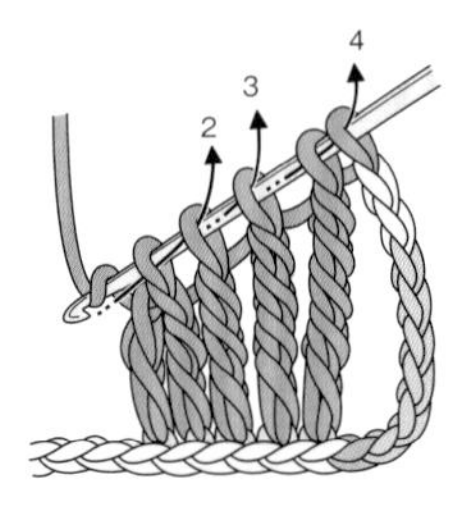
2
3
4

5 鉤針掛線，再重複2次「鉤針掛線，引拔鉤針上的前2個線圈」。鉤針再次掛線，一次引拔針上最後的3個線圈。

6 完成三角編。

 5長針針腳的玉針

1 鉤針掛線3次，穿入鎖針裡山。

未完成的長針

2 鉤織未完成的長針。接下來再挑同一鎖針的裡山，鉤織4針未完成的長針。

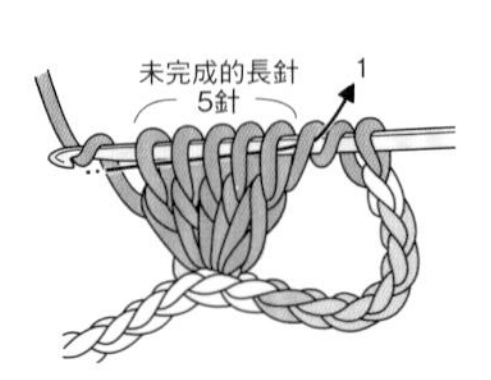
未完成的長針
5針
1

3 鉤針掛線，一次引拔針上的前6個線圈。

2
3

4 鉤針掛線，引拔針上的前2個線圈。鉤針再次掛線，一次引拔針上的最後2個線圈。

5 完成5長針針腳的玉針。

逆Y字與Y字的組合針

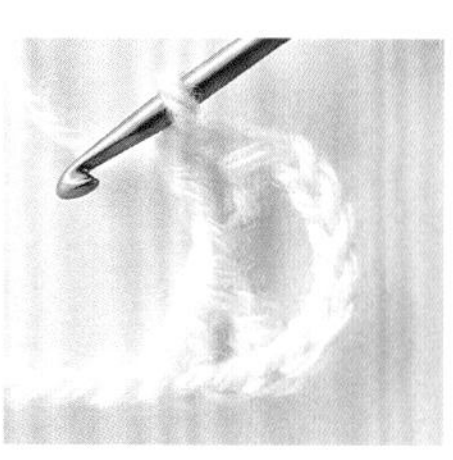

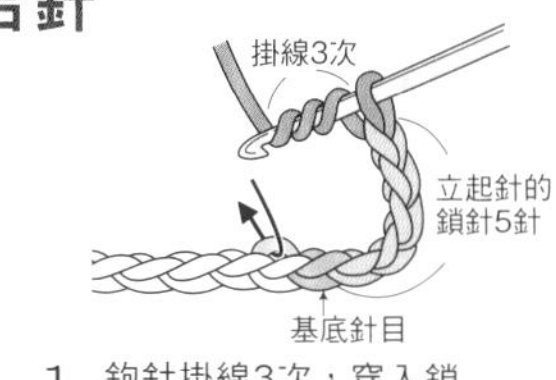
掛線3次
立起針的
鎖針5針
基底針目

1 鉤針掛線3次，穿入鎖針裡山。

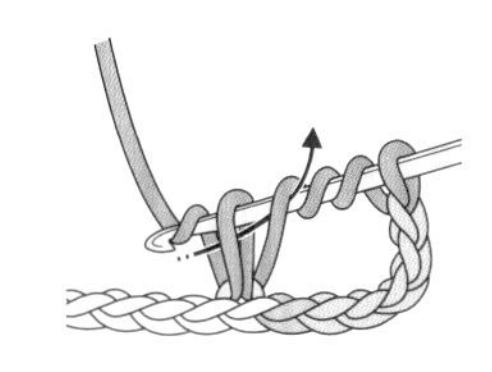

2 鉤針掛線鉤出，再次掛線，引拔鉤針上的前2個線圈（未完成的長針）。

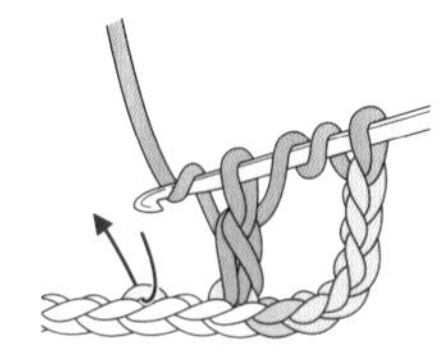

3 鉤針掛線，跳過1針後，在下一針鎖針裡山挑針。

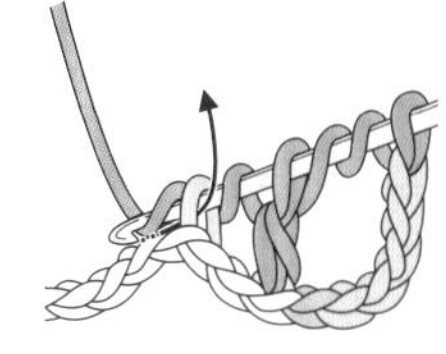

4 鉤針掛線鉤出。

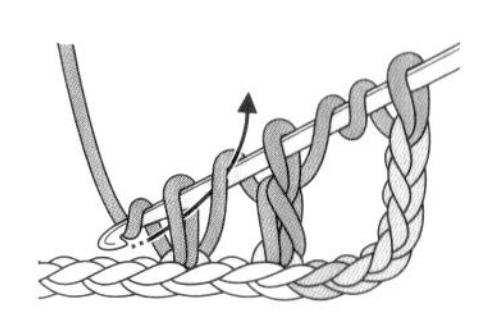

5 鉤針再次掛線，引拔鉤針上的前2個線圈（未完成的長針）。

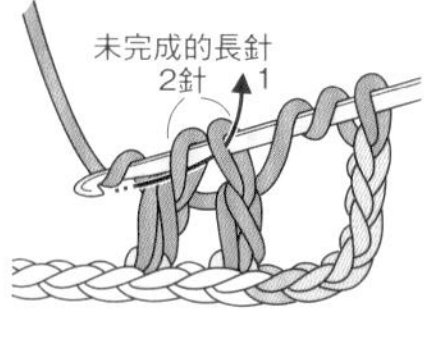
未完成的長針
2針
1

6 掛線引拔鉤針上的前2個線圈。

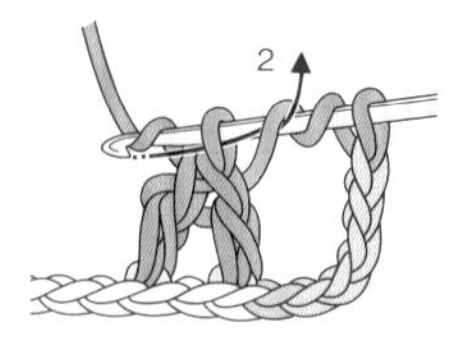
2

7 鉤針掛線，引拔鉤針上的前2個線圈。

3

8 鉤針掛線，引拔鉤針上的前2個線圈。

4

9 鉤針掛線，一次引拔鉤針上的最後2個線圈。

10 鉤1針鎖針。

鎖針1針

11 鉤針掛線，依箭頭指示穿入針目。

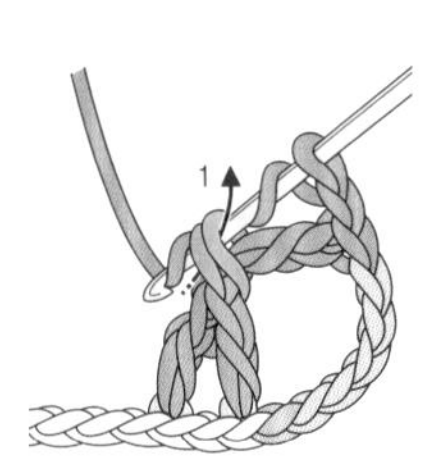
1

12 鉤針掛線鉤出。

2

13 鉤針掛線，引拔鉤針上的前2個線圈。

3

14 鉤針掛線，一次引拔鉤針上的最後2個線圈。

15 完成逆Y字與Y字的組合針。

逆Y字與Y字的組合針

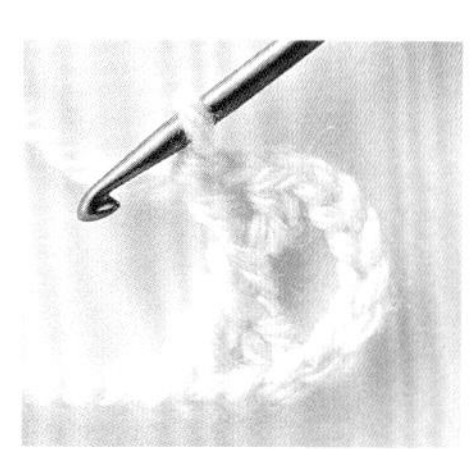

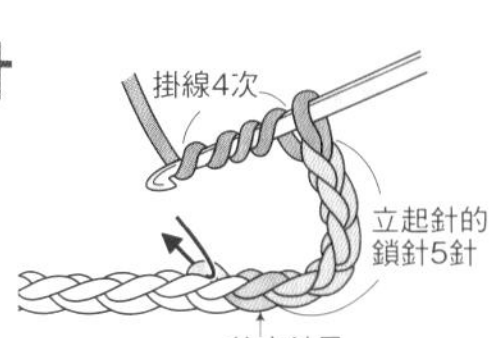
掛線4次
立起針的
鎖針5針
基底針目

1 鉤針掛線4次，穿入鎖針裡山。

2 鉤織未完成的長針。

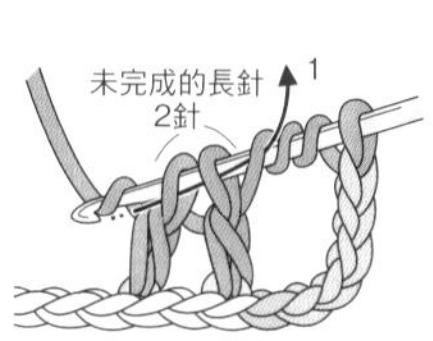
未完成的長針
2針
1

3 跳過1針後，在下一針鎖針裡山挑針，鉤織另1針未完成的長針。鉤針掛線，引拔鉤針上的前3個線圈。

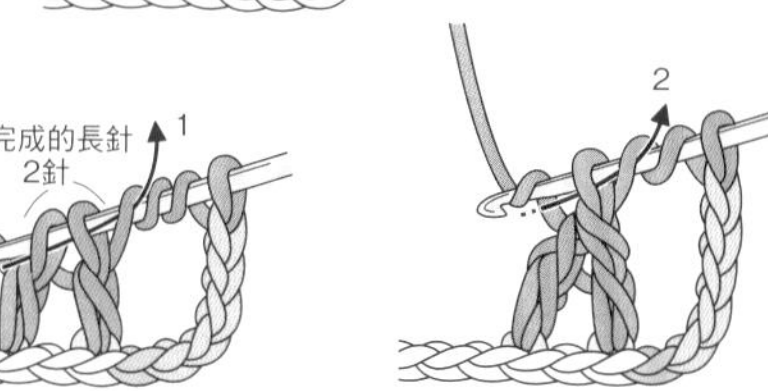
2

4 鉤針掛線，引拔鉤針上的前2個線圈。

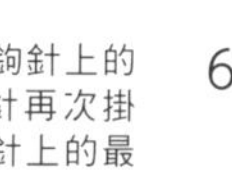

5 鉤針掛線，引拔鉤針上的前2個線圈。鉤針再次掛線，一次引拔鉤針上的最後2個線圈。

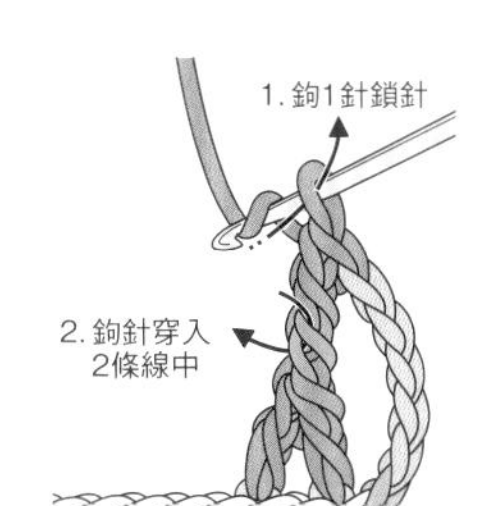
1. 鉤1針鎖針
2. 鉤針穿入
2條線中

6 鉤1針鎖針後，鉤針掛線，依箭頭指示穿入針目。

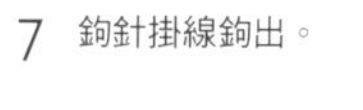

7 鉤針掛線鉤出。

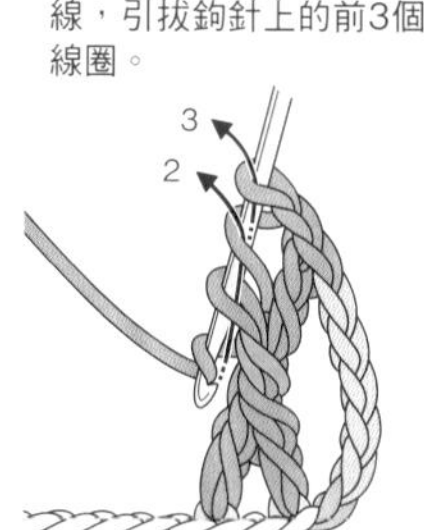
3
2

8 鉤針掛線，引拔鉤針上的前2個線圈。鉤針再次掛線，一次引拔鉤針上的最後2個線圈。

9 完成逆Y字與Y字的組合針。

變化款針目Ⅱ

推薦給已經無法滿足於基礎花樣編的鉤織玩家。

整體使用或許是有些耗費心力，但即使作為局部點綴或緣編，也有畫龍點睛的效果。

七寶針
螺旋捲針
短針的環編
長針的環編
鉤入串珠的方法

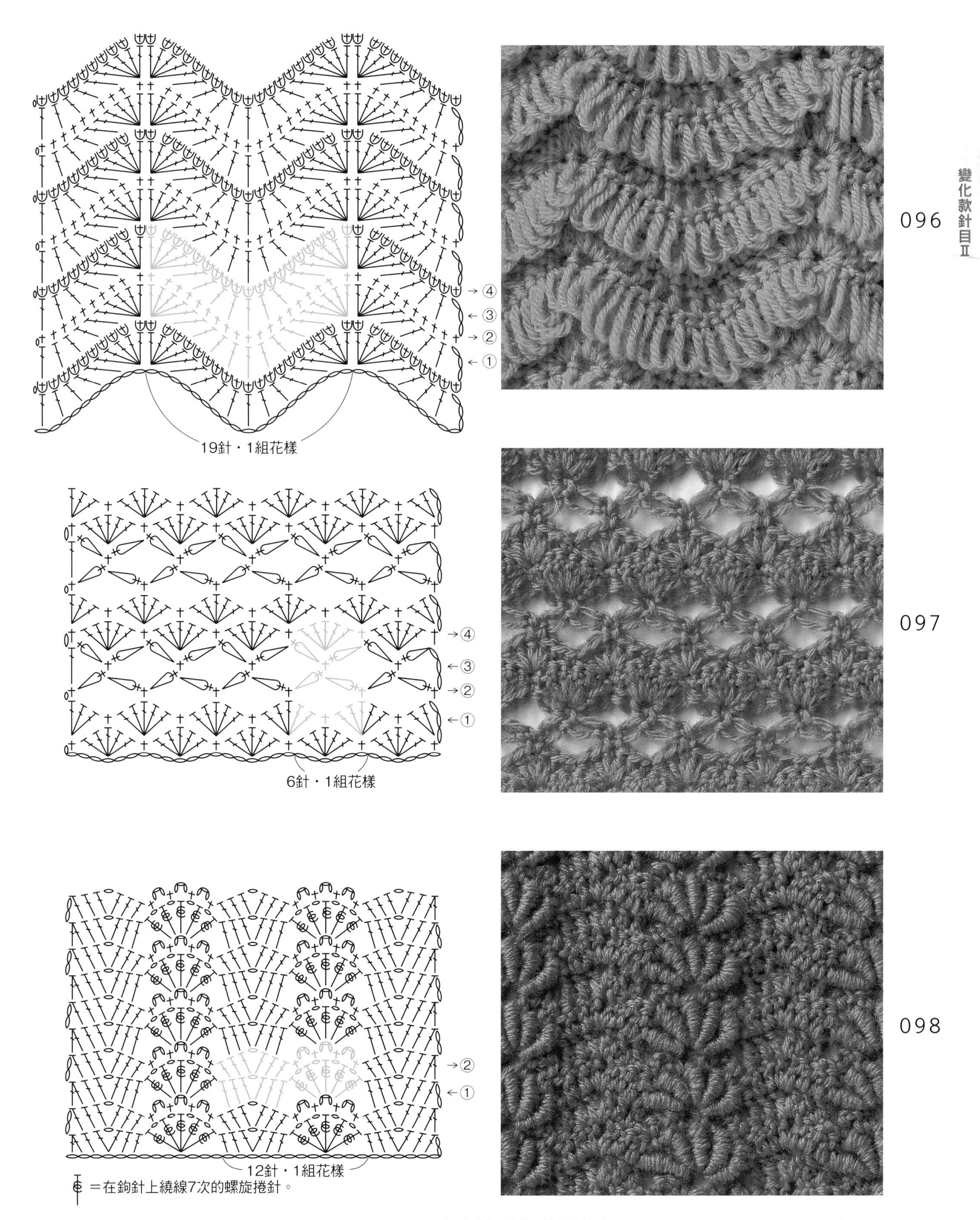

→④
←③
→②
←①
19針・1組花樣
096
→④
←③
→②
←①
6針・1組花樣
097
→②
←①
12針・1組花樣
＝在鉤針上繞線7次的螺旋捲針。
098

設計／広瀬光治　使用線材／096、097＝40g・約180m　098＝40g・約160m

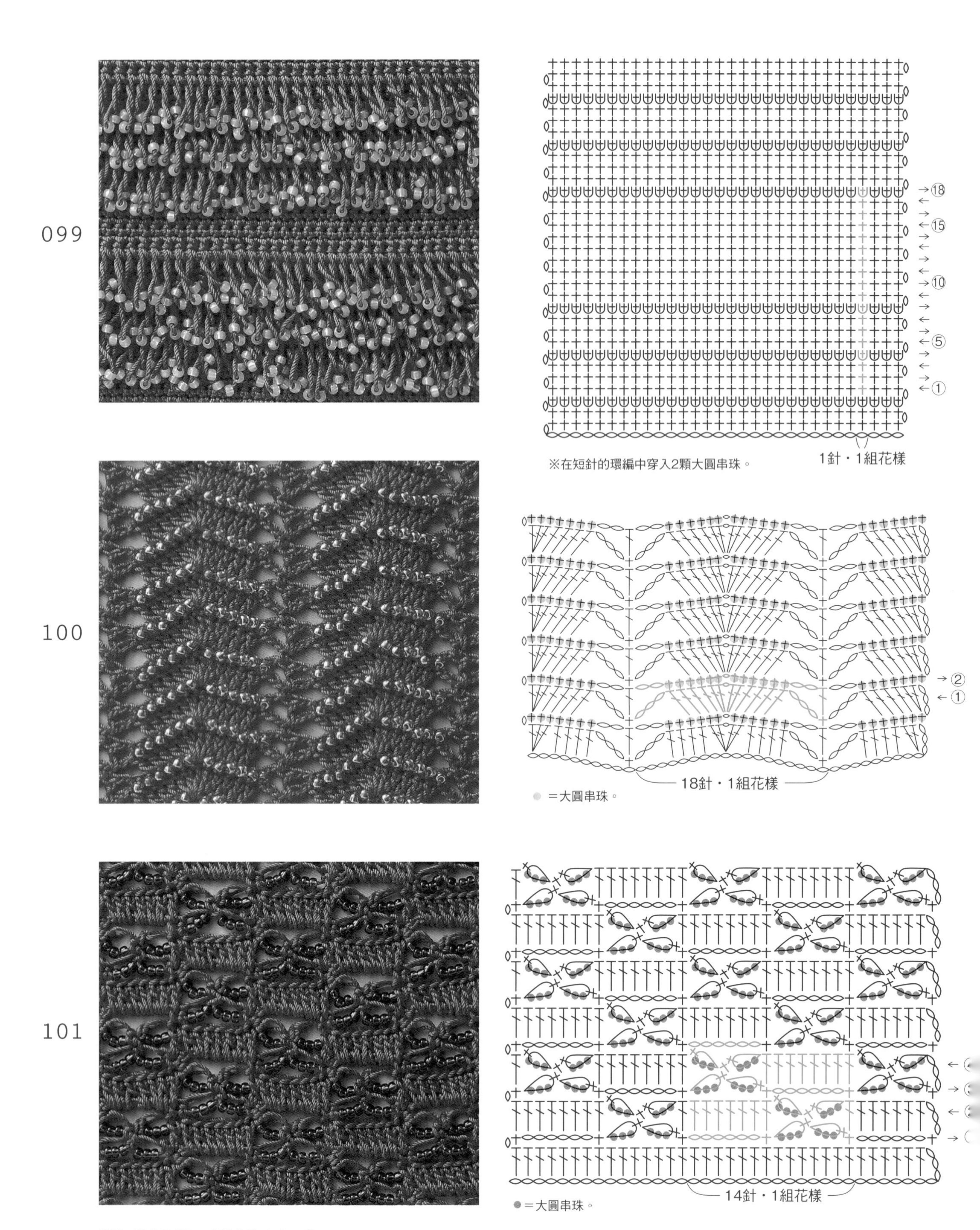

099
※在短針的環編中穿入2顆大圓串珠。
1針・1組花樣
100
18針・1組花樣
＝大圓串珠。
101
14針・1組花樣
●＝大圓串珠。

設計／茂木三紀子　使用線材／10g・約44m

七寶針

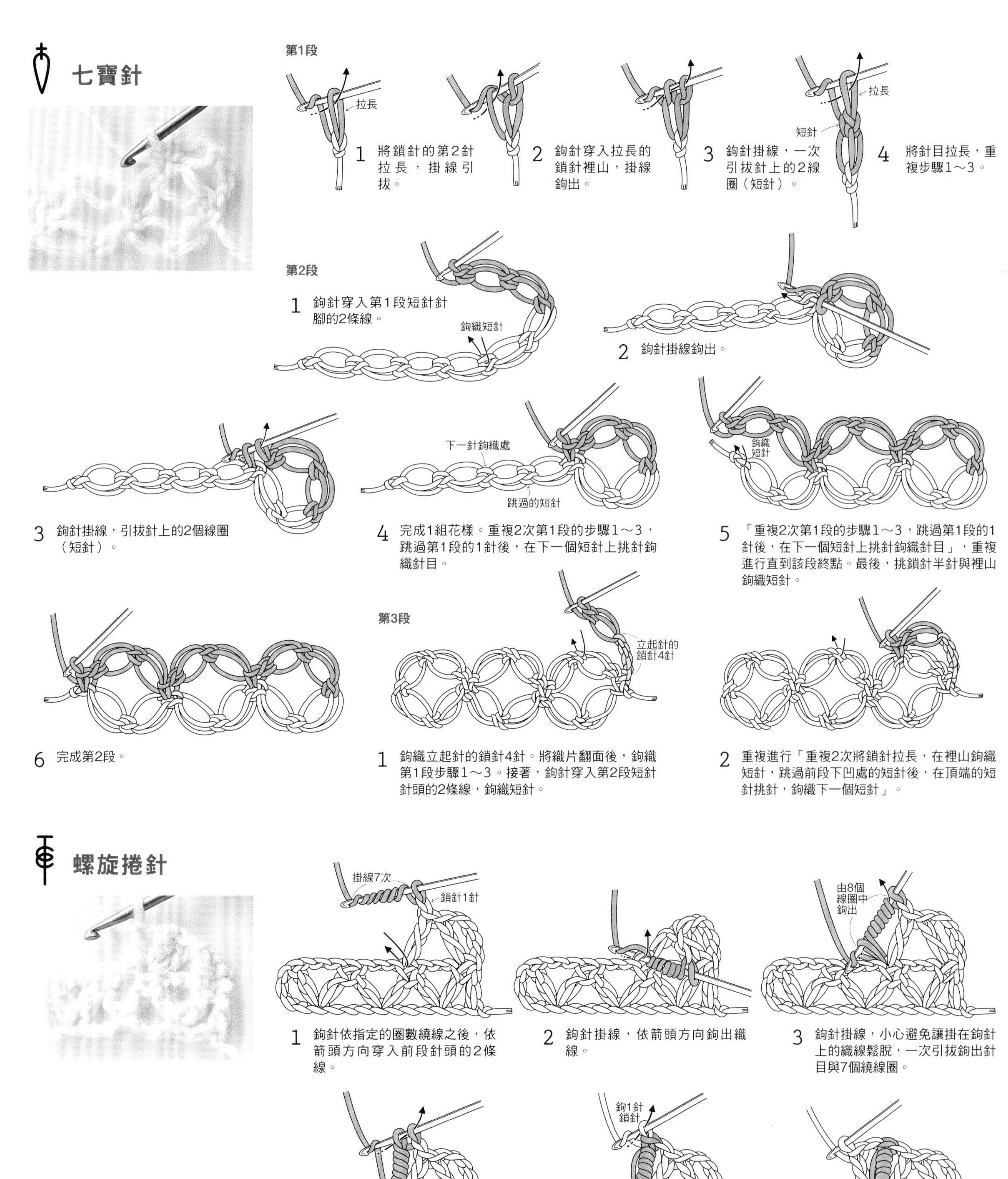

拉長
拉長
短針
鉤織短針
下一針鉤織處
跳過的短針
鉤織
短針
立起針的
鎖針4針
掛線7次
鎖針1針
由8個
線圈中
鉤出
鉤1針
鎖針

第1段

1 將鎖針的第2針拉長，掛線引拔。

2 鉤針穿入拉長的鎖針裡山，掛線鉤出。

3 鉤針掛線，一次引拔針上的2線圈（短針）。

4 將針目拉長，重複步驟1～3。

第2段

1 鉤針穿入第1段短針針腳的2條線。

2 鉤針掛線鉤出。

3 鉤針掛線，引拔針上的2個線圈（短針）。

4 完成1組花樣。重複2次第1段的步驟1～3，跳過第1段的1針後，在下一個短針上挑針鉤織針目。

5 「重複2次第1段的步驟1～3，跳過第1段的1針後，在下一個短針上挑針鉤織針目」，重複進行直到該段終點。最後，挑鎖針半針與裡山鉤織短針。

6 完成第2段。

第3段

1 鉤織立起針的鎖針4針。將織片翻面後，鉤織第1段步驟1～3。接著，鉤針穿入第2段短針針頭的2條線，鉤織短針。

2 重複進行「重複2次將鎖針拉長，在裡山鉤織短針，跳過前段下凹處的短針後，在頂端的短針挑針，鉤織下一個短針」。

螺旋捲針

1 鉤針依指定的圈數繞線之後，依箭頭方向穿入前段針頭的2條線。

2 鉤針掛線，依箭頭方向鉤出織線。

3 鉤針掛線，小心避免讓掛在鉤針上的織線鬆脫，一次引拔鉤出針目與7個繞線圈。

4 鉤針再次掛線，一次引拔針上最後的2線圈。

5 完成螺旋捲針。

6 運用於花樣中的模樣。

短針的環編

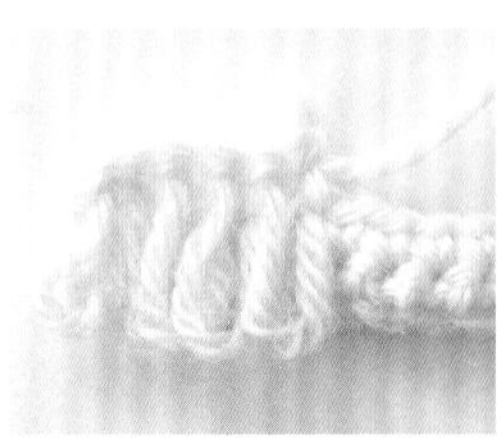

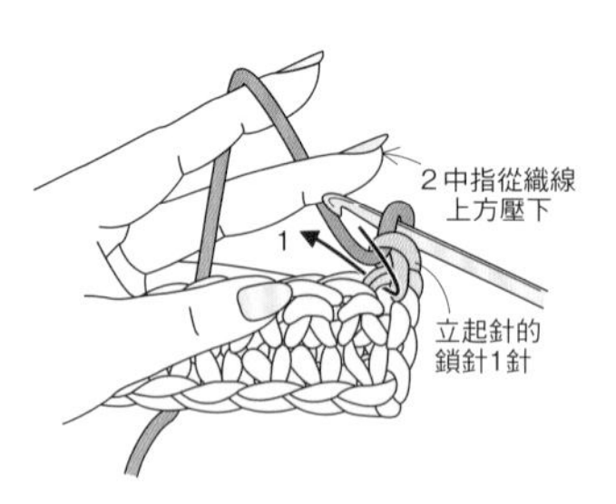

2 中指從織線上方壓下
1
立起針的鎖針1針

1 鉤針穿入前段短針針頭的2條線，左手的中指從織線上方壓下。

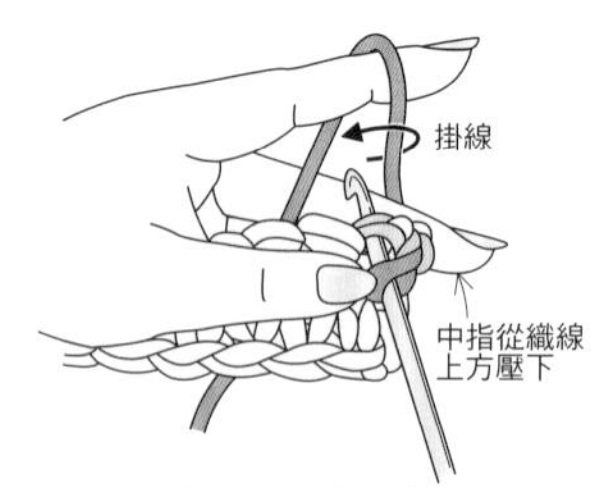

掛線
中指從織線上方壓下

2 以左手中指壓住織線，依箭頭方向掛線。

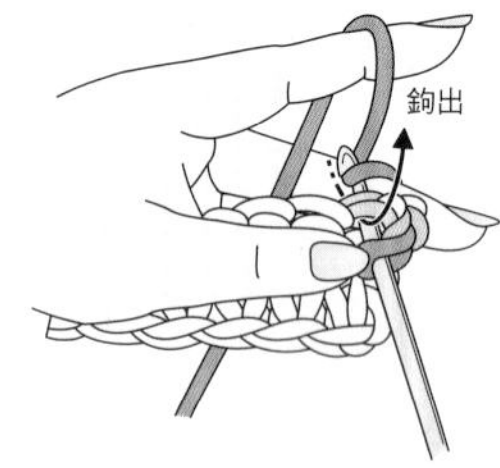

鉤出

3 鉤出織線。

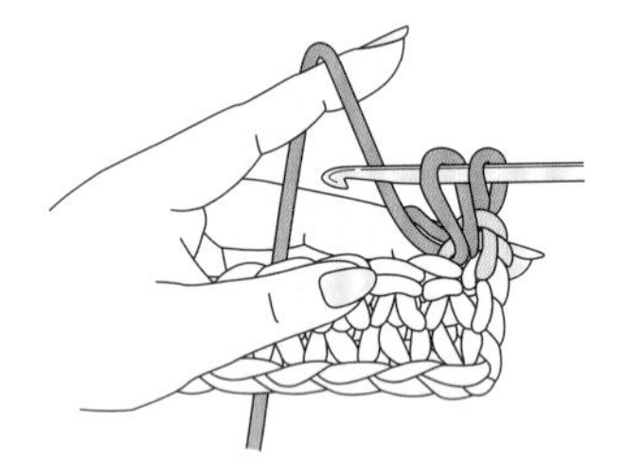

4 鉤出織線的模樣。

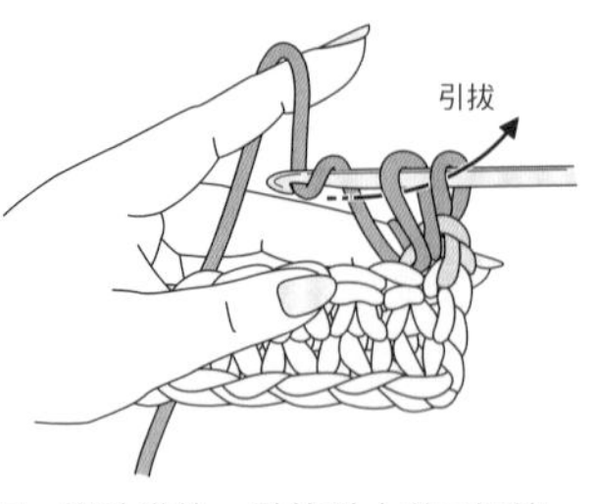

引拔

5 鉤針掛線，引拔針上的2個線圈，左手中指從針目裡移開。

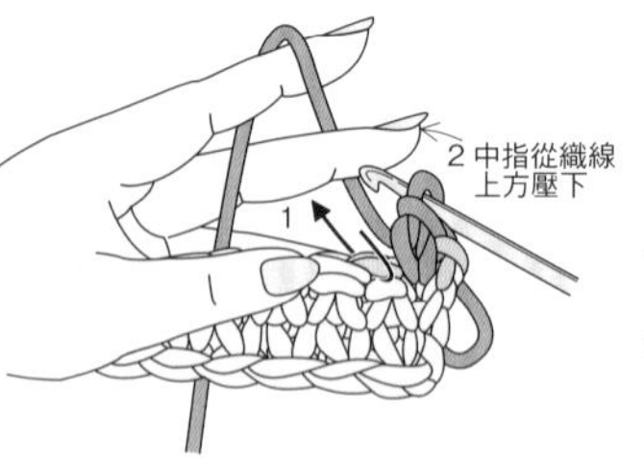

2 中指從織線上方壓下
1

6 重複步驟1～5繼續鉤織。

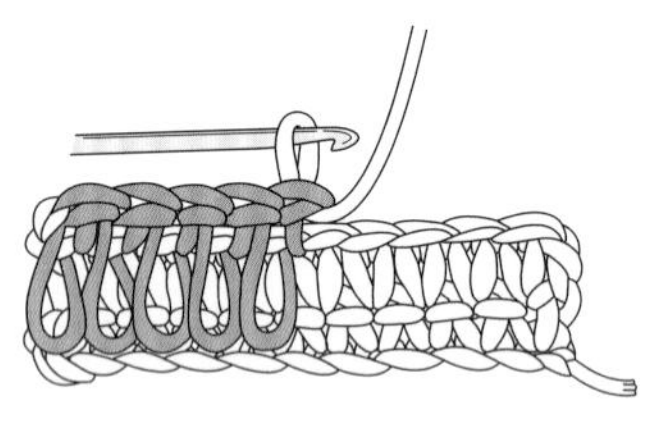

7 線環會在背面。從背面看的模樣。

長針的環編

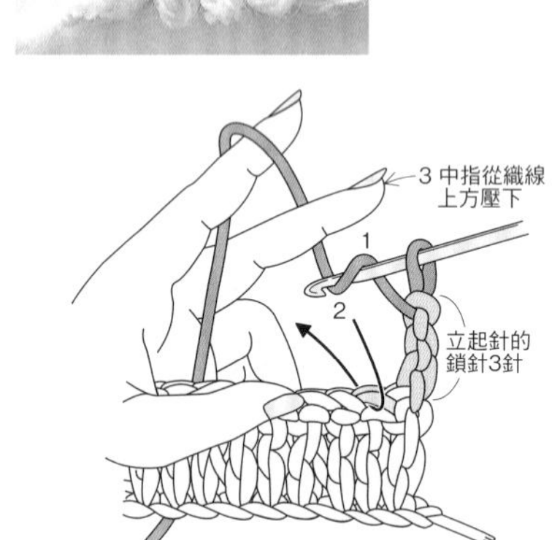

3 中指從織線上方壓下
1
2
立起針的鎖針3針

1 鉤針掛線，穿入前段針頭的2條線，再將左手中指從織線上方壓下。

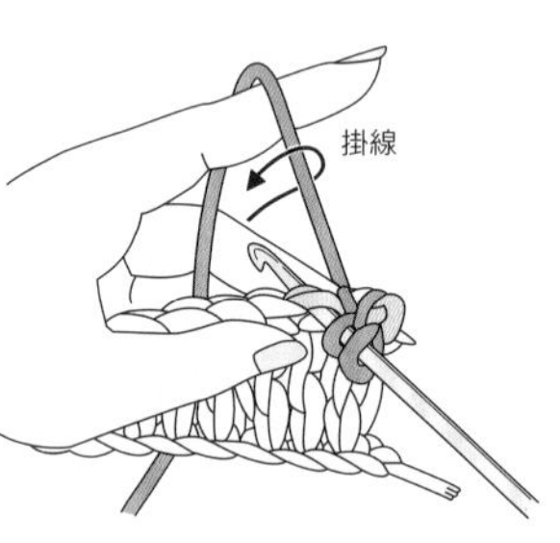

掛線

2 以左手中指壓住織線，依箭頭方向掛線。

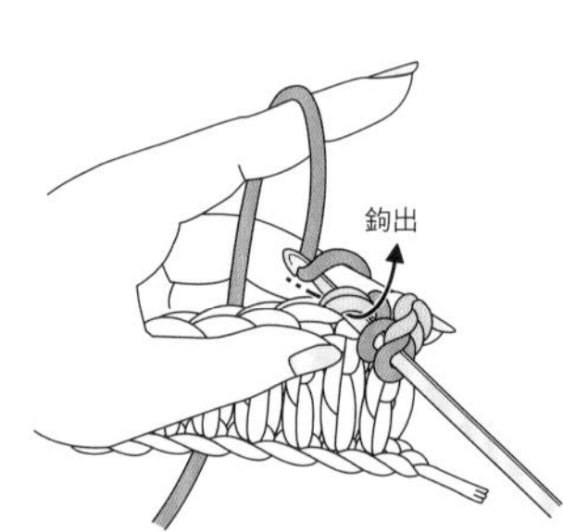

鉤出

3 鉤出織線。

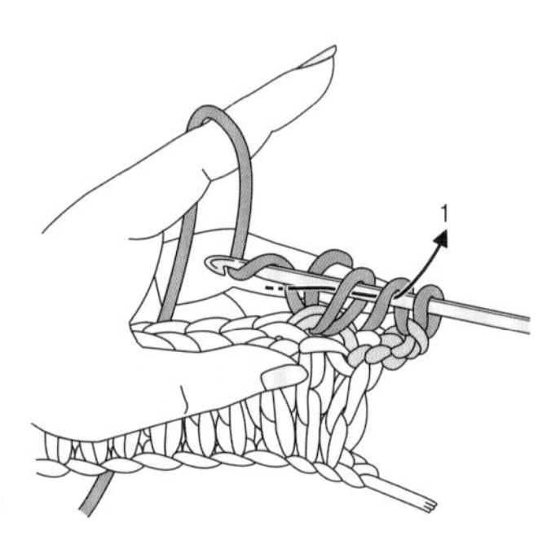

1

4 鉤針掛線，引拔針上的前2個線圈。

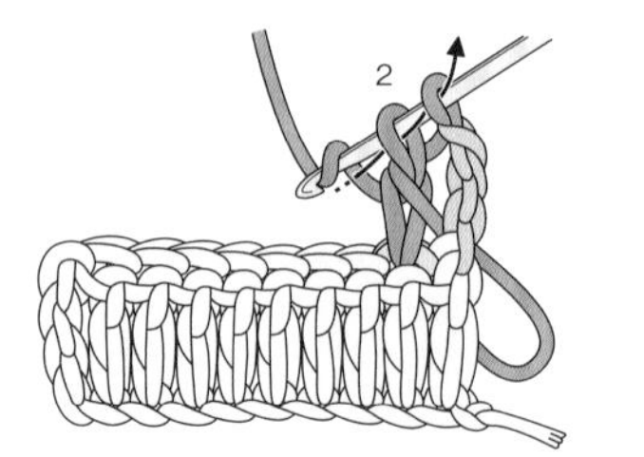

2

5 鉤針掛線，引拔針上的最後2個線圈，左手中指從針目裡移開。

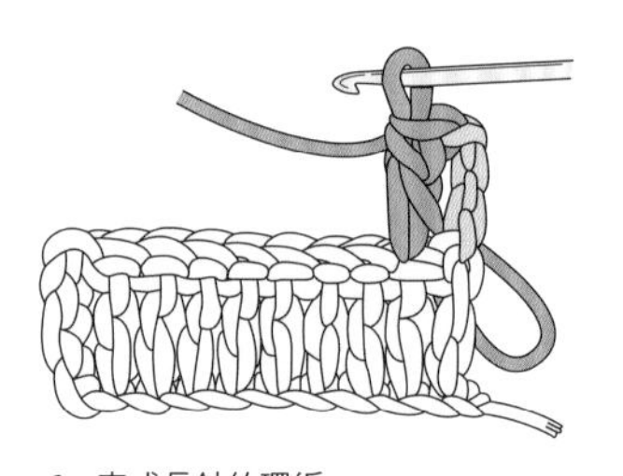

6 完成長針的環編。

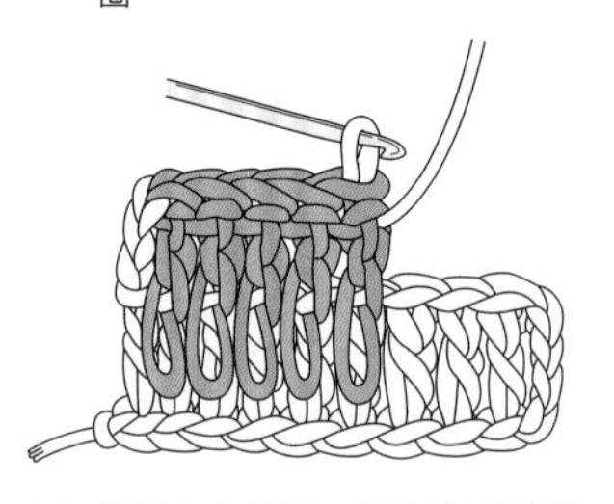

7 線環會在背面。從背面看的模樣。

鉤入串珠的方法

串珠要事先穿入織線中備用。
小型作品，事先將必要的串珠數量穿入即可，大型作品則是事先穿入一定數量的串珠，
待這部分的串珠織入後，再剪斷織線，另外穿入串珠繼續鉤織。

在鎖針鉤入串珠

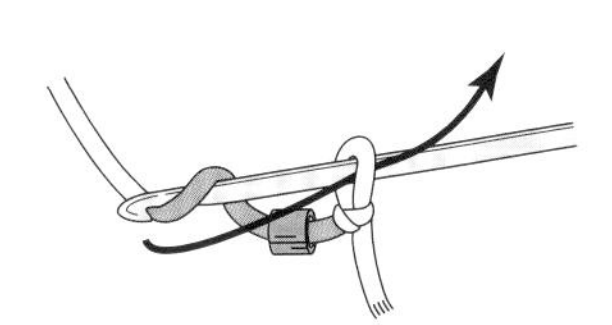

1 拉近串珠後，鉤針掛線鉤出。要確實拉緊織線，避免織線鬆脫。

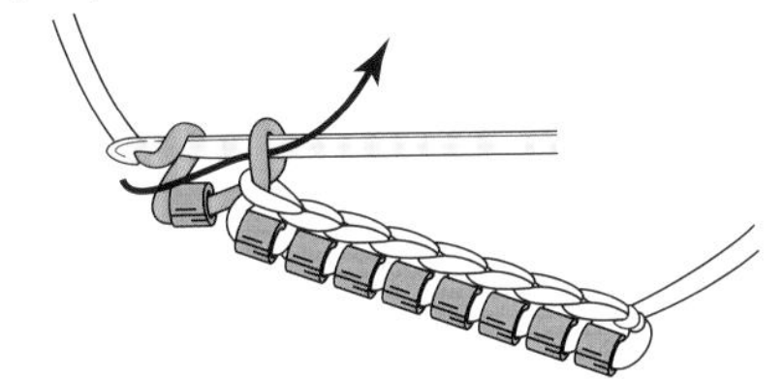

2 重複步驟1的織法。串珠會固定於鎖針裡山。

在短針鉤入串珠

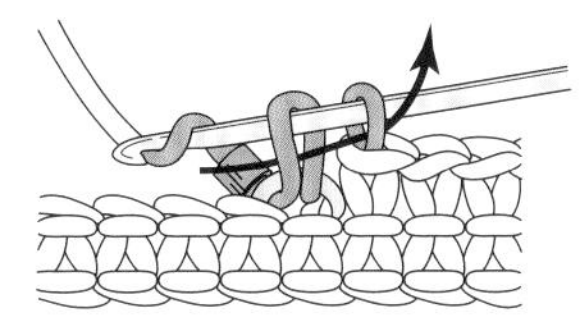

1 挑前段針目掛線引拔後，拉近串珠，鉤針再次掛線引拔。

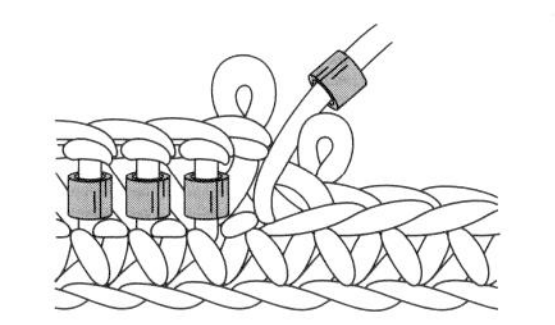

2 串珠會固定於短針的背面。

在中長針鉤入串珠

1 中長針鉤至未完成的狀態，拉近串珠後，鉤針掛線，一次引拔針上的3個線圈。

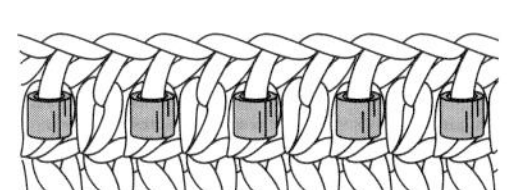

2 串珠會固定於中長針的背面。

在長針鉤入1顆串珠

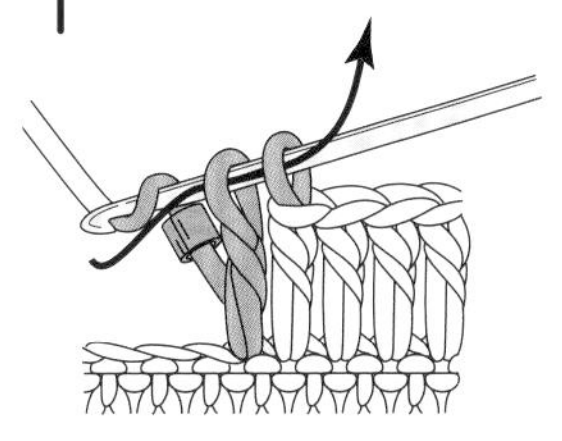

1 長針鉤至未完成的狀態，拉近串珠後，鉤針掛線，一次引拔針上的2個線圈。

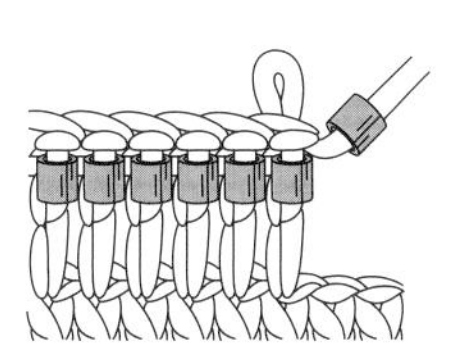

2 串珠會固定於長針的背面。

在長針鉤入2顆串珠

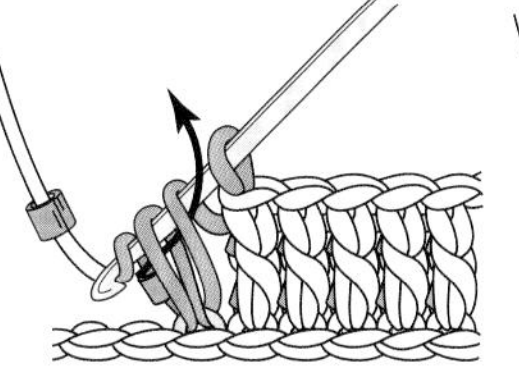

1 挑前段針目掛線引拔後，拉近1顆串珠，鉤針掛線，引拔針上前2個線圈。

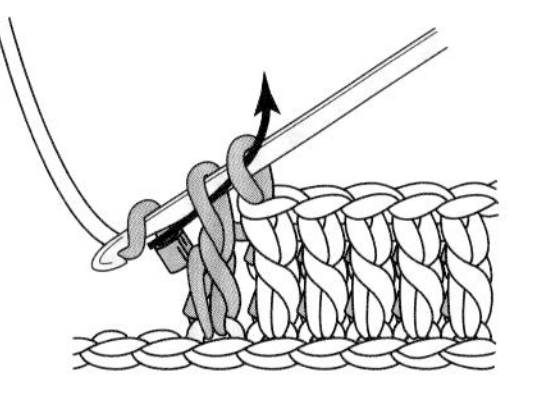

2 再拉近1顆串珠後，掛線引拔鉤針上的2個線圈。

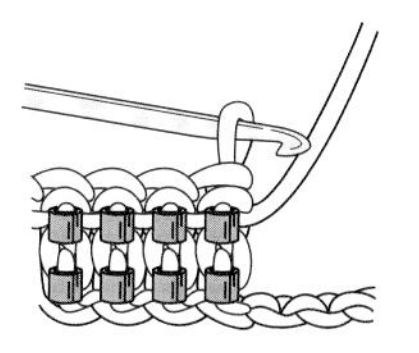

3 串珠會固定於長針的背面。

在長長針鉤入串珠

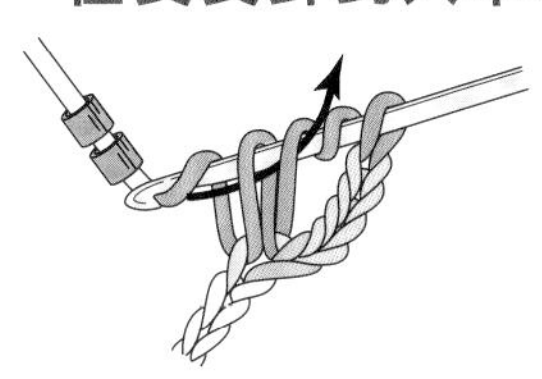

1 鉤針掛線2次，挑針掛線引拔，鉤針再次掛線，引拔針上前2個線圈。

2 拉近1顆串珠，掛線引拔針上前2個線圈。

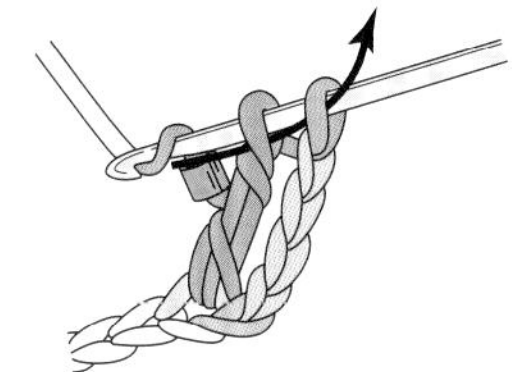

3 再拉近1顆串珠後，掛線引拔鉤針上的2個線圈。

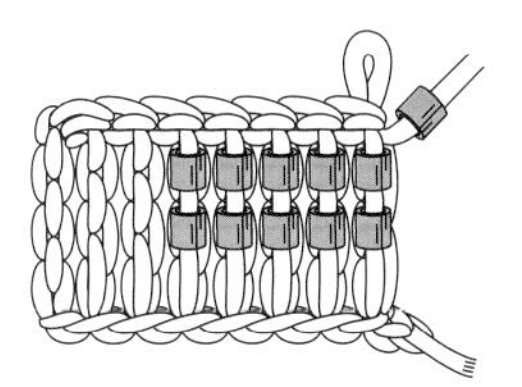

4 串珠會固定於長長針的背面。

織入圖案&
改換配色線的方法

織入圖案有橫向渡線的方法，

以及縱向渡線的方法。

若是鉤織1組花樣針數眾多的織入圖案，

則可以每個配色都從線球抽線鉤織。

改換配色線的方法
橫向渡線的短針織入圖案
橫向渡線的長針織入圖案
縱向渡線的長針織入圖案

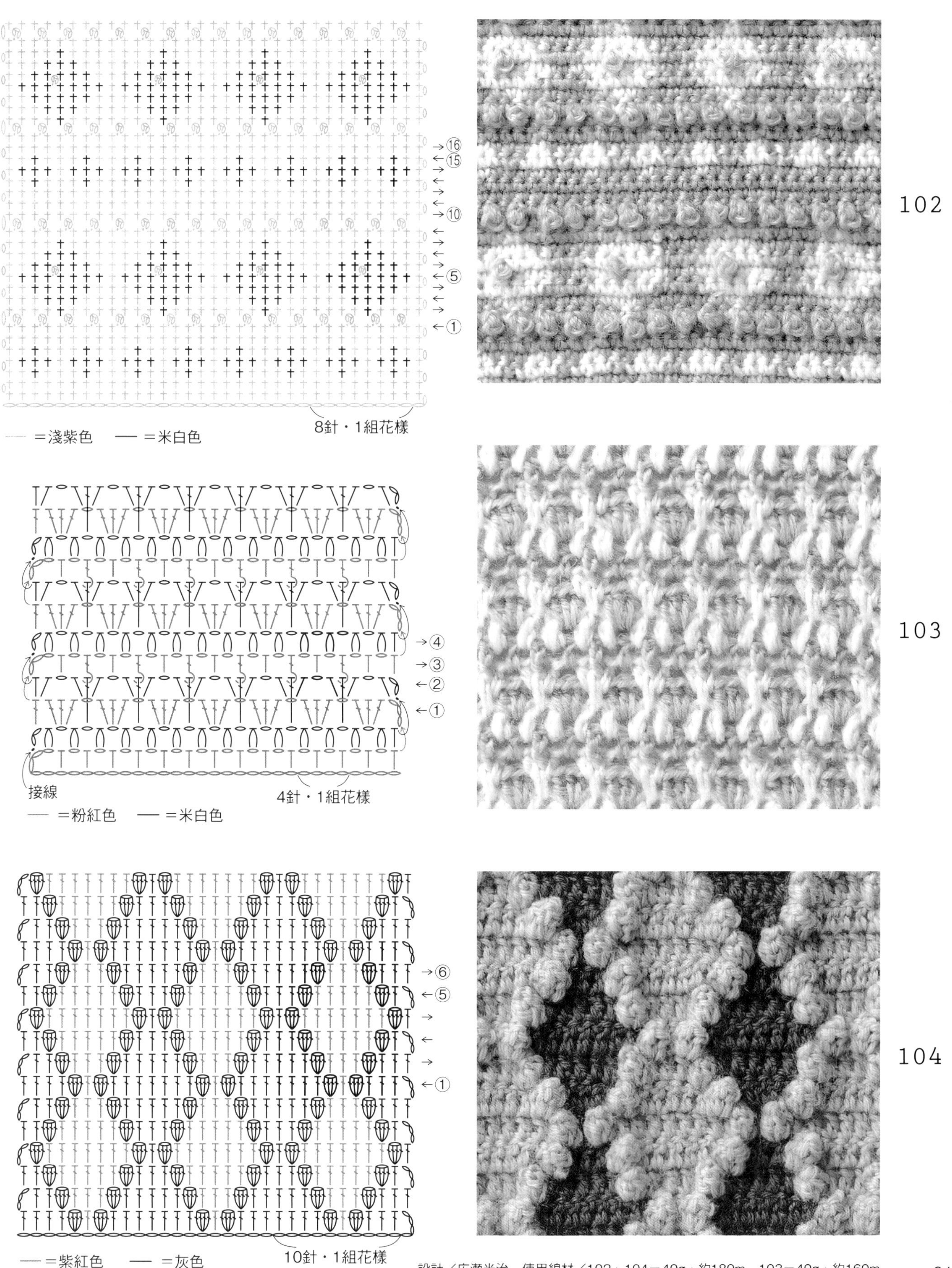
→⑯
←⑮
→⑩
←⑤
←①
8針・1組花樣
—— ＝淺紫色　—— ＝米白色
102
→④
→③
←②
←①
接線
4針・1組花樣
—— ＝粉紅色　—— ＝米白色
103
→⑥
←⑤
←①
10針・1組花樣
—— ＝紫紅色　—— ＝灰色
104

設計／広瀬光治　使用線材／102、104＝40g・約180m　103＝40g・約160m

105

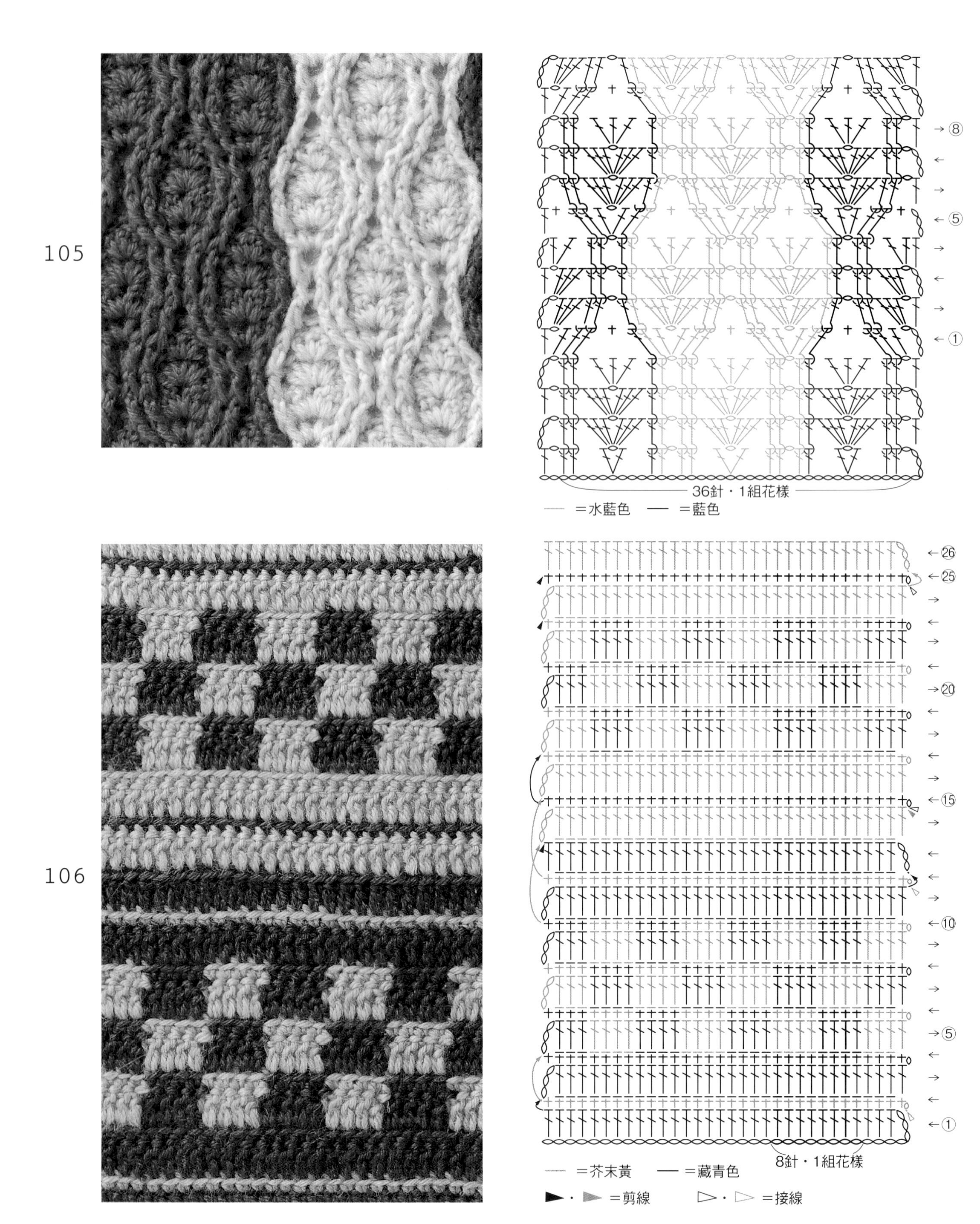

36針・1組花様
— ＝水藍色 — ＝藍色
→⑧
←⑤
←①
106
←㉖
←㉕
→⑳
←⑮
←⑩
→⑤
←①
8針・1組花樣
— ＝芥末黃 — ＝藏青色
▶・▶ ＝剪線 ▷・▷ ＝接線

設計／茂木三紀子　使用線材／40g・約160m

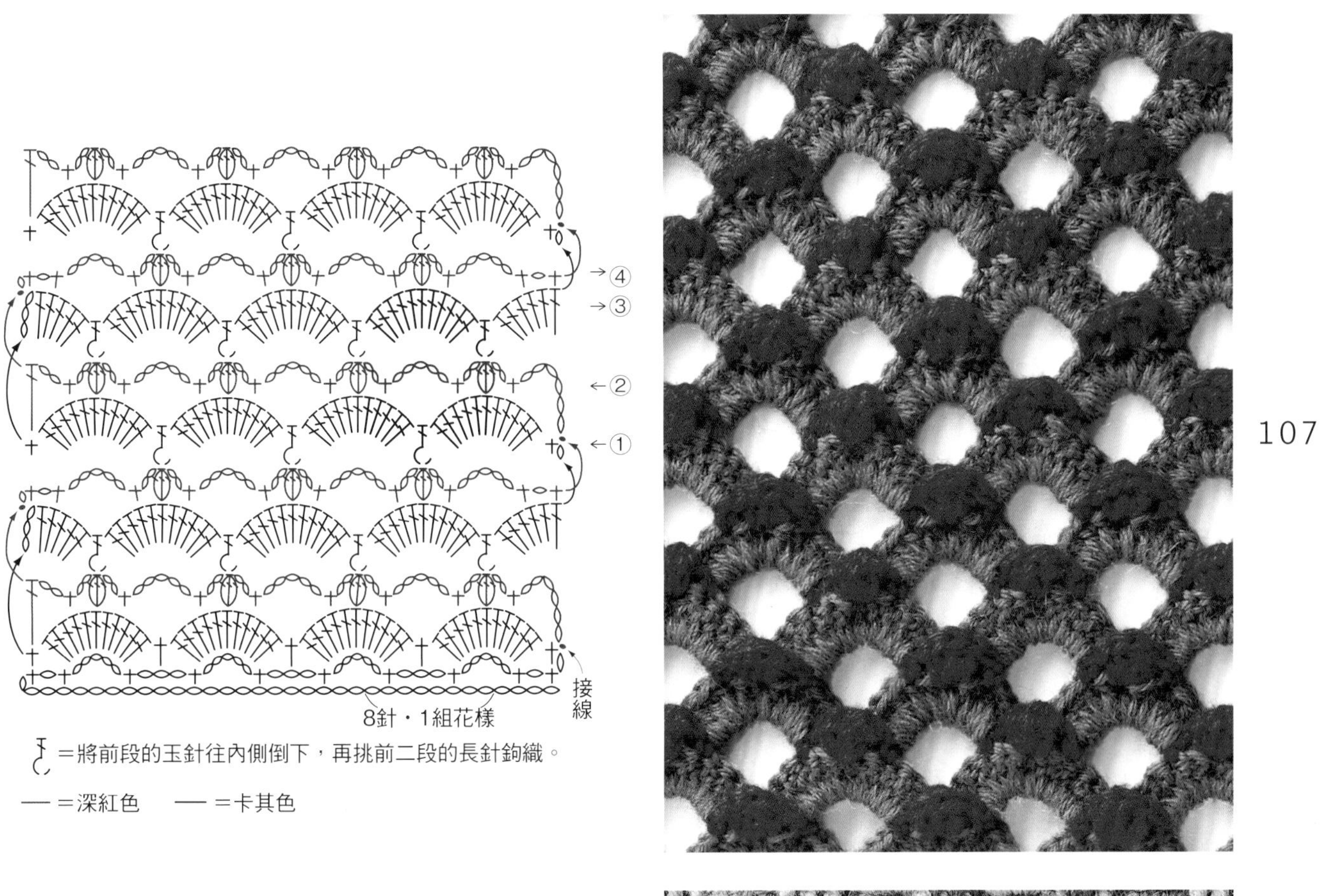
→④
→③
←②
←①
接線
8針・1組花樣

（長針記號）＝將前段的玉針往內側倒下，再挑前二段的長針鉤織。

── ＝深紅色　　── ＝卡其色

107

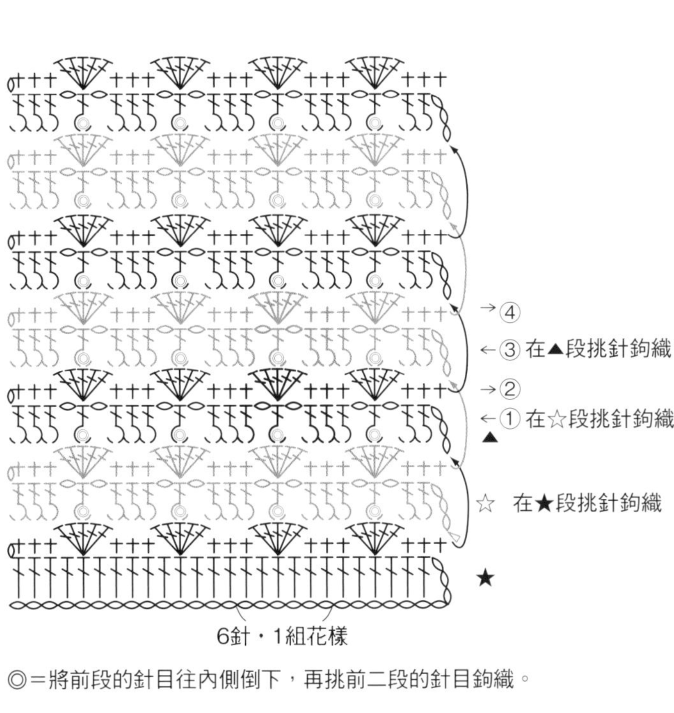
→④
←③ 在▲段挑針鉤織
→②
←① 在☆段挑針鉤織
▲
☆ 在★段挑針鉤織
★
6針・1組花樣

◎＝將前段的針目往內側倒下，再挑前二段的針目鉤織。

── ＝芥末黃　　── ＝亮綠色　　▷ ＝接線

108

設計／茂木三紀子　使用線材／40g・約180m

改換配色線的方法

每2段更換配色線時，不剪斷織線，直接在邊端更換色線進行鉤織。

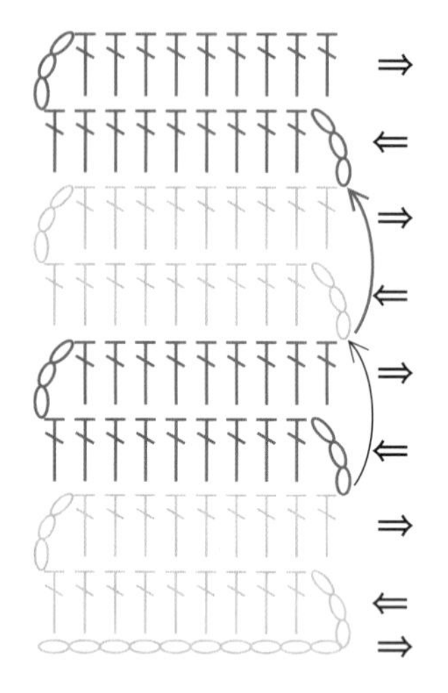

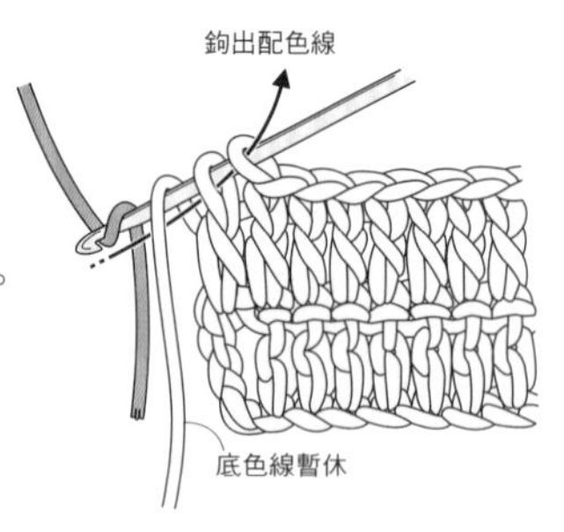

鉤出配色線
底色線暫休

1 底色線鉤至換線段最後一針的引拔時，要先將底色線由外往內掛在鉤針上，再以配色線引拔針上的所有線圈。

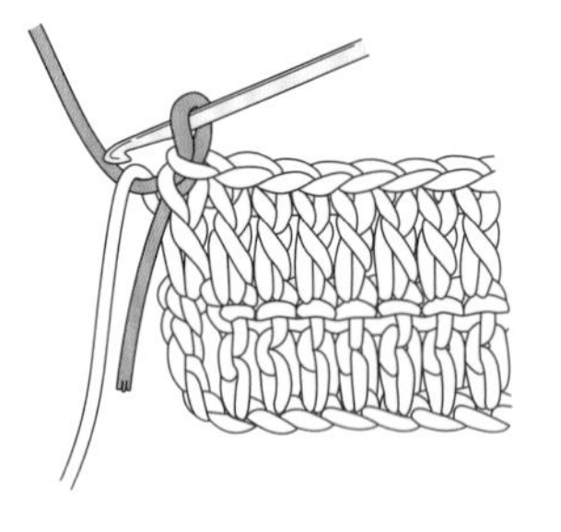

2 鉤出配色線的模樣。底色線暫休。

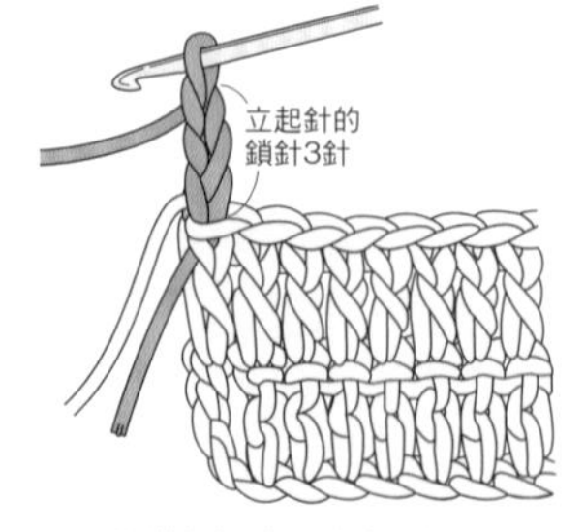

立起針的
鎖針3針

3 鉤織立起針的鎖針3針。

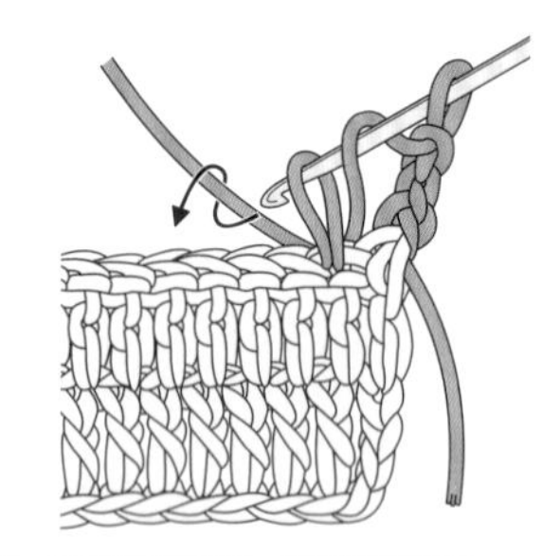

4 將織片翻面後，鉤織2段長針。

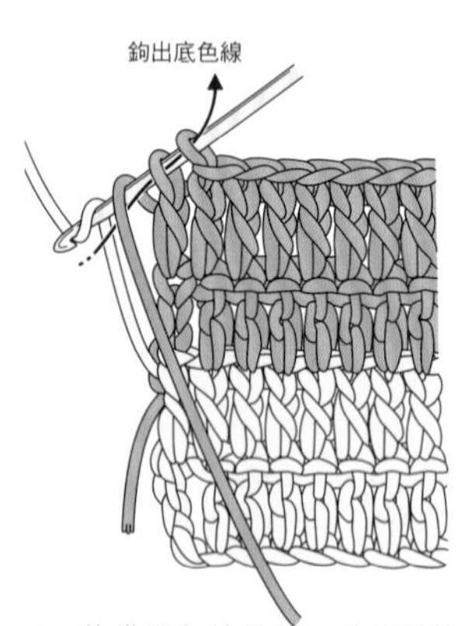

鉤出底色線

5 鉤織配色線最後一針的引拔時，即將暫休的配色線要先由外往內掛在鉤針上，再以底色線引拔針上的所有線圈。

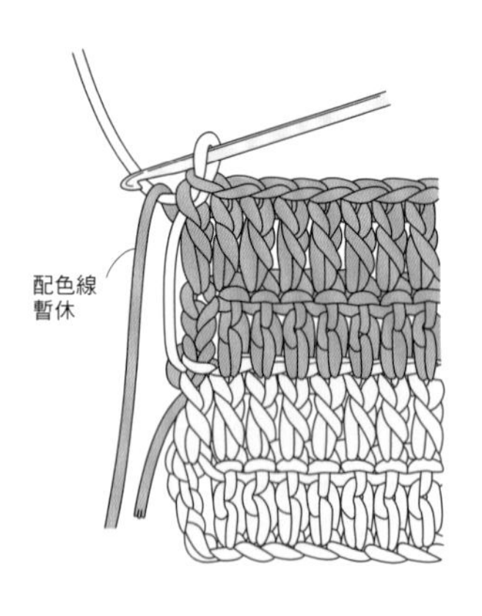

配色線
暫休

6 鉤出底色線的模樣。配色線暫休。

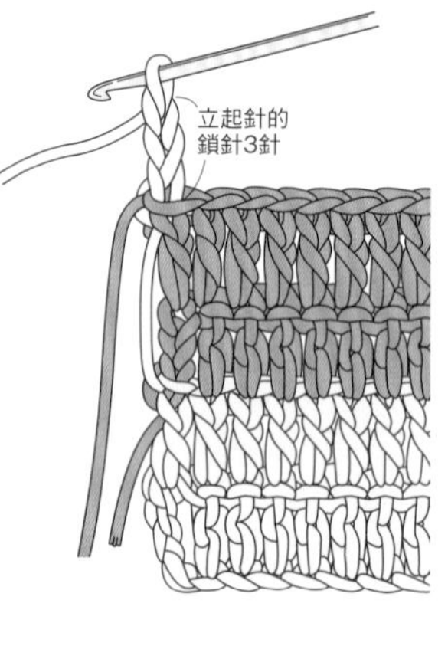

立起針的
鎖針3針

7 鉤織立起針的鎖針3針，以底色線鉤織2段長針。

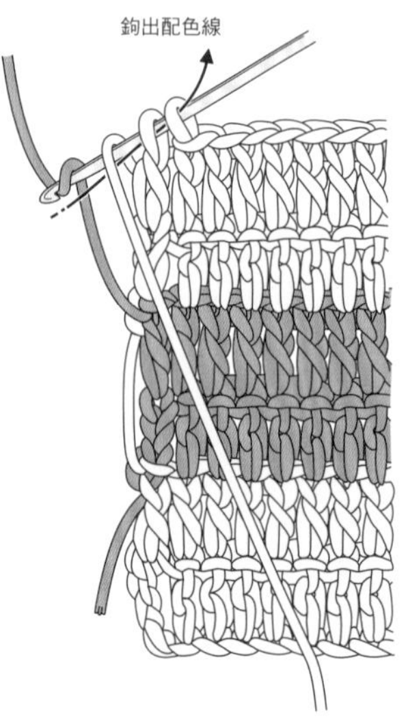

鉤出配色線

8 鉤織底色線最後一針的引拔時，要將底色線由外往內掛在鉤針上，再以配色線引拔針上的所有線圈。

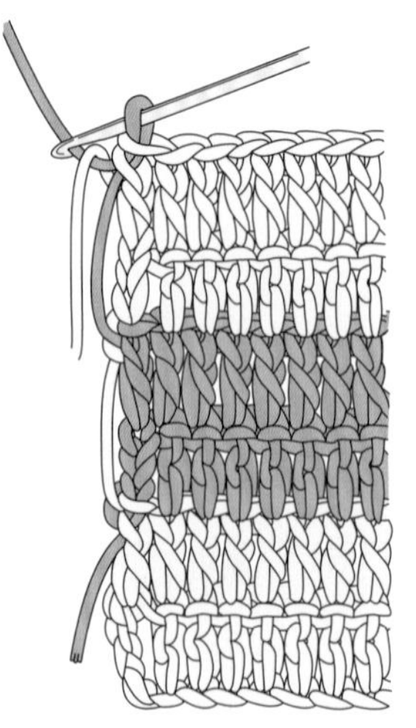

9 鉤出配色線的模樣。底色線暫休。

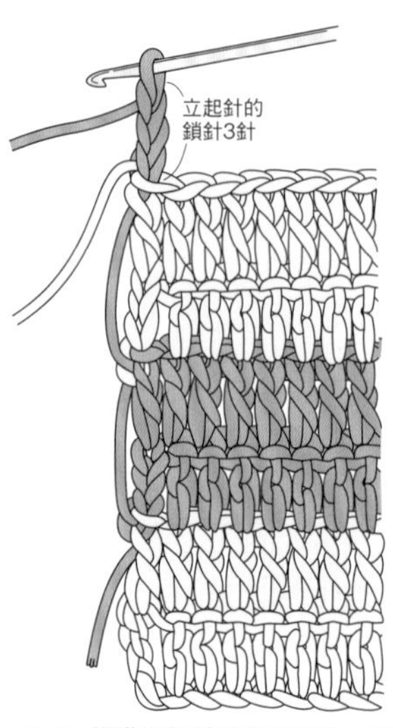

立起針的
鎖針3針

10 鉤織立起針的鎖針3針，再將織片翻面。重複步驟3～9。

藏線

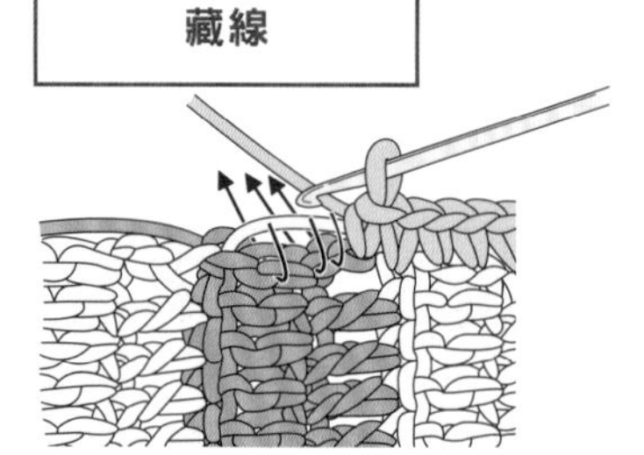

位於邊端的換色渡線，在鉤織緣編時一併挑起，包夾於針目中即可。

橫向渡線的短針織入圖案

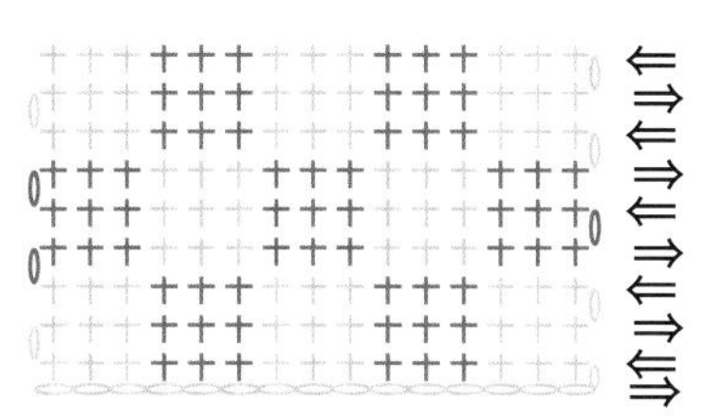

第1段

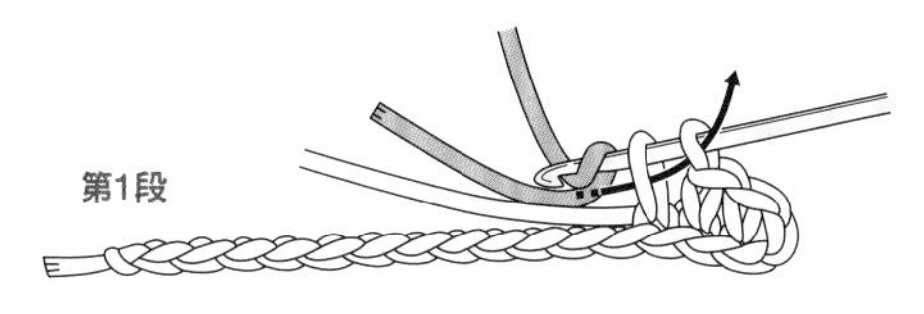

1 鉤織底色線最後一針的引拔時，改換成配色線。

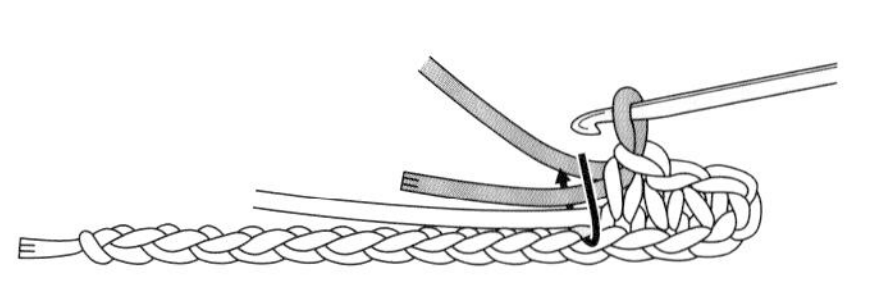

2 配色線的第1針是一併挑起底色線與配色線的線頭，再掛線鉤出。

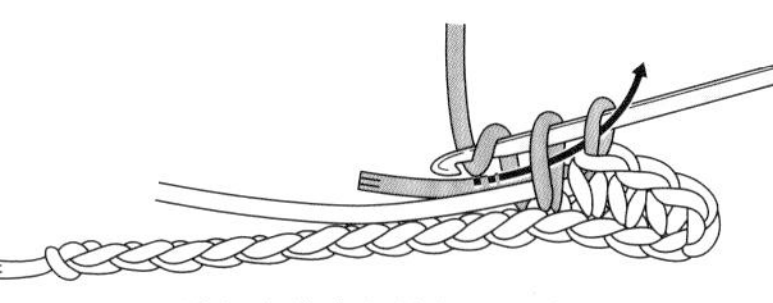

3 一邊包夾著底色線與配色線頭，一邊以配色線鉤織短針。

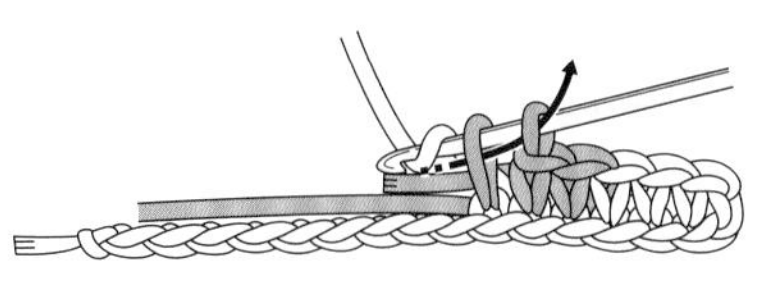

4 鉤織配色線最後一針的引拔時，換成底色線。

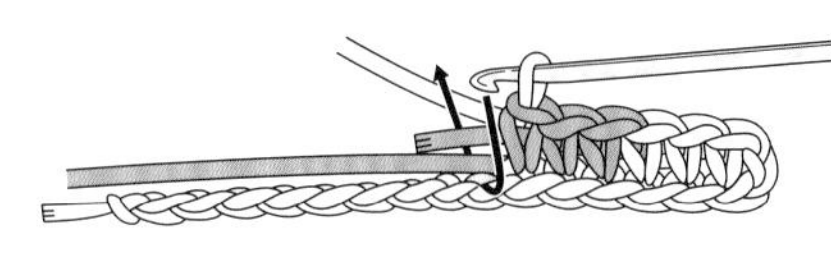

5 一邊包夾著配色線線頭與織線，一邊以底色線鉤織短針。

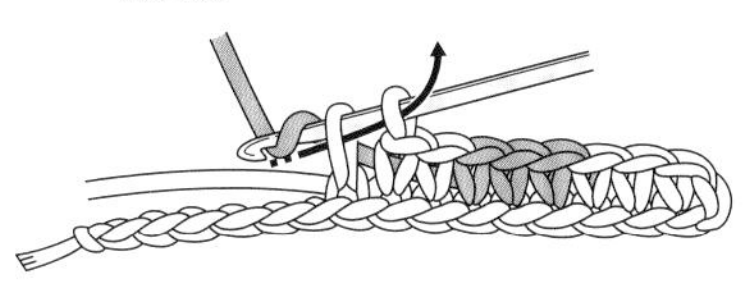

6 接下來換配色線時，織法同步驟1。

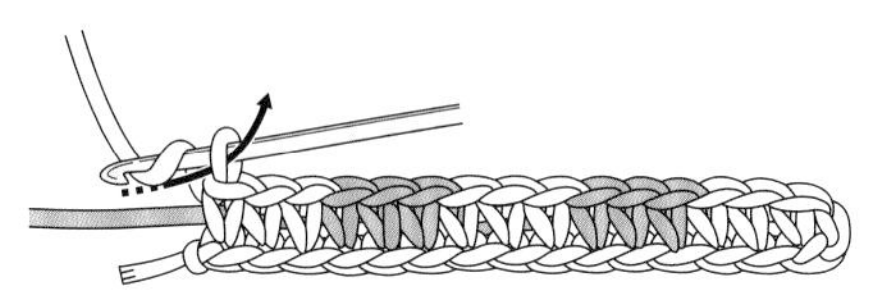

7 織到終點時，鉤織下一段立起針的1針鎖針。

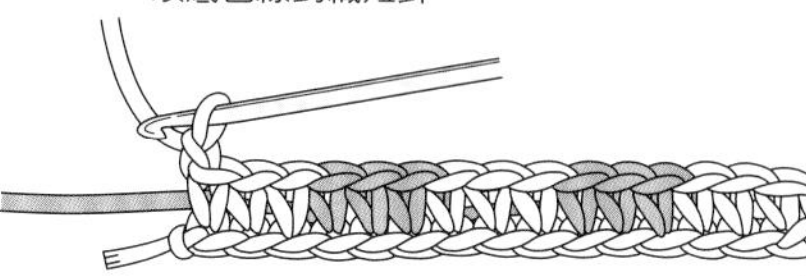

8 依箭頭指示將織片翻面。

第2段（背面）

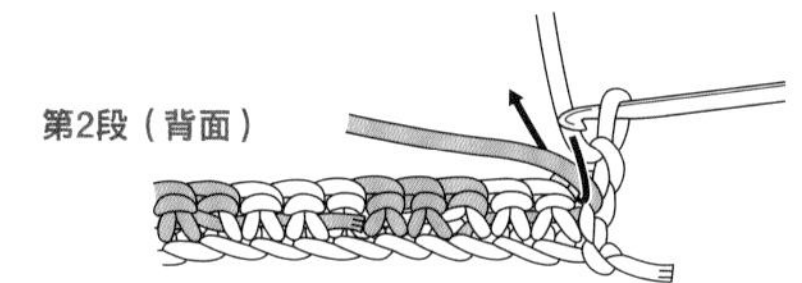

1 將配色線拉至內側，一邊以底色線包夾著配色線，一邊鉤織短針。

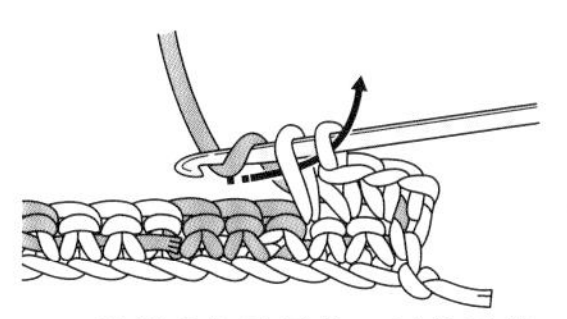

2 鉤織底色線最後一針的引拔時，改換成配色線。以鉤織第1段相同的訣竅，完成第2段。

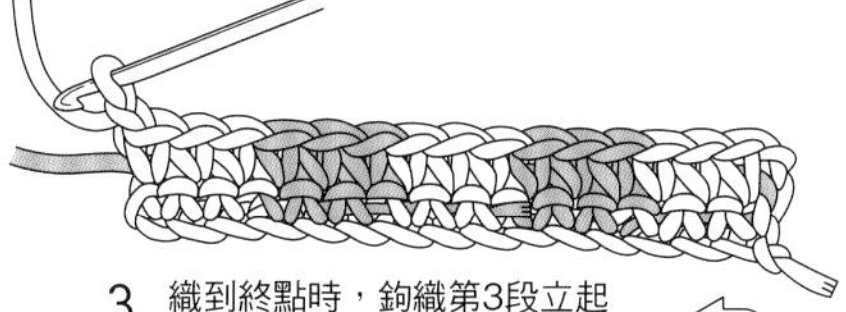

3 織到終點時，鉤織第3段立起針的1針鎖針，再依箭頭指示將織片翻面。

第3段（正面）

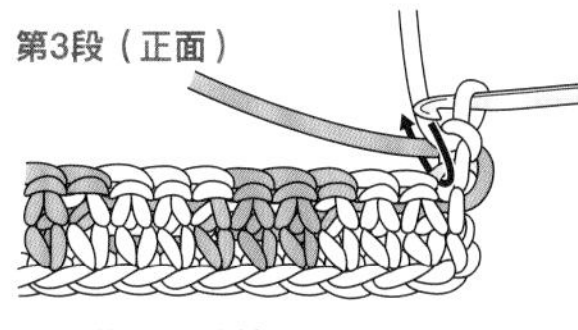

1 將配色線拉至外側，一邊以底色線包夾著配色線，一邊鉤織短針。

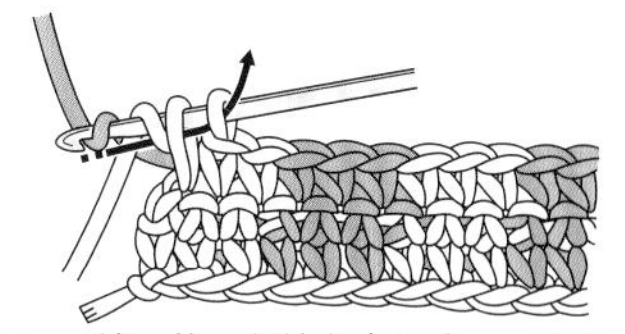

2 一邊更換配色線與底色線，一邊織到終點。鉤織第3段最後一針的引拔時，改換成配色線。此時要先將底色線由內往外掛在鉤針上，再以配色線引拔針上的所有線圈。

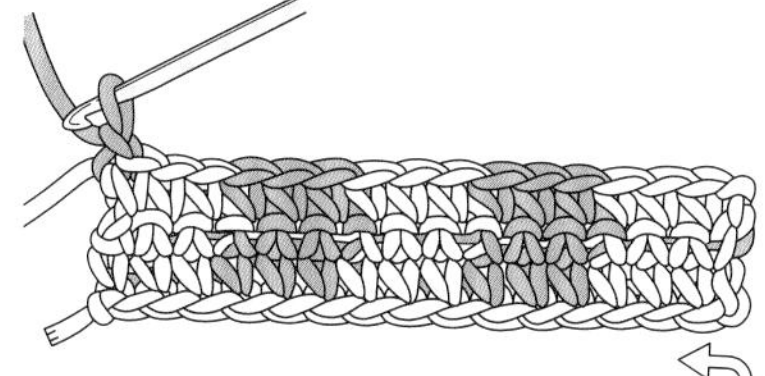

3 鉤織第4段立起針的1針鎖針，再依箭頭指示將織片翻面。

第4段以後

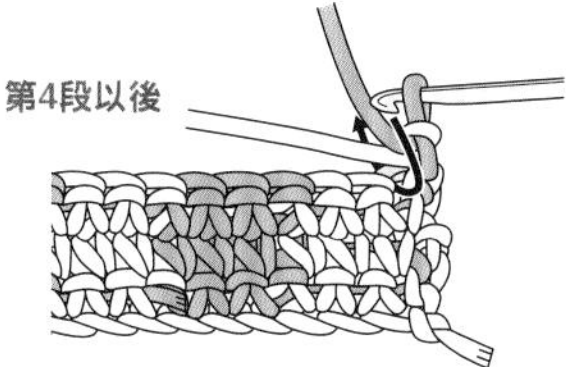

1 第4段的起編，首先將底色線拉至內側，一邊以配色線包夾著底色線，一邊鉤織短針。

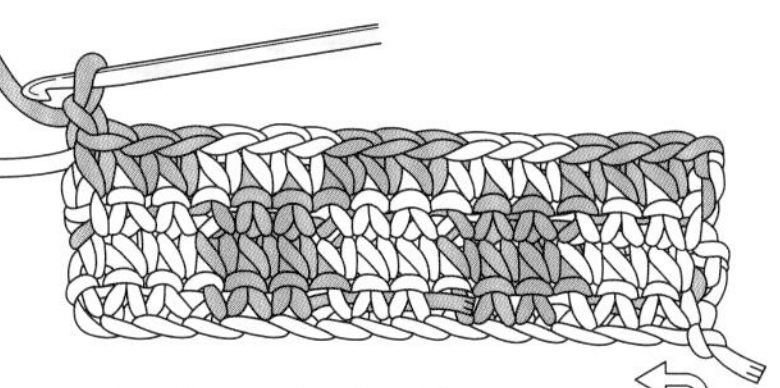

2 一邊更換配色線與底色線，一邊織到終點。並且以配色線鉤織第5段立起針的1針鎖針，再依箭頭指示將織片翻面。

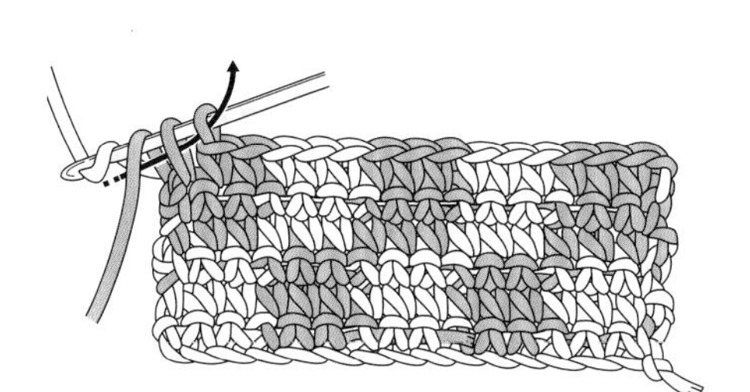

3 第6段的最後一針，是先將配色線由外往內掛在鉤針上，再以底色線引拔針上的所有線圈。

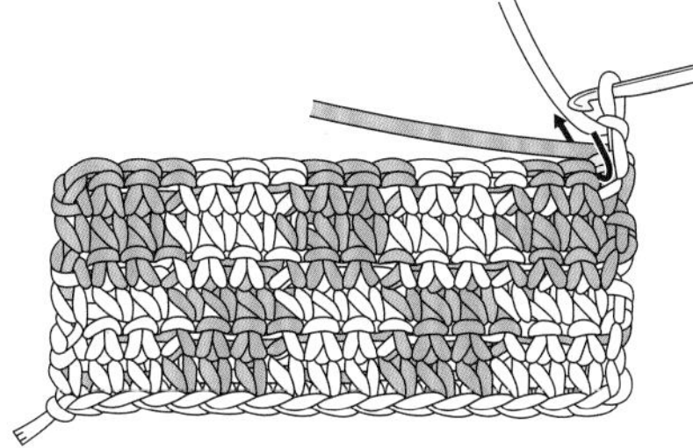

4 第7段的起編，先將配色線拉至外側，一邊以底色線包夾著配色線，一邊鉤織短針。

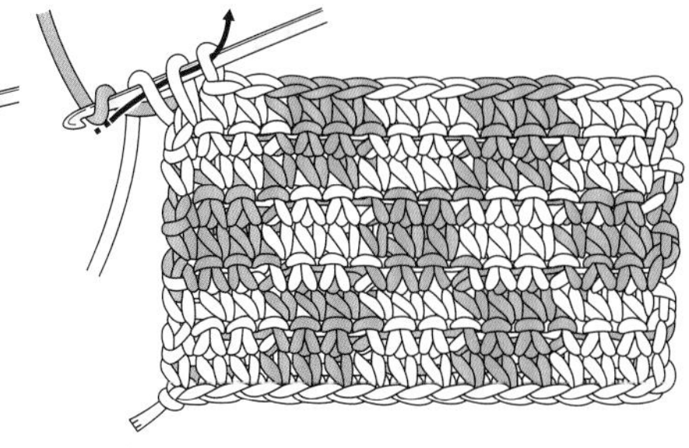

5 鉤織第9段最後一針的引拔時，更換成配色線。此時要先將底色線由內往外掛在鉤針上，再以配色線引拔針上的所有線圈。

橫向渡線的長針織入圖案

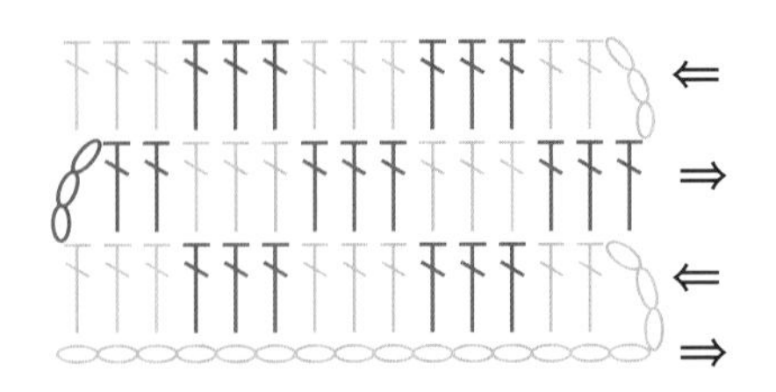

第1段

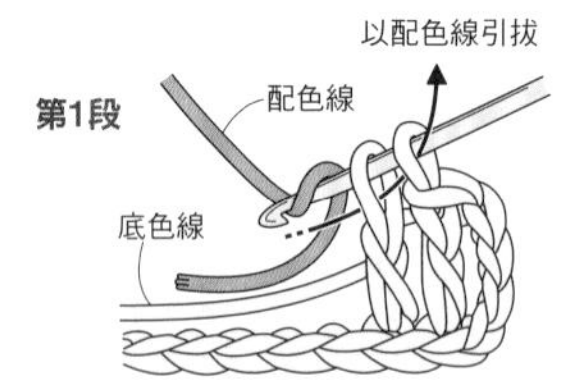

以配色線引拔
配色線
底色線

1 鉤織底色線最後一針的引拔時，改換成配色線。底色線暫休，配色線掛在鉤針上，再以底色線一次引拔鉤針上的2個線圈。

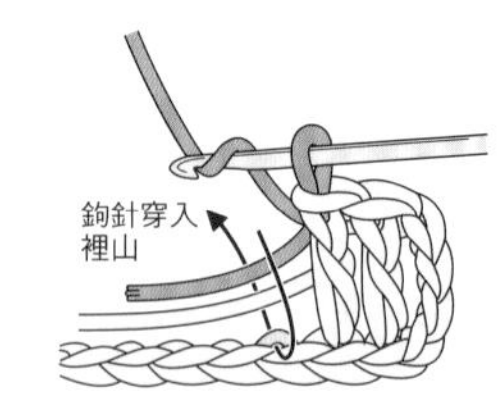

鉤針穿入
裡山

2 鉤針掛線，開始鉤織配色線的第1針，在鎖針裡山挑針，同時一併挑起底色線與配色線的線頭，鉤出織線。

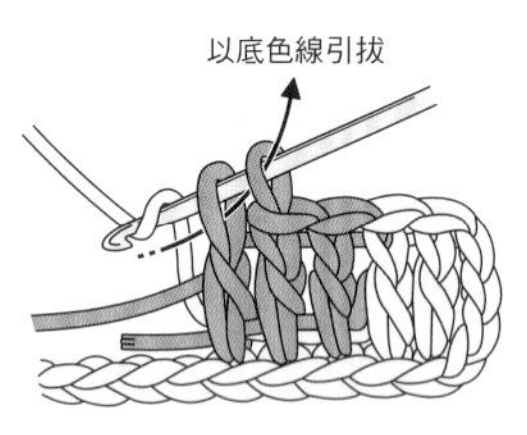

以底色線引拔

3 一邊以配色線包裹底色線與配色線，一邊鉤織長針。鉤織配色線最後一針的引拔時，以底色線引拔針上的2個配色線線圈。

4 鉤針掛底色線，穿入鎖針裡山，一併挑起配色線之後，鉤織長針。

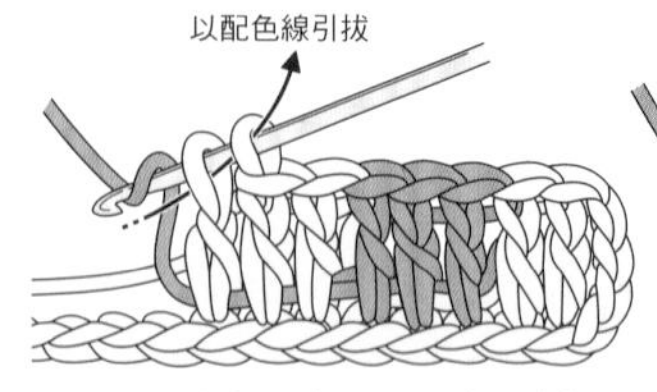

鉤針穿入
裡山
以配色線引拔

5 鉤織底色線最後一針的引拔時，改掛配色線引拔針上的2個底色線線圈。一邊以配色線包裹底色線，一邊鉤織長針。

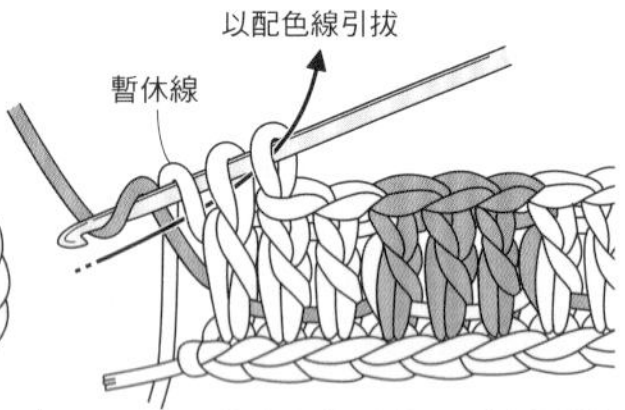

以配色線引拔
暫休線

6 鉤織底色線最後一針的引拔時，將底色線由內往外掛在鉤針上，再以配色線引拔針上的2個底色線線圈。

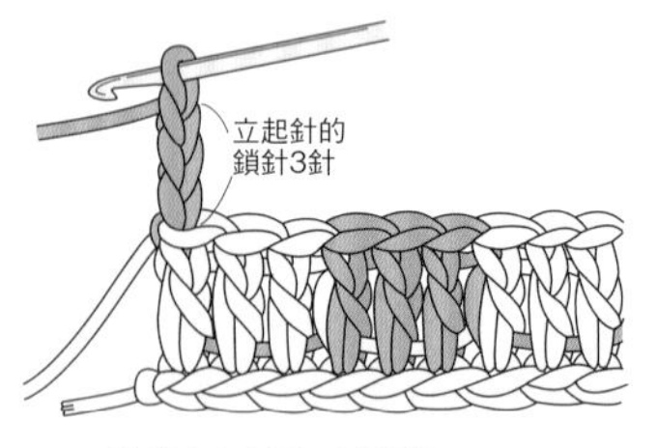

立起針的
鎖針3針

7 鉤織立起針的3針鎖針。

第2段

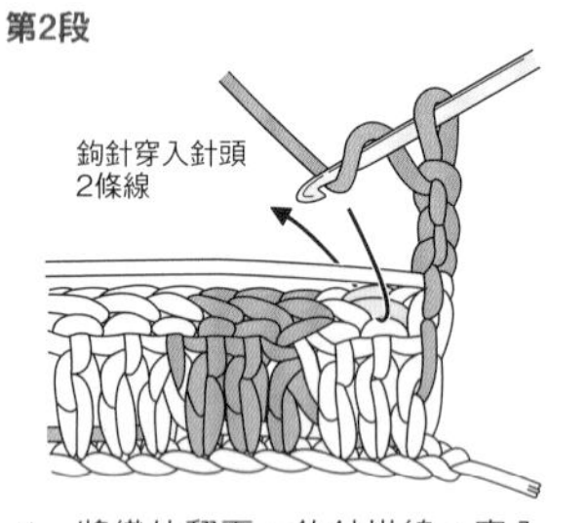

鉤針穿入針頭
2條線

1 將織片翻面，鉤針掛線，穿入前段針頭的2條線。

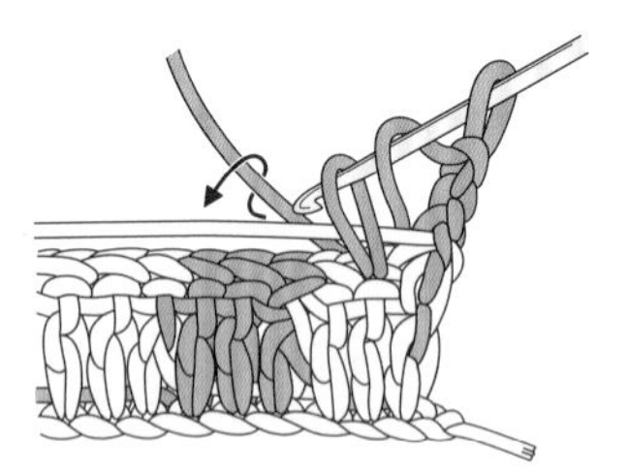

2 包裹底色線，鉤織長針。

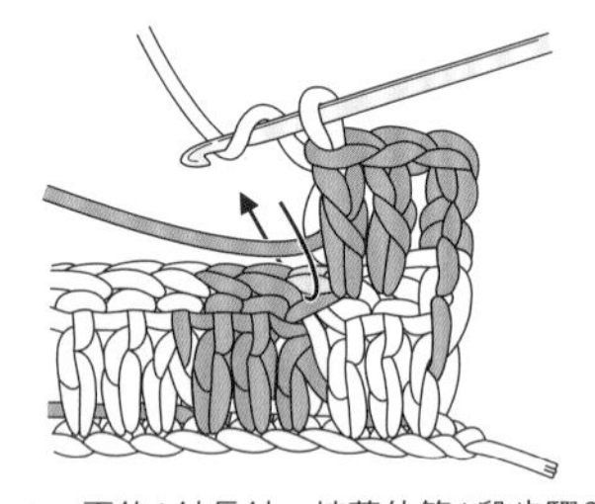

3 再鉤1針長針，接著依第1段步驟3的要領，更換底色線。一邊包裹配色線，一邊鉤織長針。

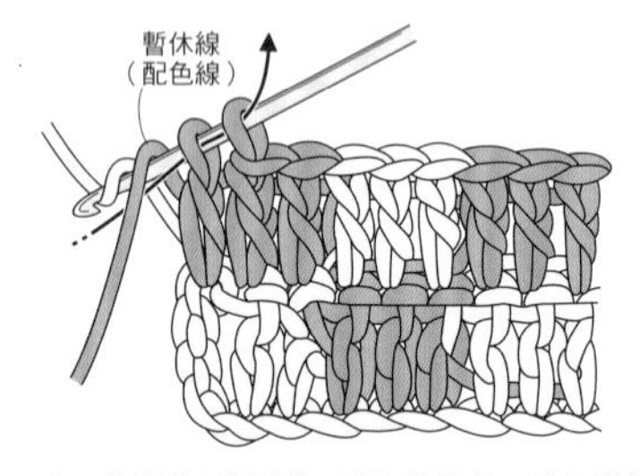

暫休線
（配色線）

4 鉤織第2段終點，配色線最後一針的引拔時，將配色線由外往內掛在鉤針上，再以底色線引拔針上的2個配色線線圈。鉤織立起針的3針鎖針，再將織片翻面。

第3段

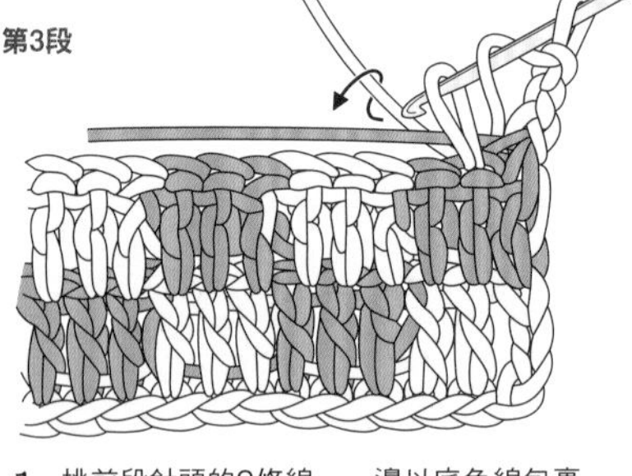

1 挑前段針頭的2條線，一邊以底色線包裹配色線，一邊鉤織長針。

2 再鉤1針長針，接著依第1段步驟5的要領，更換為配色線。

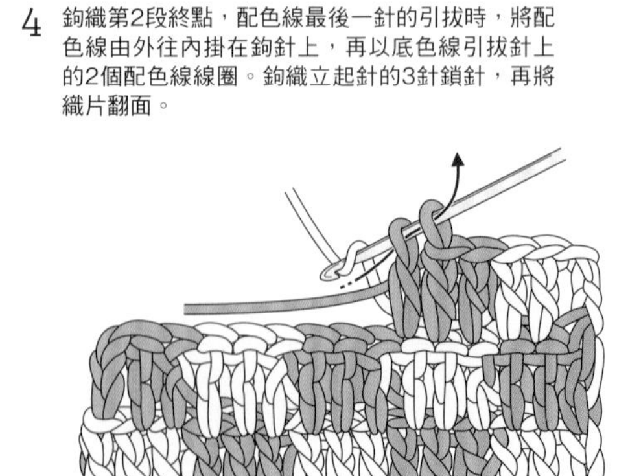

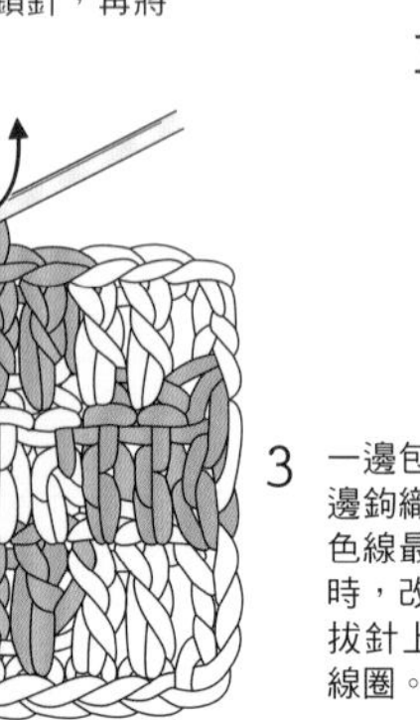

3 一邊包裹底色線，一邊鉤織長針。鉤至配色線最後一針的引拔時，改掛底色線，引拔針上的2個配色線線圈。

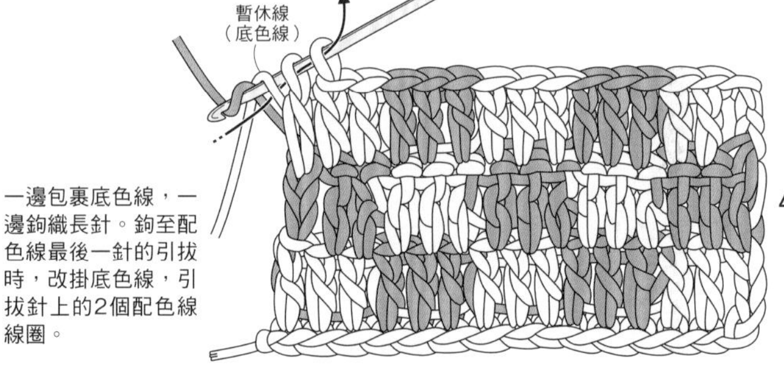

暫休線
（底色線）

4 鉤織第3段終點，底色線最後一針的引拔時，將底色線由內往外掛在鉤針上，再以配色線引拔針上的2個底色線線圈。

縱向渡線的長針織入圖案

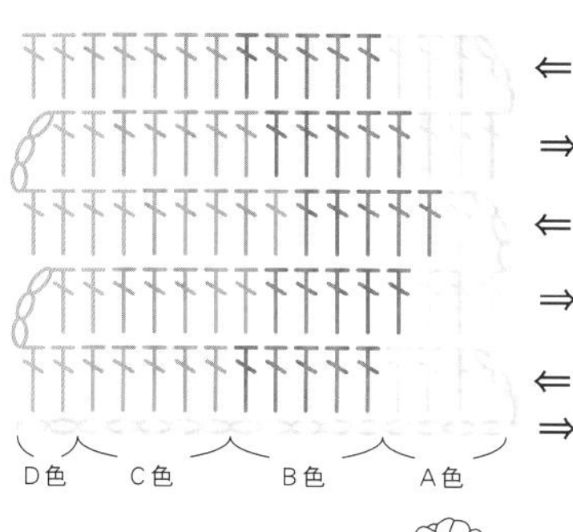

⇐
⇒
⇐
⇒
⇐
⇒
D色
C色
B色
A色

第1段

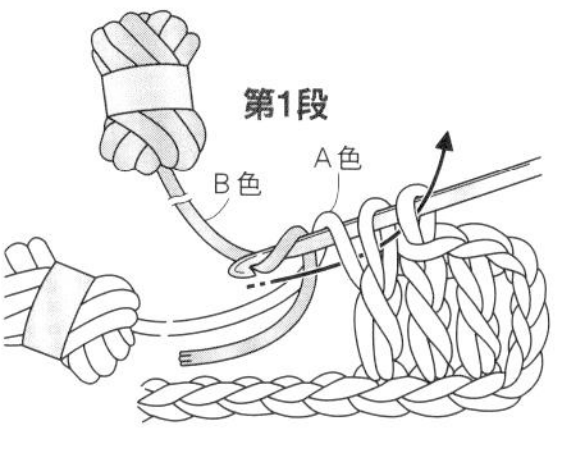

B色
A色

1 鉤至A色最後一針的引拔時，更換成B色。將A色由內往外掛在鉤針上，再以B色引拔A色的2個線圈。A色暫休。

2 以B色掛線，挑針時一併包裹B色線頭，鉤織長針。

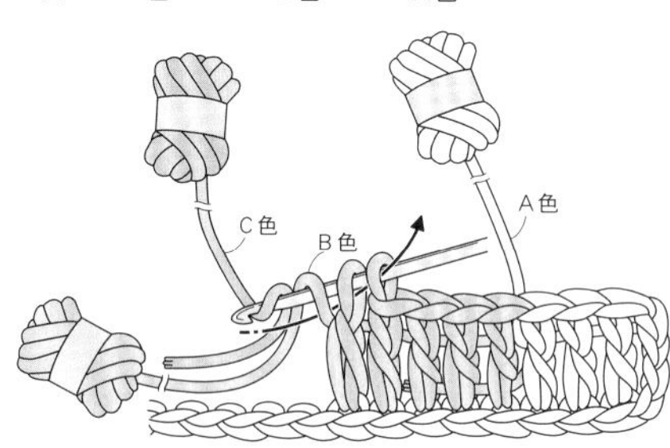

C色
B色
A色

3 鉤至B色最後一針的引拔時，更換成C色。將B色由內往外掛在鉤針上，再以C色引拔B色的2個線圈。B色暫休。

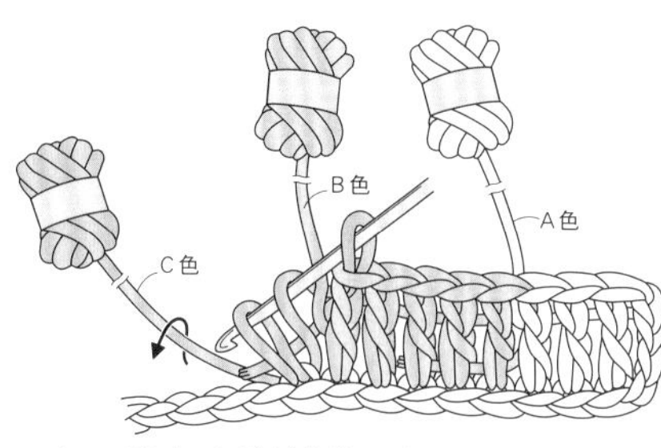

B色
A色
C色

4 一邊以C色挑針鉤織長針，一邊包裹C色線頭。

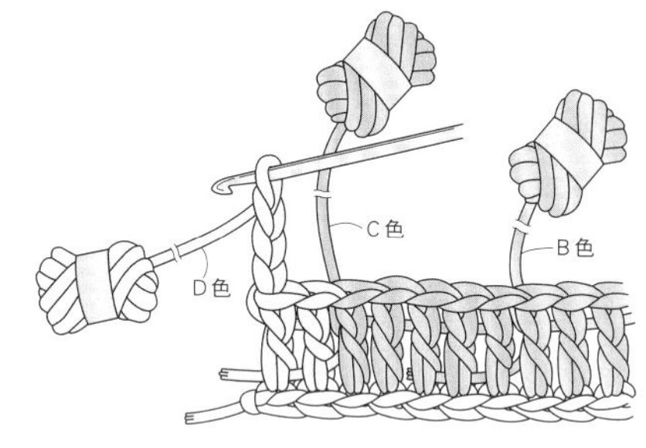

C色
B色
D色

5 鉤至C色最後一針的引拔時，同步驟1、3更換成D色。一邊挑針鉤織2針長針，一邊包裹D色線頭。以D色鉤織立起針的3針鎖針後，將織片翻面。此時線球織線分別固定在織片上。

第2段

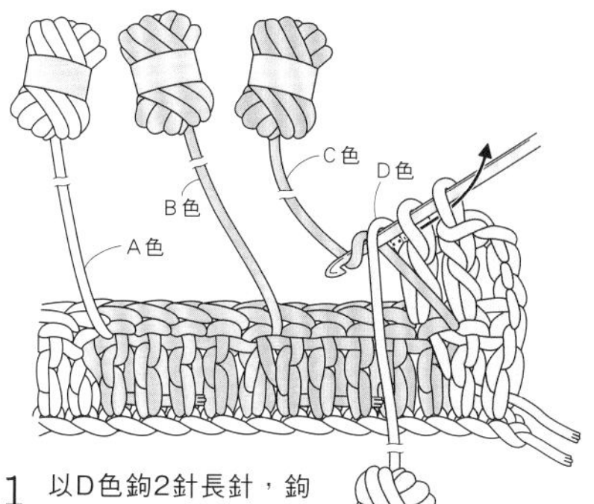

C色
D色
B色
A色

1 以D色鉤2針長針，鉤至第2針最後的引拔時，將D色由外往內掛在鉤針上，再以C色引拔D色的2個線圈。

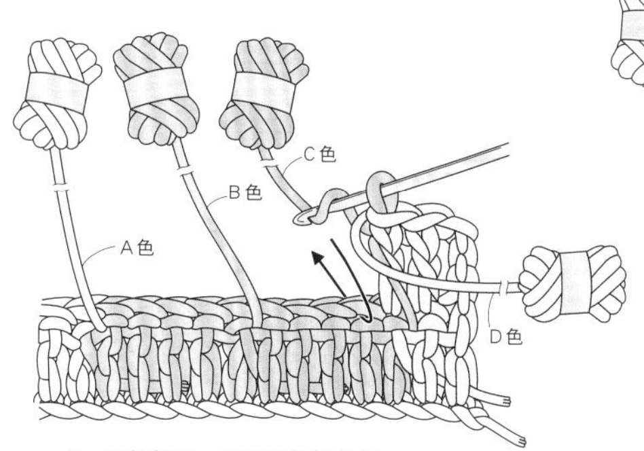

C色
B色
A色
D色

2 D色暫休，以C色鉤織長針。

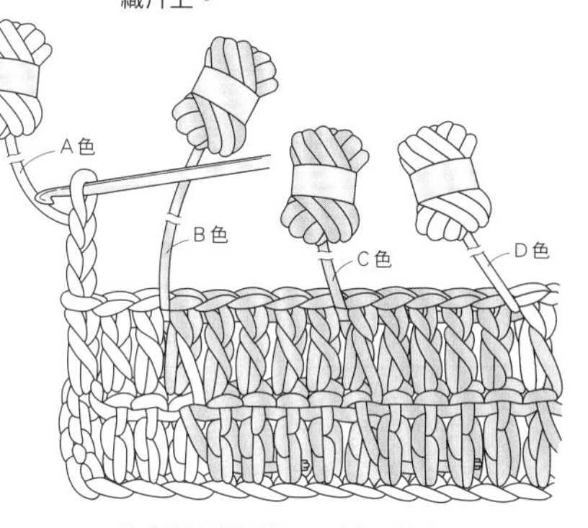

A色
B色
C色
D色

3 依步驟1的要領，一邊更換各色織線，一邊織到段終點。最後以A色鉤織立起針的3針鎖針，再將織片翻面。此時線球織線呈交叉狀。

第3段以後

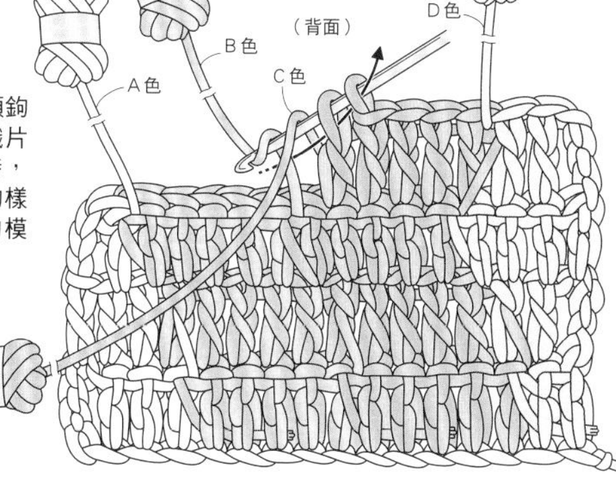

（背面）
D色
B色
C色
A色

1 雖是依照1、2段的要領鉤織，但渡線一定是在織片背面。鉤織到第3段時，線球織線又會是直順的樣子。此為鉤至第4段的模樣。

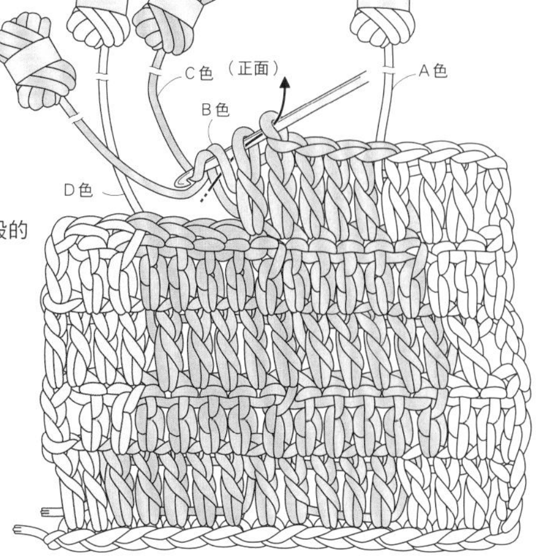

C色
（正面）
A色
B色
D色

2 鉤織至第5段的模樣。

緣飾
（短針變化款）

最常運用在織片的最終段，由於本身具有足夠的厚度，因此最適合作為緣飾。

逆短針是由左往右鉤織，掛線短針、扭短針則是由右往左鉤織。

逆短針
逆短針變化款（挑2針）
逆短針變化款（挑1針）
扭短針
引上扭短針
掛線短針

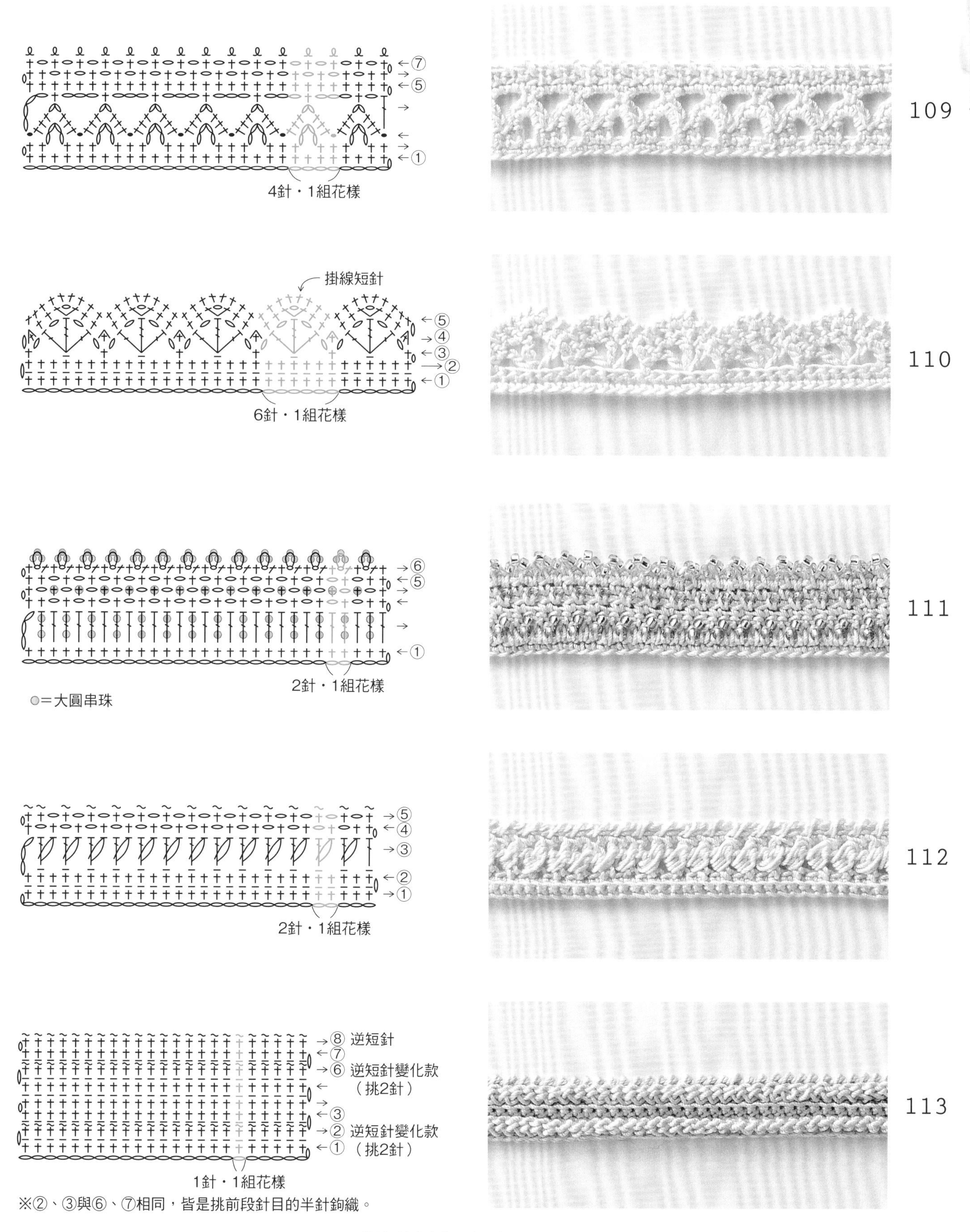
⑦
⑤
①
4針・1組花樣
109
掛線短針
⑤
④
③
②
①
6針・1組花樣
110
⑥
⑤
①
2針・1組花樣
●＝大圓串珠
111
⑤
④
③
②
①
2針・1組花樣
112
⑧ 逆短針
⑦
⑥ 逆短針變化款
（挑2針）
③
② 逆短針變化款
（挑2針）
①
1針・1組花樣
113

※②、③與⑥、⑦相同，皆是挑前段針目的半針鉤織。

設計／広瀬光治　使用線材／109、110、112＝50g・約218m　111、113＝20g・約88m

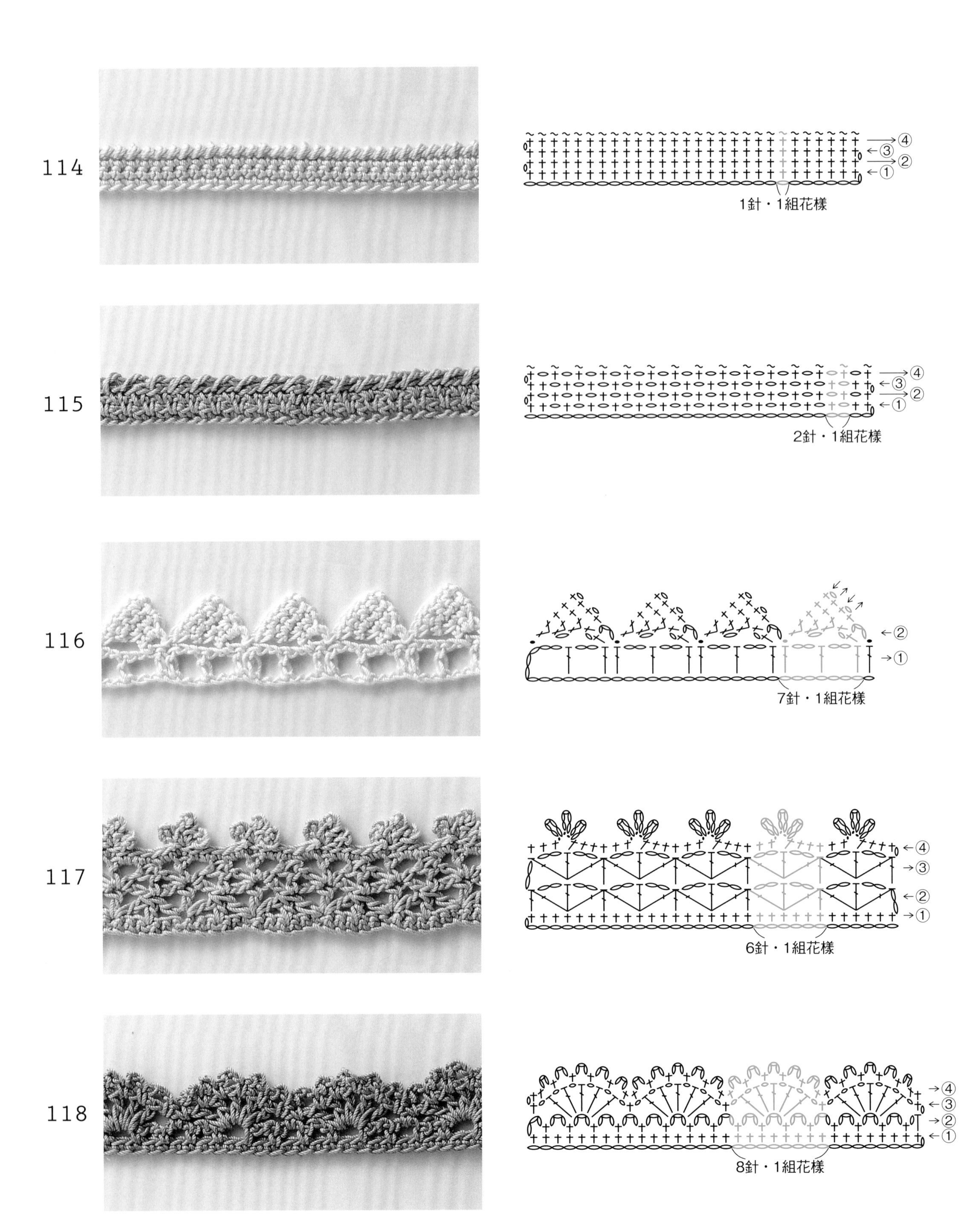
114
1針・1組花様
115
2針・1組花様
116
7針・1組花様
117
6針・1組花様
118
8針・1組花様

設計／横山純子　使用線材／114～117＝50g・約218m　118＝10g・約44m

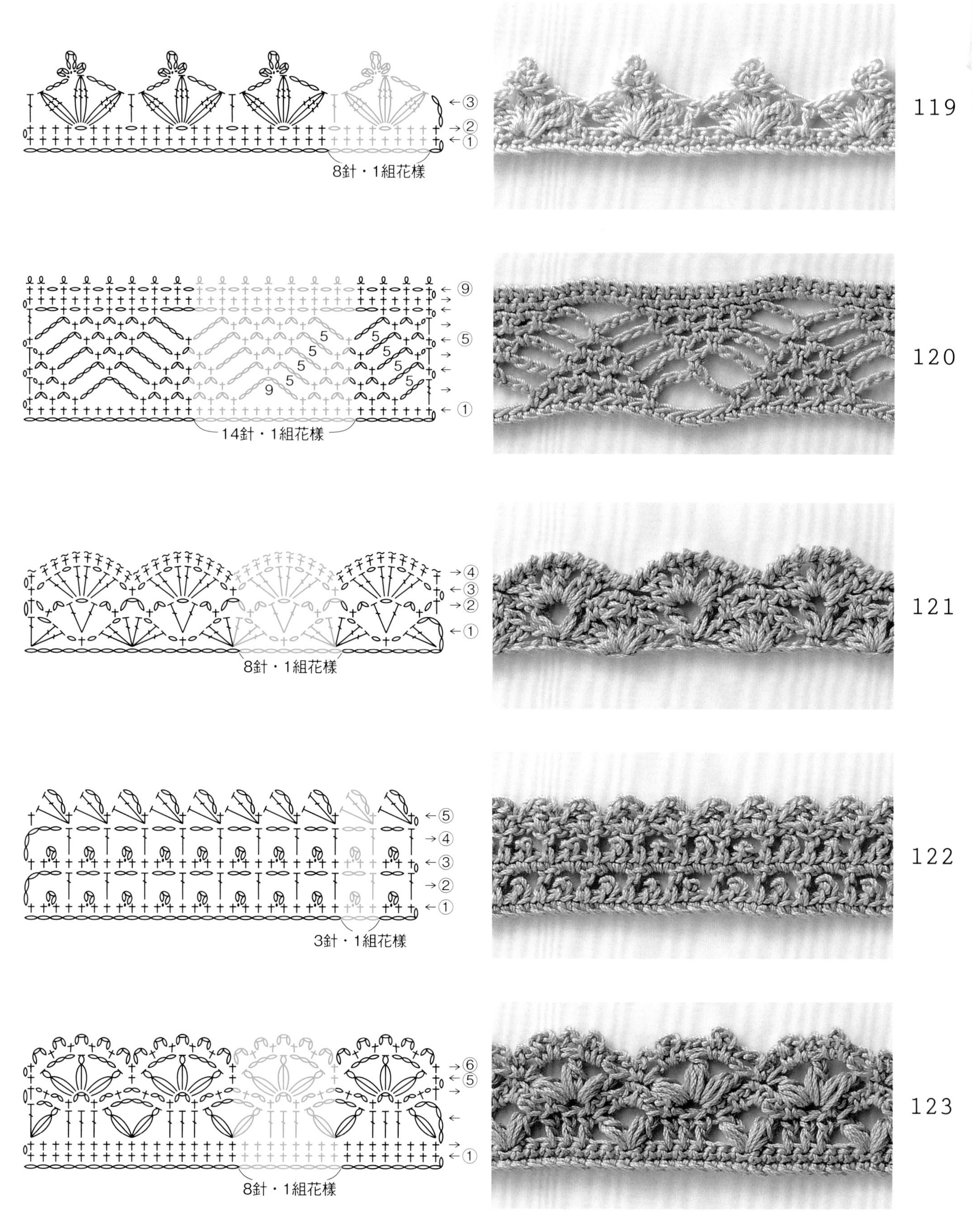

③
②
①
8針・1組花樣
119
⑨
⑤
①
5
9
14針・1組花樣
120
④
③
②
①
8針・1組花樣
121
⑤
④
③
②
①
3針・1組花樣
122
⑥
⑤
①
8針・1組花樣
123

設計／武田敦子　使用線材／119、120＝50g・約218m　121～123＝40g・約170m

逆短針

1　看著正面，往回鉤織。鉤織立起針的鎖針1針，鉤針依箭頭指示旋轉之後，由內側入針，挑前段針頭的2條線。

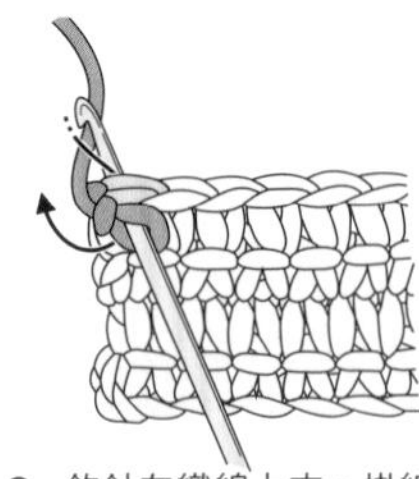

2　鉤針在織線上方，掛線後直接鉤出。

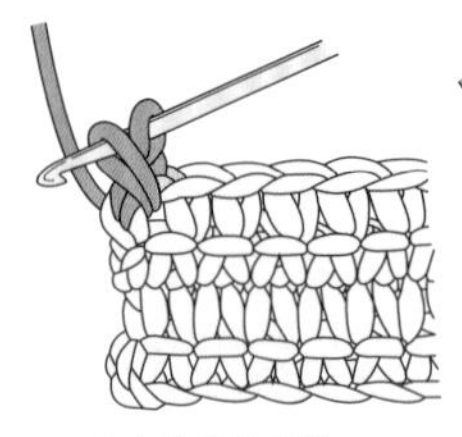

3　鉤出織線的模樣。

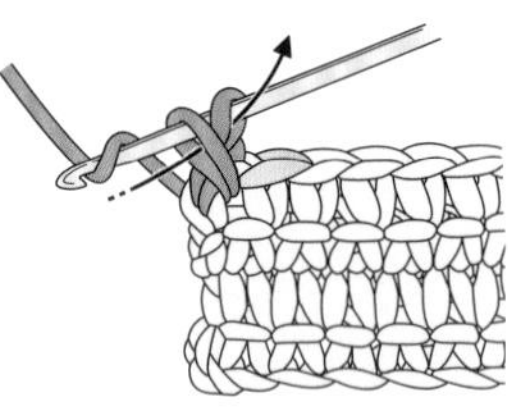

4　鉤針掛線，依箭頭指示一次引拔2個線圈。

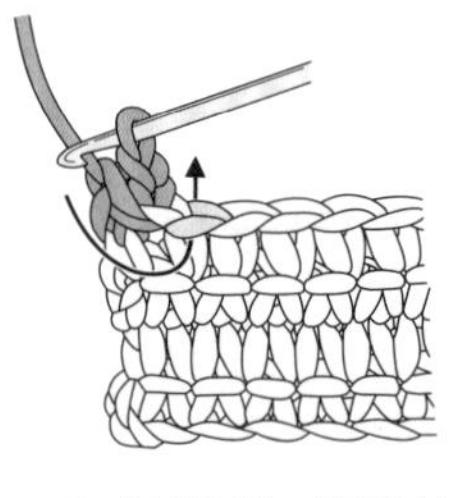

5　完成1針短針。第2針同樣依箭頭指示，由內側入針挑2條線。

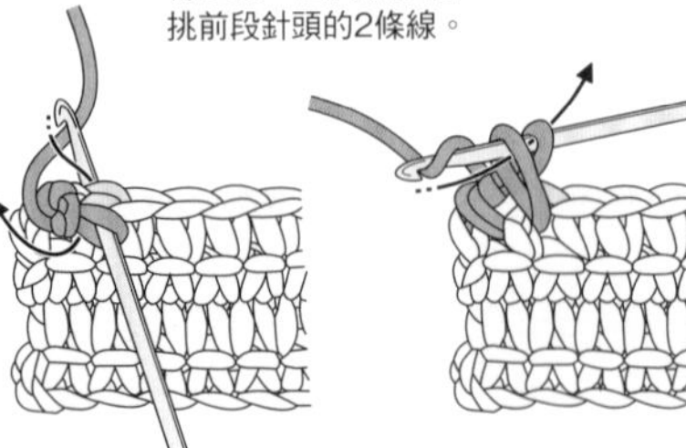

6　鉤針掛線，依箭頭指示鉤出。

7　鉤針掛線，一次引拔鉤針上的2個線圈。

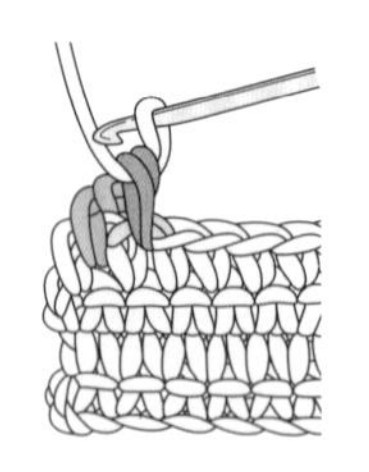

8　完成第2針逆短針。

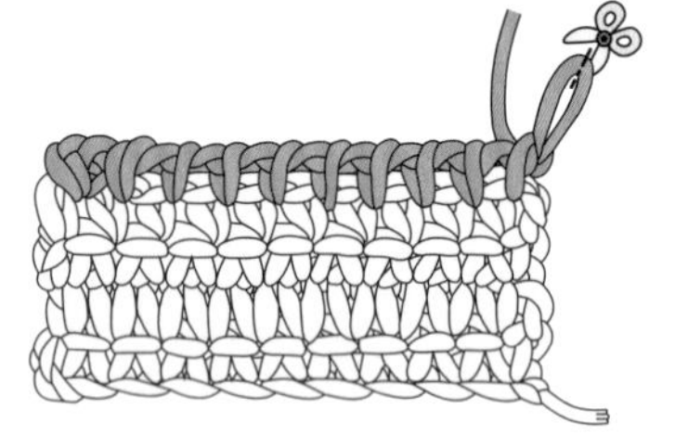

9　一直織到邊端為止，最後拉出織線並剪斷。

十 逆短針變化款（挑2針）

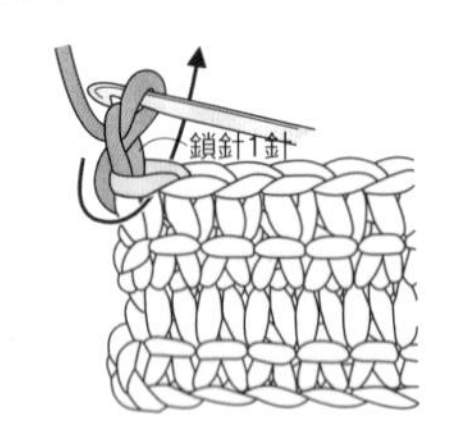
鎖針1針

1　看著正面，往回鉤織。鉤織立起針的鎖針1針，鉤針依箭頭指示旋轉之後，由內側入針，挑前段針頭的2條線。

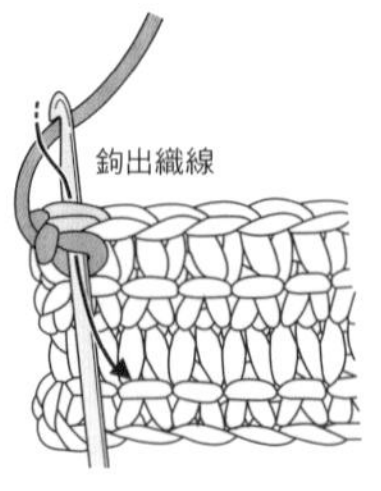
鉤出織線

2　鉤針掛線，依箭頭指示一次引拔前段針頭的2條線與鉤針上的1個線圈。

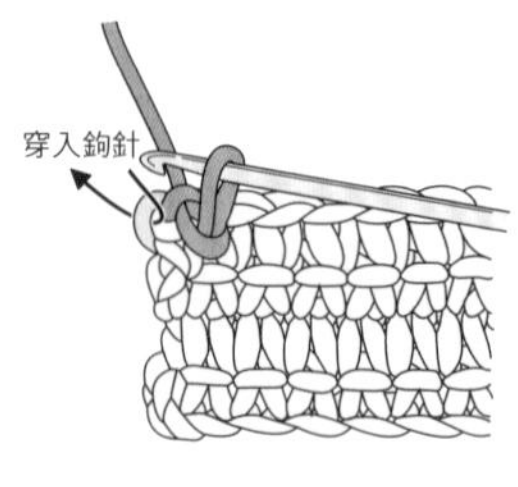
穿入鉤針

3　鉤出織線的模樣。接著，將鉤針穿入箭頭指示的針目中。

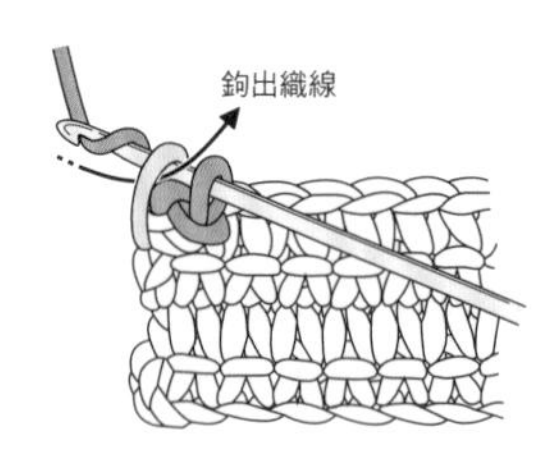
鉤出織線

4　鉤針掛線鉤出。

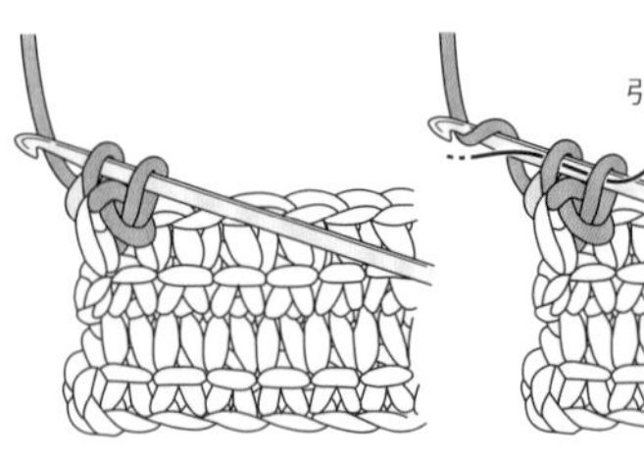

5　鉤出織線的模樣。

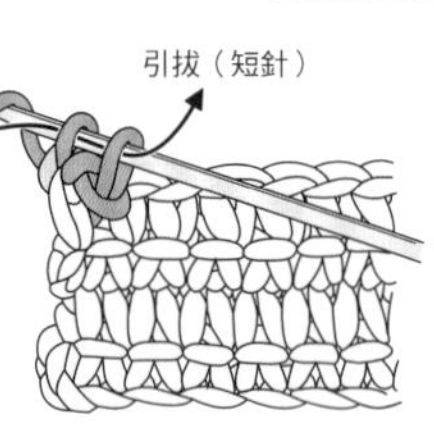
引拔（短針）

6　鉤針掛線，一次引拔針上的2個線圈。

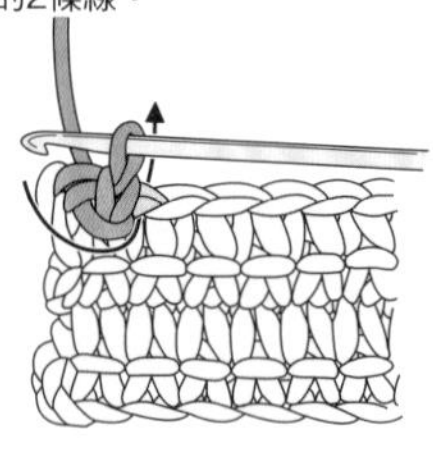

7　第2針同樣是依箭頭指示旋轉鉤針，由內側穿入前段針頭的2條線。

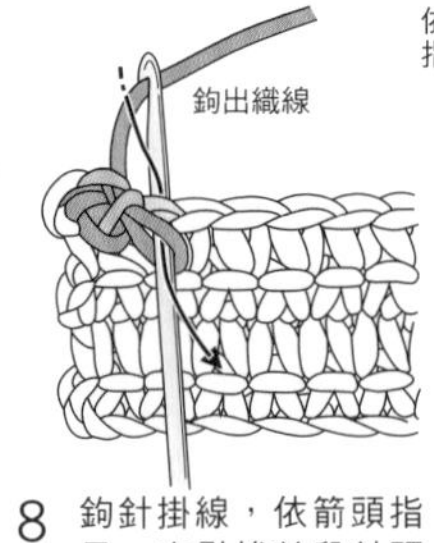
鉤出織線

8　鉤針掛線，依箭頭指示一次引拔前段針頭的2條線與鉤針上的1個線圈。

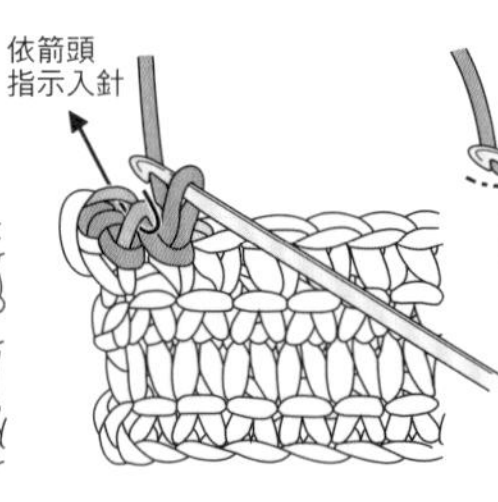
依箭頭
指示入針

9　鉤針依箭頭指示穿入針目。

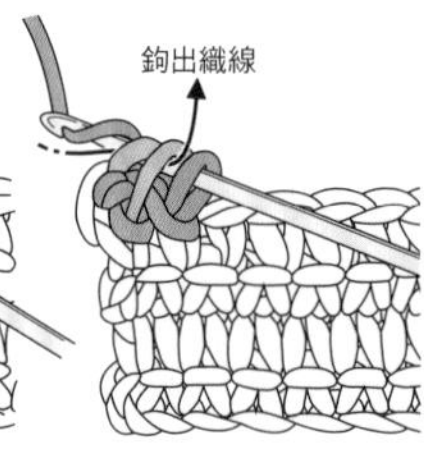
鉤出織線

10　鉤針掛線，依箭頭指示引拔針上的前2個線圈。

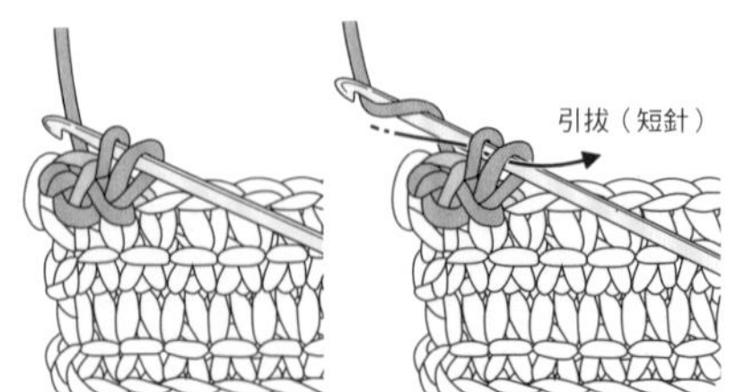

11　鉤出織線的模樣。

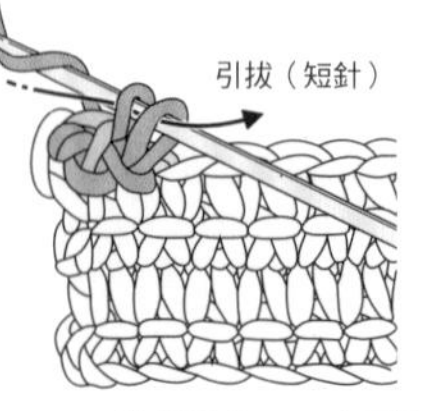
引拔（短針）

12　鉤針掛線，一次引拔針上的2個線圈。

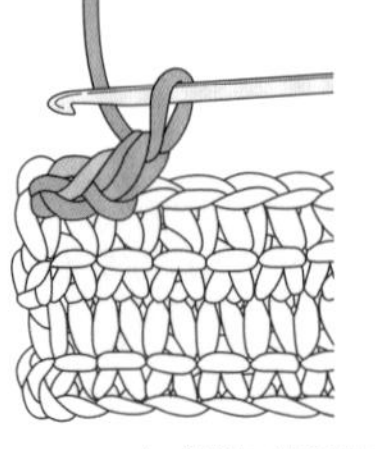

13　完成逆短針變化款。

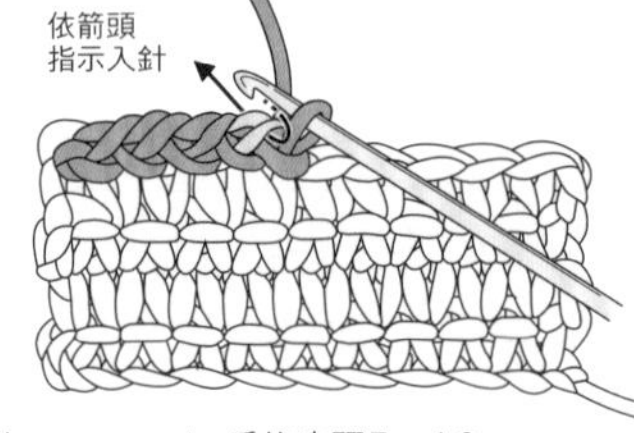
依箭頭
指示入針

14　重複步驟7～12。

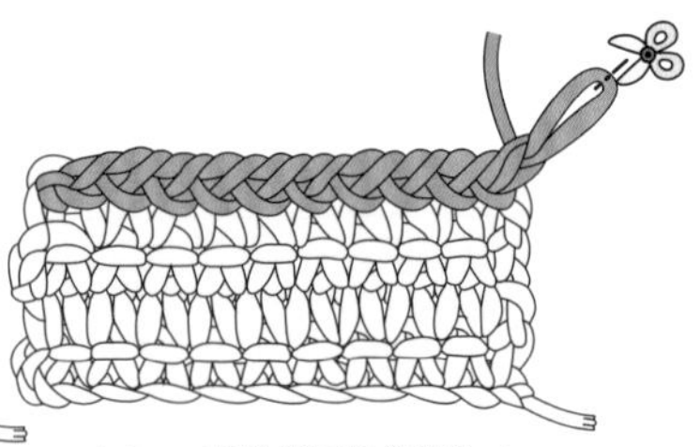

15　一直鉤織至段終點為止，最後鉤出織線並剪斷。

扭短針

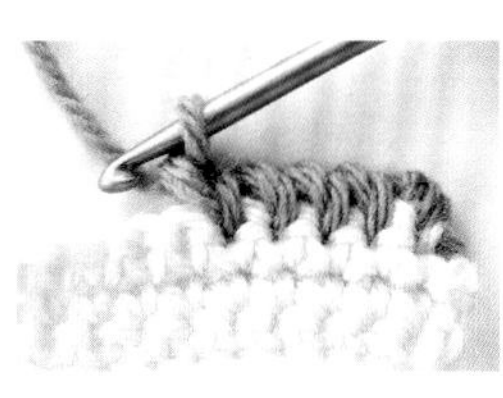

1 鉤織立起針的鎖針1針，鉤針挑前段針頭2條線之後，鉤出織線。鉤針依箭頭指示，連同針目一起扭轉。

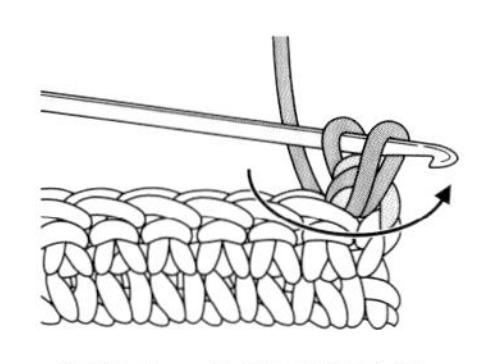

2 扭轉中，依箭頭指示繼續旋轉。

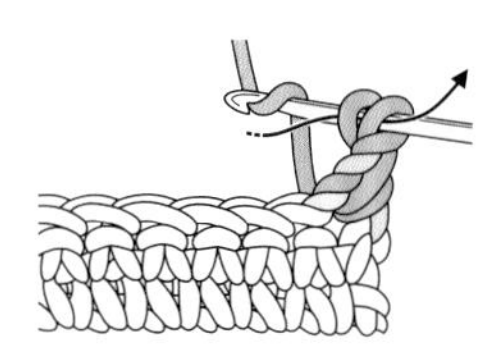

3 鉤針掛線，一次引拔針上的2個線圈。

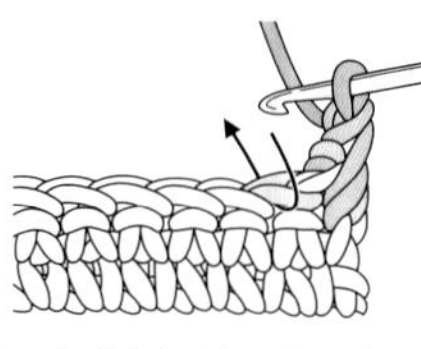

4 完成扭短針。第2針同樣是挑前段針頭的2條線，再鉤出織線。

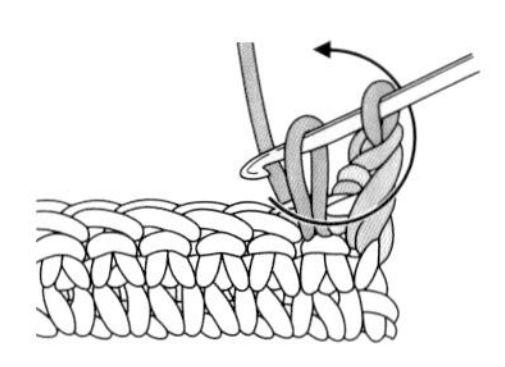

5 鉤針依箭頭指示，連同針目一起扭轉。

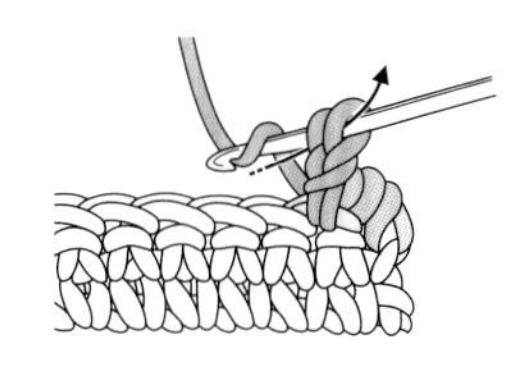

6 鉤針掛線，一次引拔鉤針上的2個線圈。

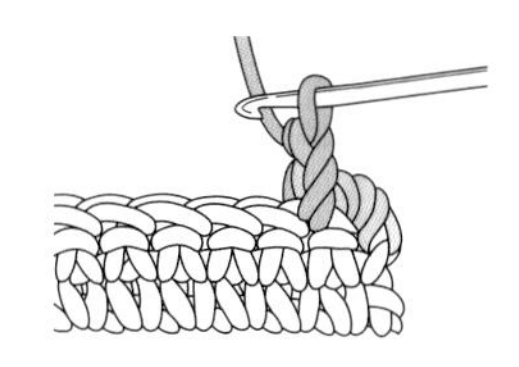

7 完成第2針的扭短針。

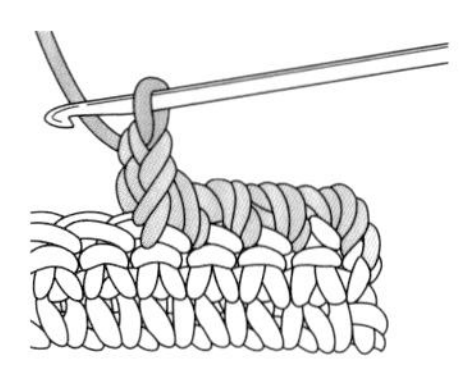

8 重複步驟4～6，繼續鉤織。

引上扭短針

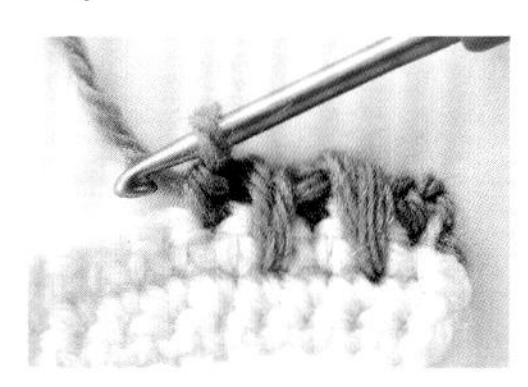

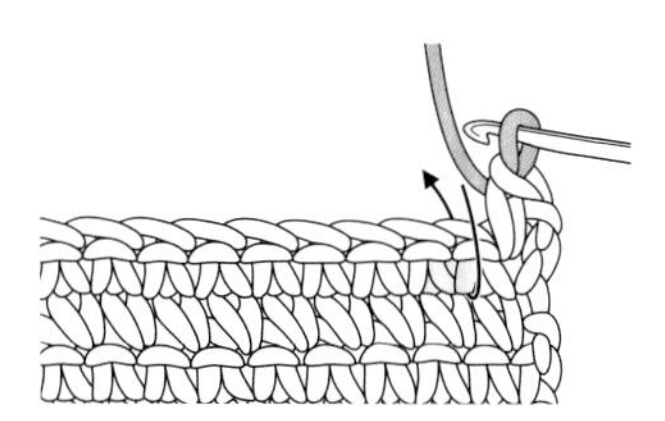

1 鉤針穿入前二段的針頭2條線。

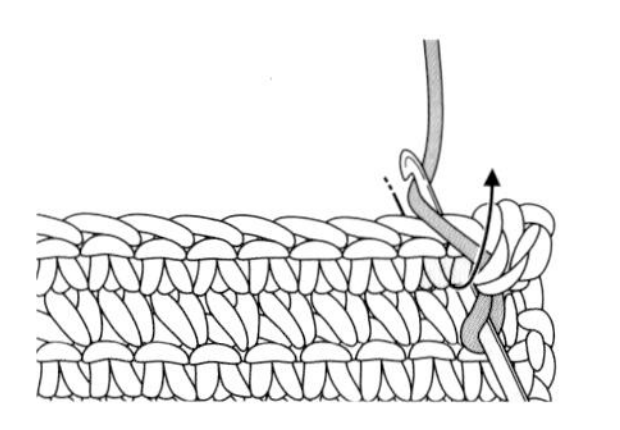

2 鉤針掛線，包裹前段般鉤出織線。

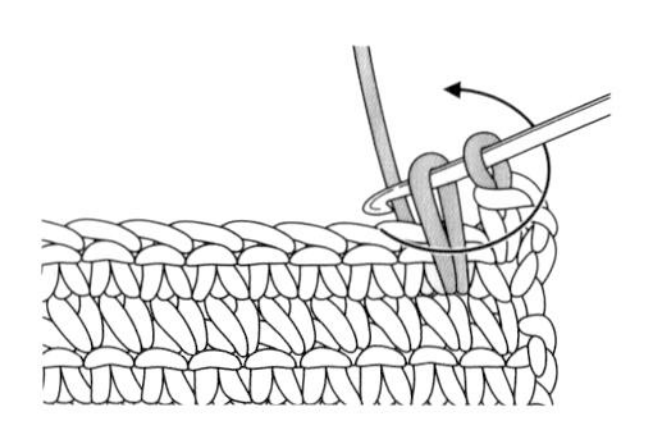

3 鉤針依箭頭指示，連同針目一起扭轉。

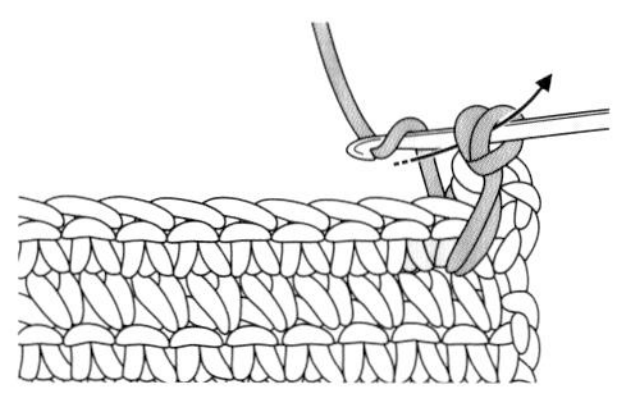

4 鉤針掛線，一次引拔針上的2個線圈。

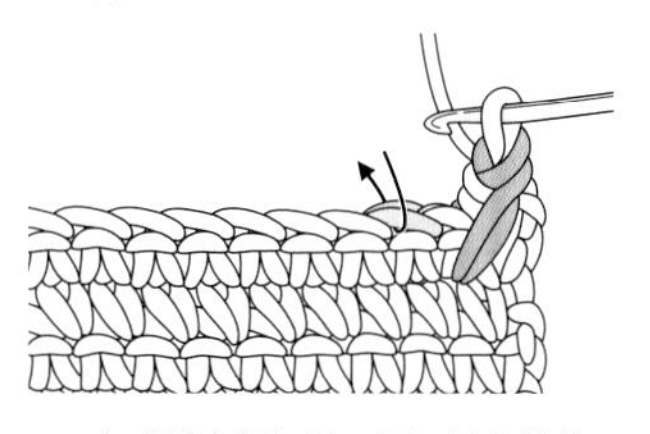

5 完成引上扭短針。下一針是挑前段針頭的2條線鉤織短針。

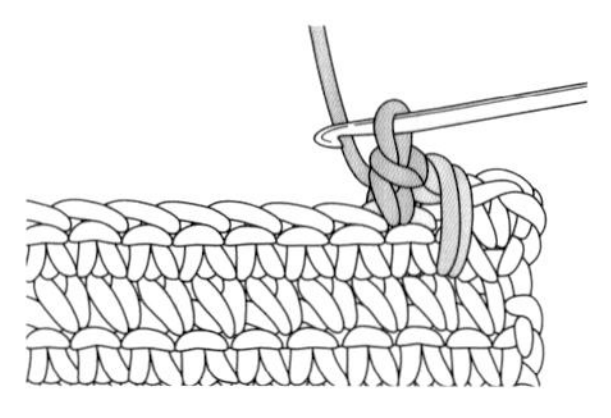

6 下一針開始，重複步驟1～5。

逆短針變化款（挑1針）

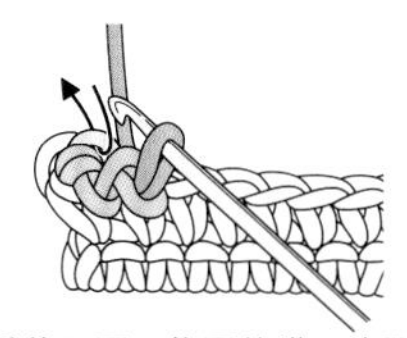

1 看著正面，往回鉤織。步驟1～8皆與逆短針變化款（挑2針）相同。接著將鉤針穿入箭頭指示的針目中。

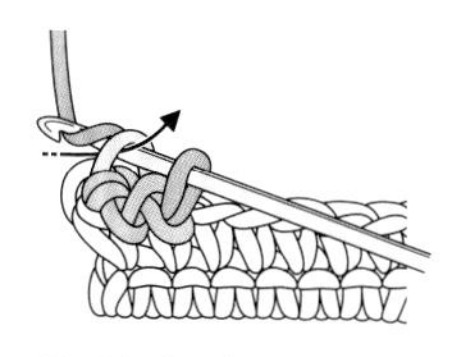

2 鉤針掛線鉤出。

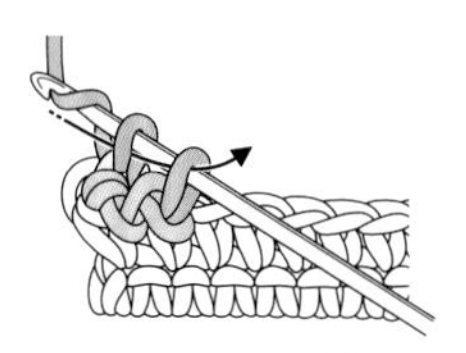

3 鉤針掛線，一次引拔針上的2個線圈。

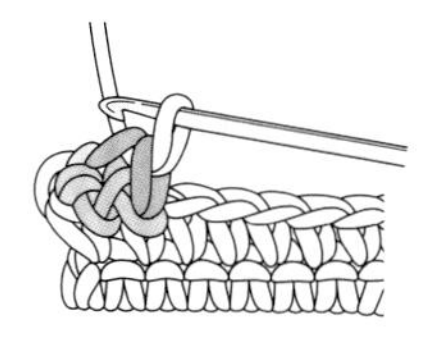

4 完成逆短針變化款。重複步驟1～3繼續鉤織。

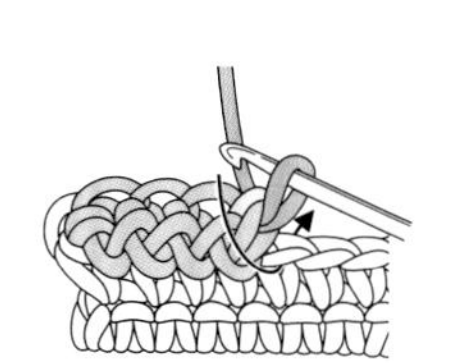

5 織好4針的模樣。

十 掛線短針

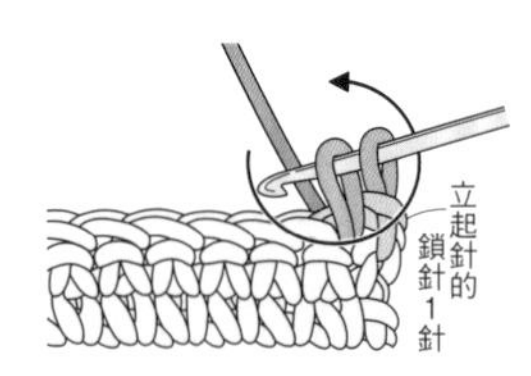
立起針的鎖針1針

1 鉤織立起針的鎖針1針，鉤針穿入前段針頭的2條線，鉤出織線。旋轉鉤針、針目，與織線，將織線纏繞於針目上。

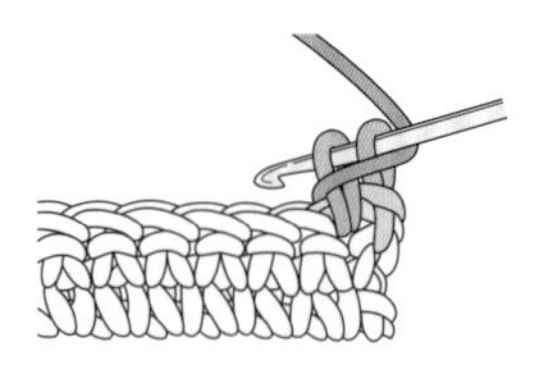

2 織線纏繞針目的模樣。

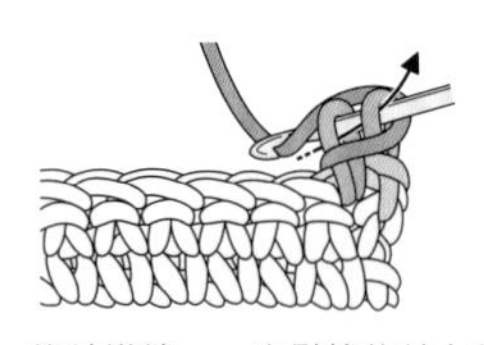

3 鉤針掛線，一次引拔鉤針上的2個線圈。

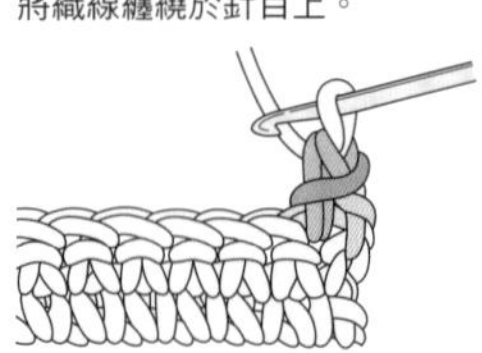

4 完成掛線短針。

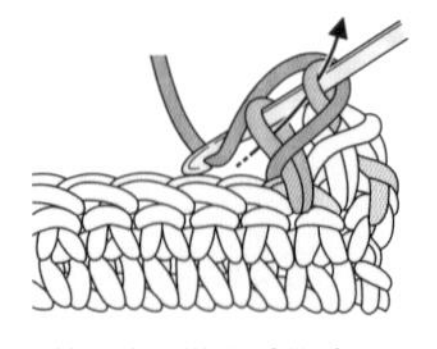

5 第2針同樣是重複步驟1～3鉤織。

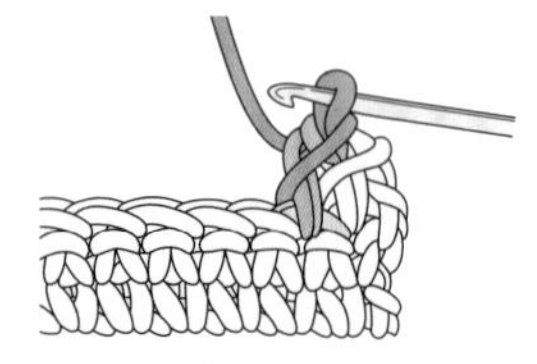

6 織好2針的模樣。

編織線繩

◇◇

雙重鎖針（引拔針）

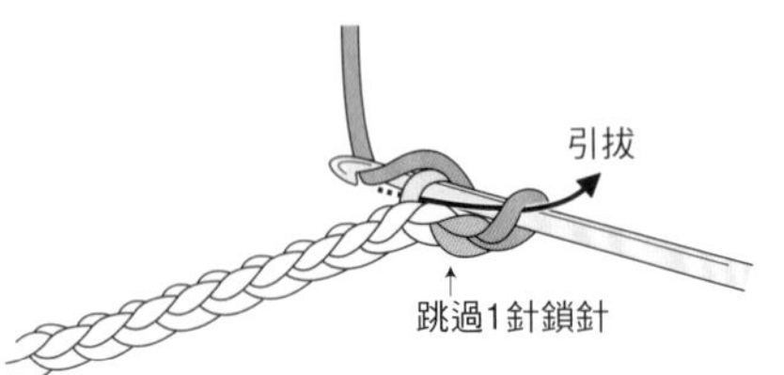
引拔
跳過1針鎖針

1 跳過1針，鉤針穿入鎖針裡山，掛線後一次引拔針上的2個線圈。

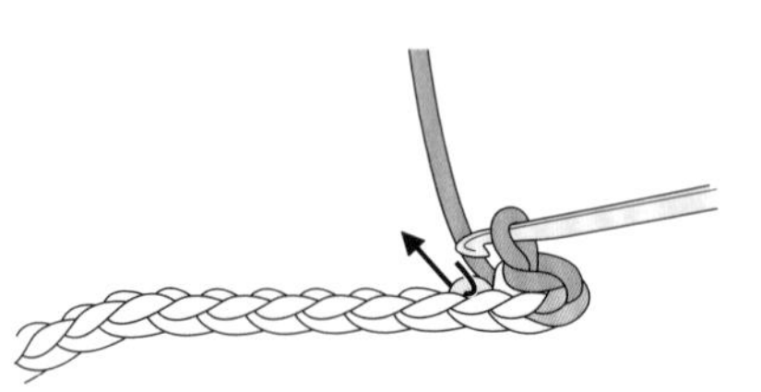

2 第2針同樣也是挑鎖針裡山。

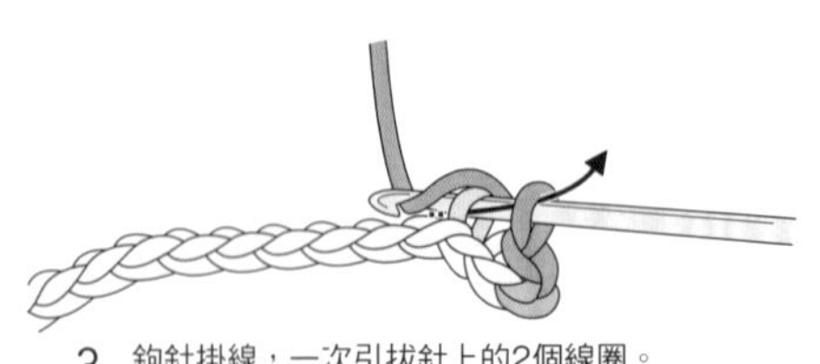

3 鉤針掛線，一次引拔針上的2個線圈。

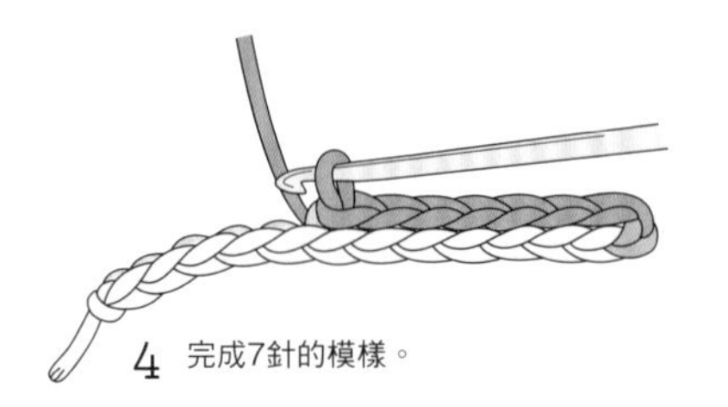

4 完成7針的模樣。

雙重鎖針

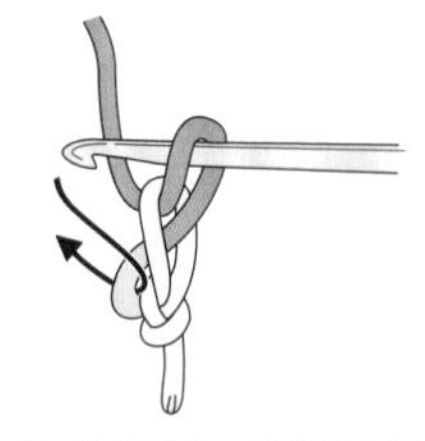

1 鉤1針鎖針後，鉤針穿入鎖針裡山。

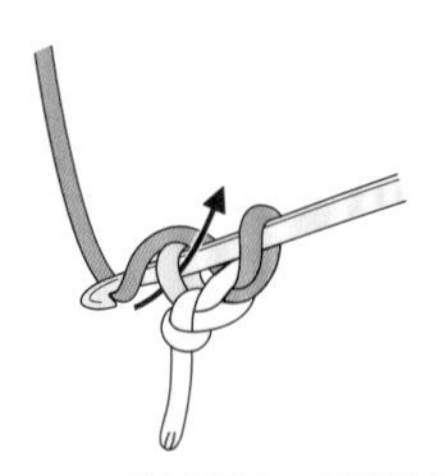

2 鉤針掛線，從鎖針裡山鉤出織線。

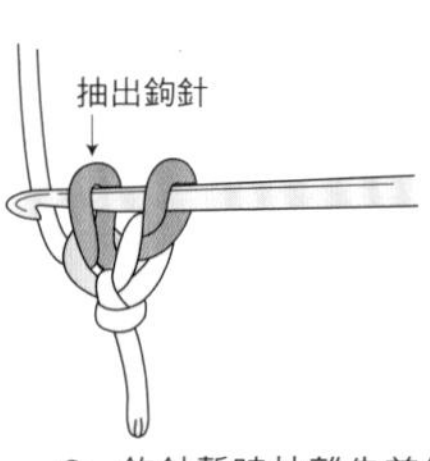
抽出鉤針

3 鉤針暫時抽離先前鉤出的針目（左側針目）。

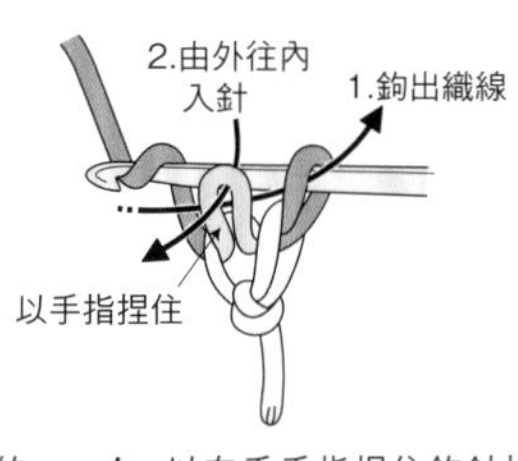
2.由外往內入針
1.鉤出織線
以手指捏住

4 以左手手指捏住鉤針抽離的針目，以免針目鬆開。鉤針掛線，從掛在針上的針目（右側）鉤出織線。

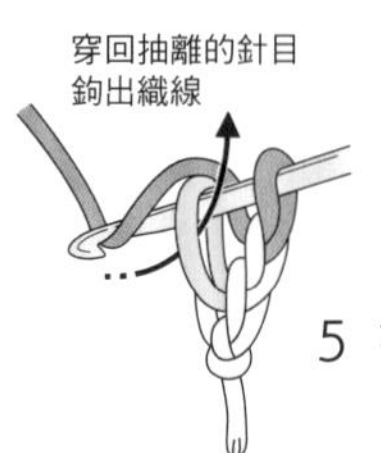
穿回抽離的針目鉤出織線

5 鉤針穿回抽離的針目（左側），掛線後鉤出織線。

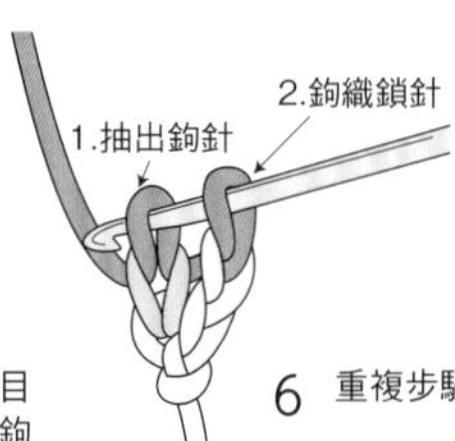
1.抽出鉤針
2.鉤織鎖針

6 重複步驟3～5。

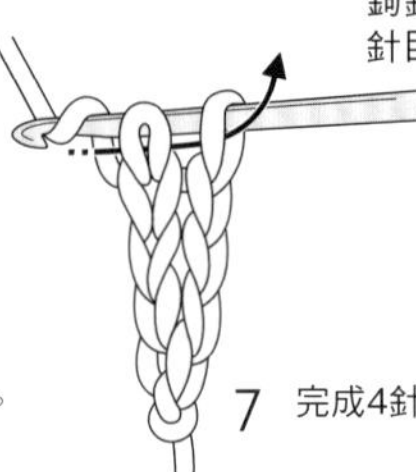

7 完成4針的模樣。

蝦編

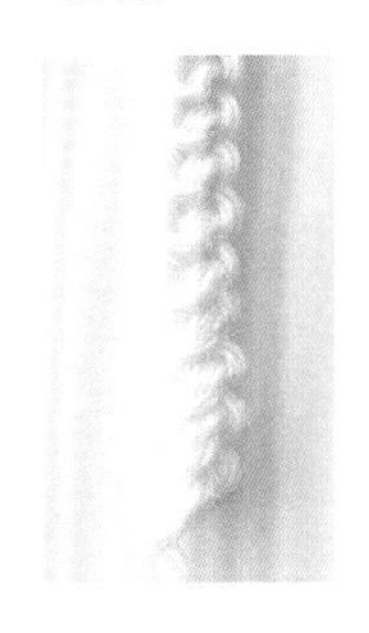

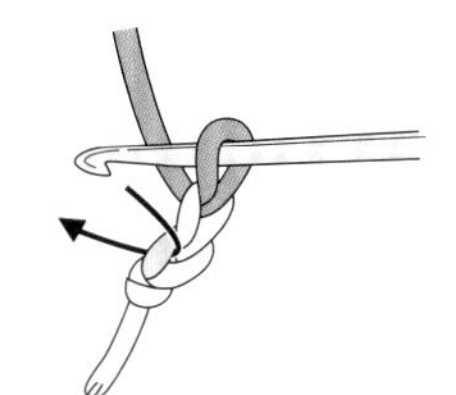

1 鉤2針鎖針，鉤針穿入第1針鎖針的半針與裡山。

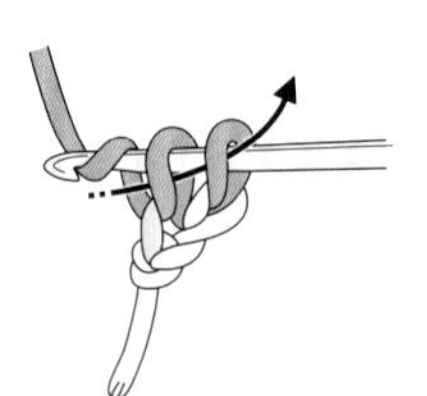

2 鉤針掛線鉤出，鉤針再次掛線，一次引拔針上的2個線圈。

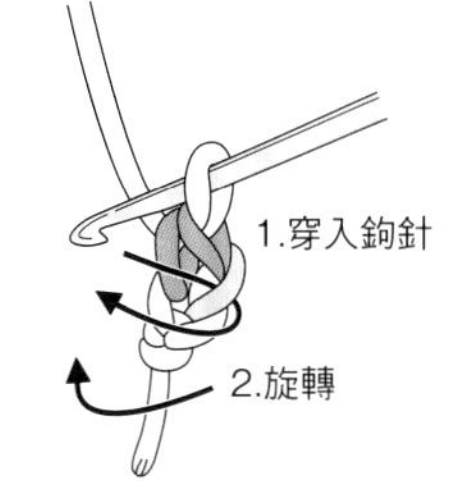
1.穿入鉤針
2.旋轉

3 鉤針依箭頭指示穿入針目中，鉤針保持不動，旋轉織片。

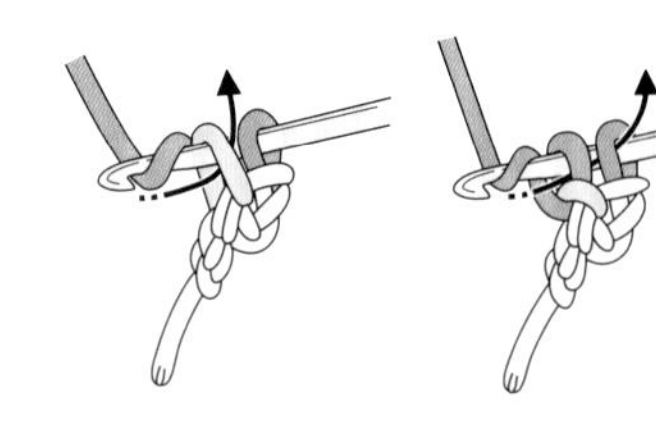

4 鉤針掛線，引拔針上的前1個線圈。

5 鉤針再次掛線，一次引拔針上的2個線圈。

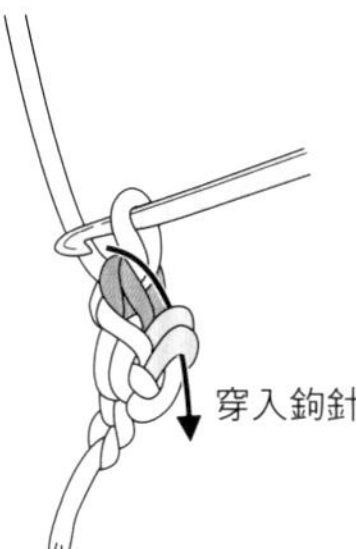
穿入鉤針

6 鉤針依箭頭指示穿入針目的2條線。

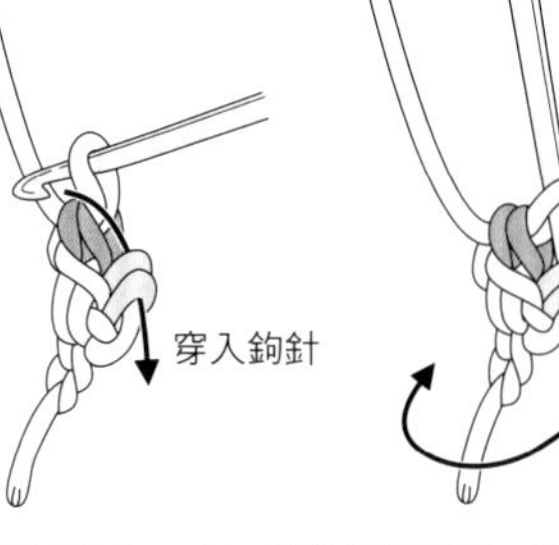
旋轉

7 鉤針保持不動，旋轉織片。

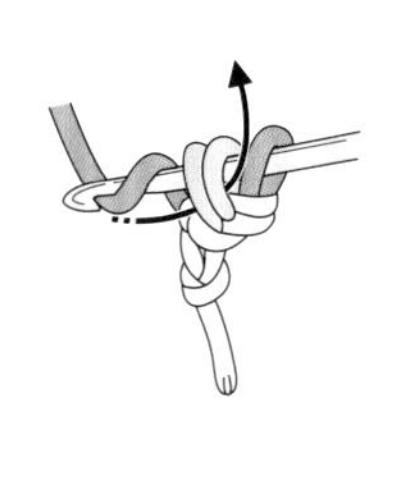

8 鉤針掛線，引拔針上的前2個線圈。

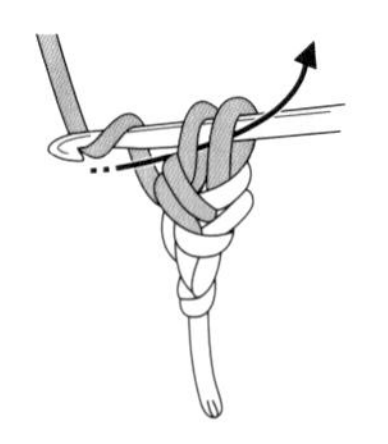

9 鉤針再次掛線，一次引拔針上的2個線圈。

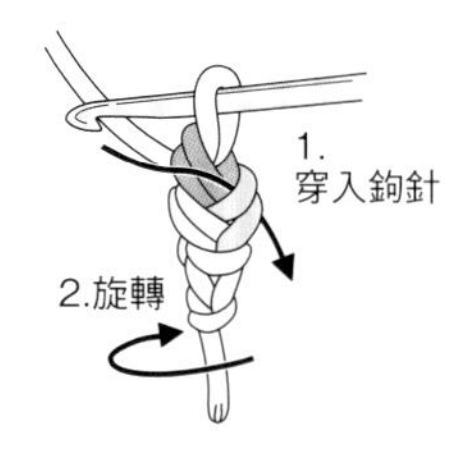
1.
穿入鉤針
2.旋轉

10 重複步驟6～9。

繩編

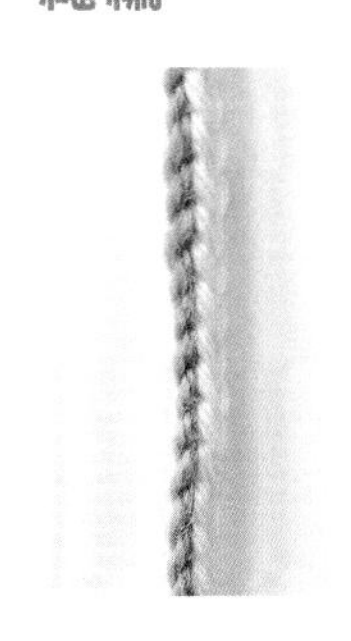

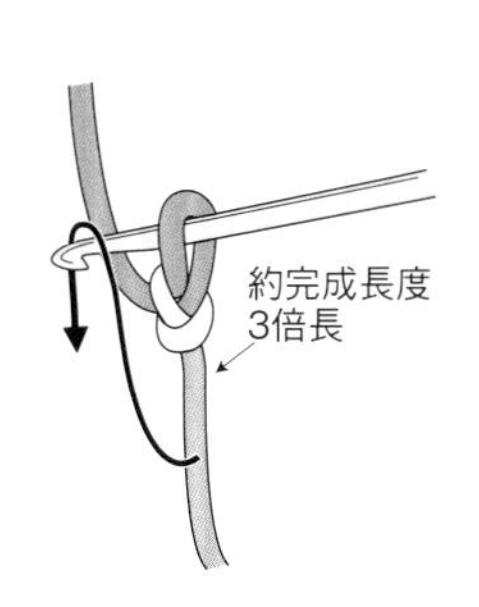
約完成長度
3倍長

1 線頭端預留約完成長度3倍的織線，將線頭由內往外掛在鉤針上。

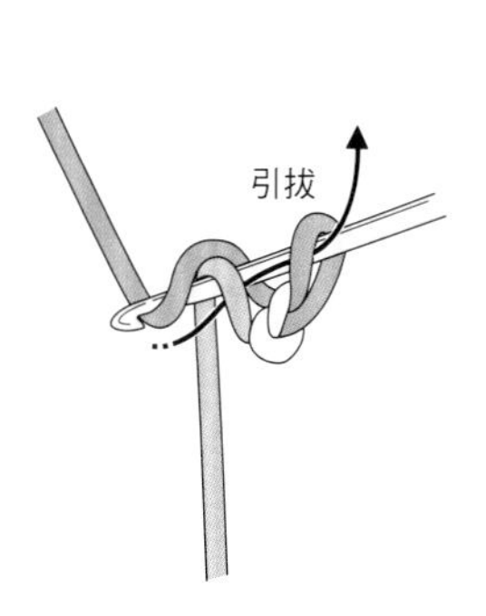
引拔

2 鉤針掛線，引拔掛在針上的2條線。

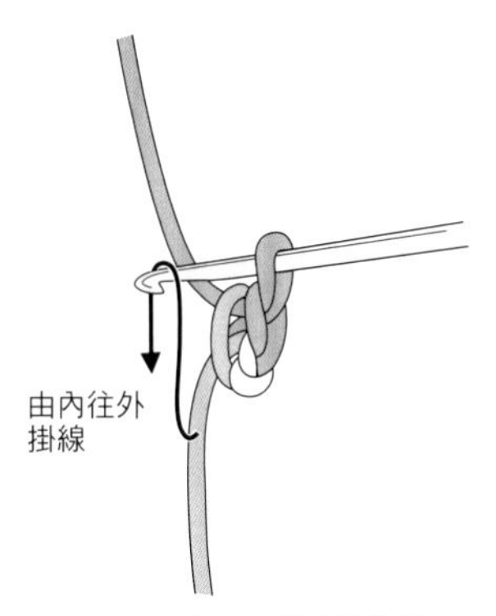
由內往外
掛線

3 下一針，同樣是將線頭由內往外掛在鉤針上。

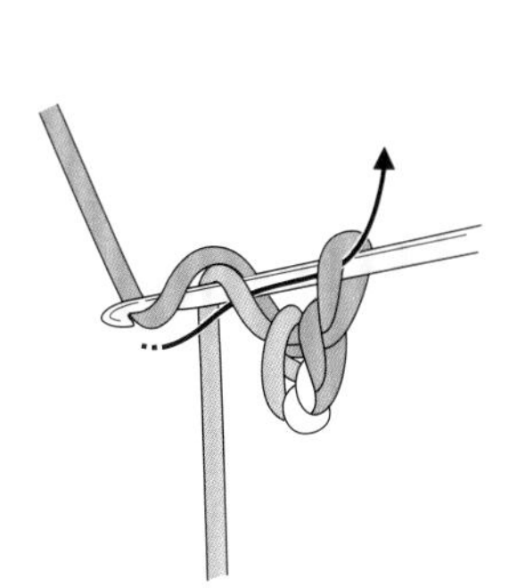

4 鉤針掛線，引拔掛在針上的2條線。

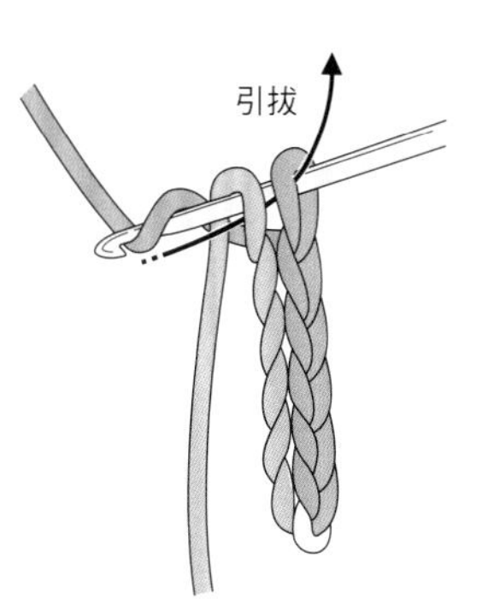
引拔

5 重複步驟3、4。

指編線繩

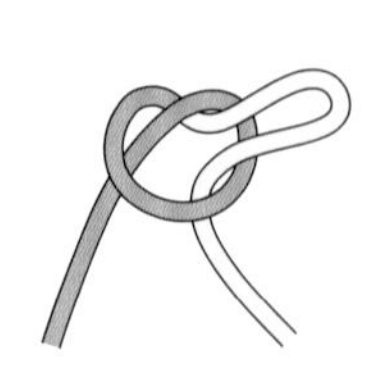
完成長度的
5倍
完成長度的
5倍

1 準備約完成長度10倍的織線，以織線中央在左手食指上繞出線圈。

2 線圈中拉出一段織線，作成小線圈。

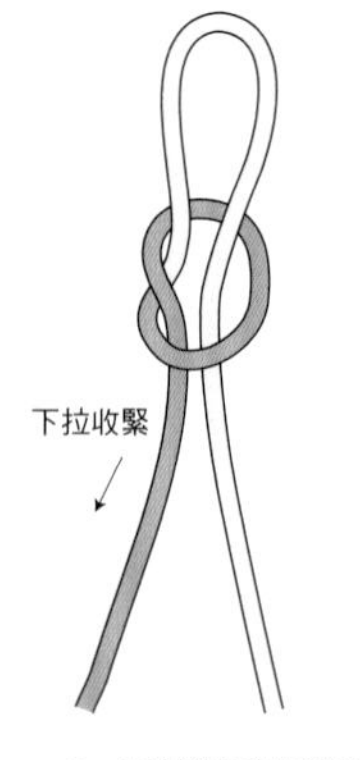
下拉收緊

3 下拉繩結的線段，收緊繩結。

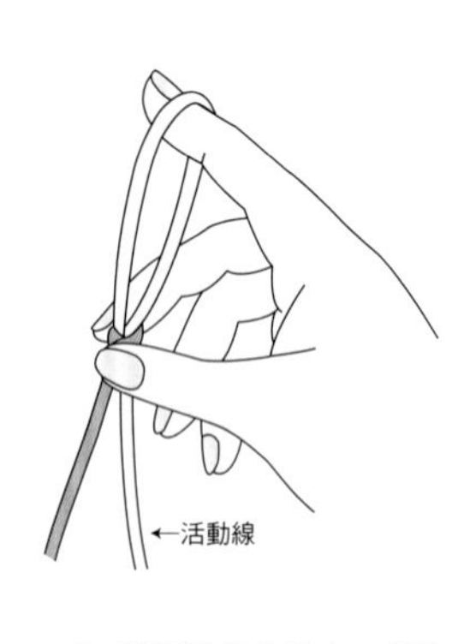
←活動線

4 線圈掛在右手上，以手指固定繩結。

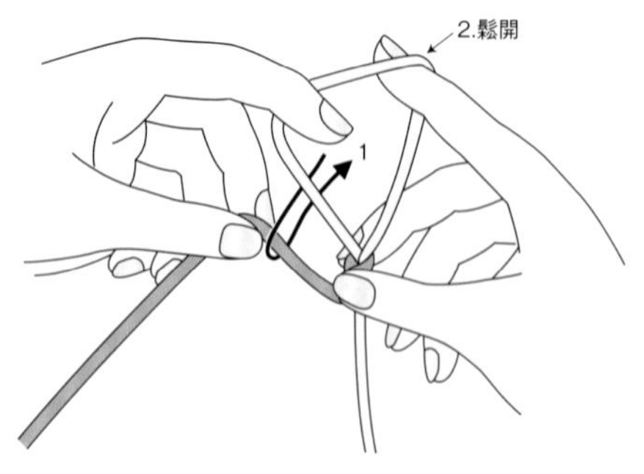
2.鬆開
1

5 左手拿著左側的線端，左手食指如圖示，從線圈中往上挑起左側的織線。接著將右手線圈鬆開。

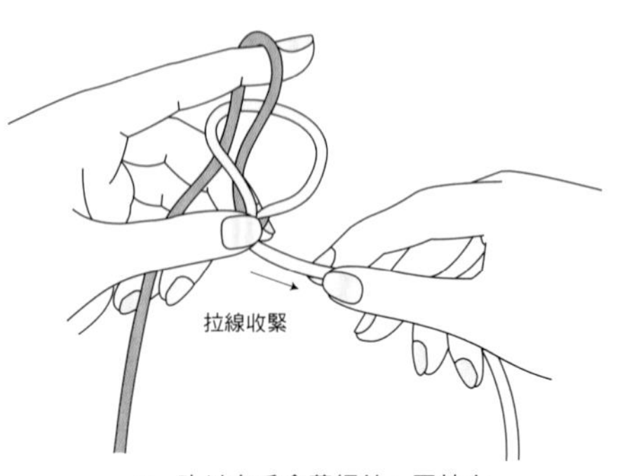
拉線收緊

6 改以左手拿著繩結，再拉右側織線收緊。

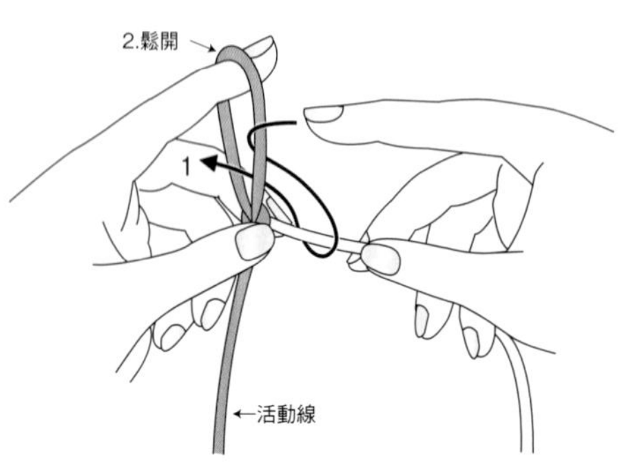
2.鬆開
1
←活動線

7 右手食指如圖示，從線圈中往上挑起右側的織線。接著將左手線圈鬆開。

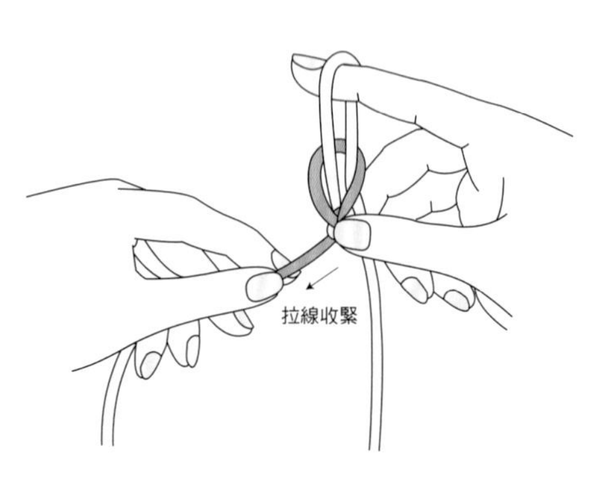
拉線收緊

8 改以右手拿著繩結，再拉左側織線收緊。

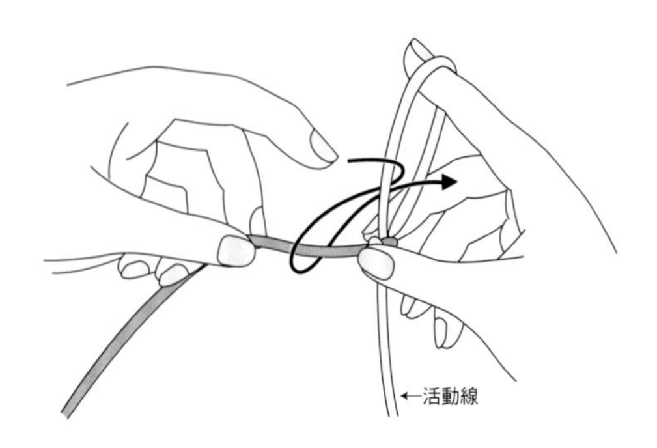
←活動線

9 重複步驟5～8。

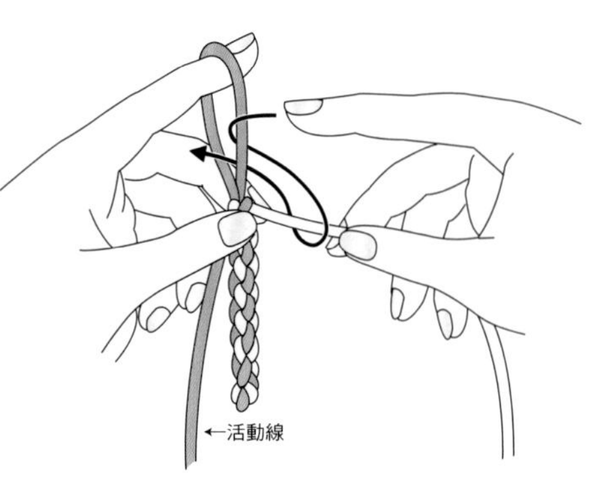
←活動線

10 用力拉緊之後，打結固定。

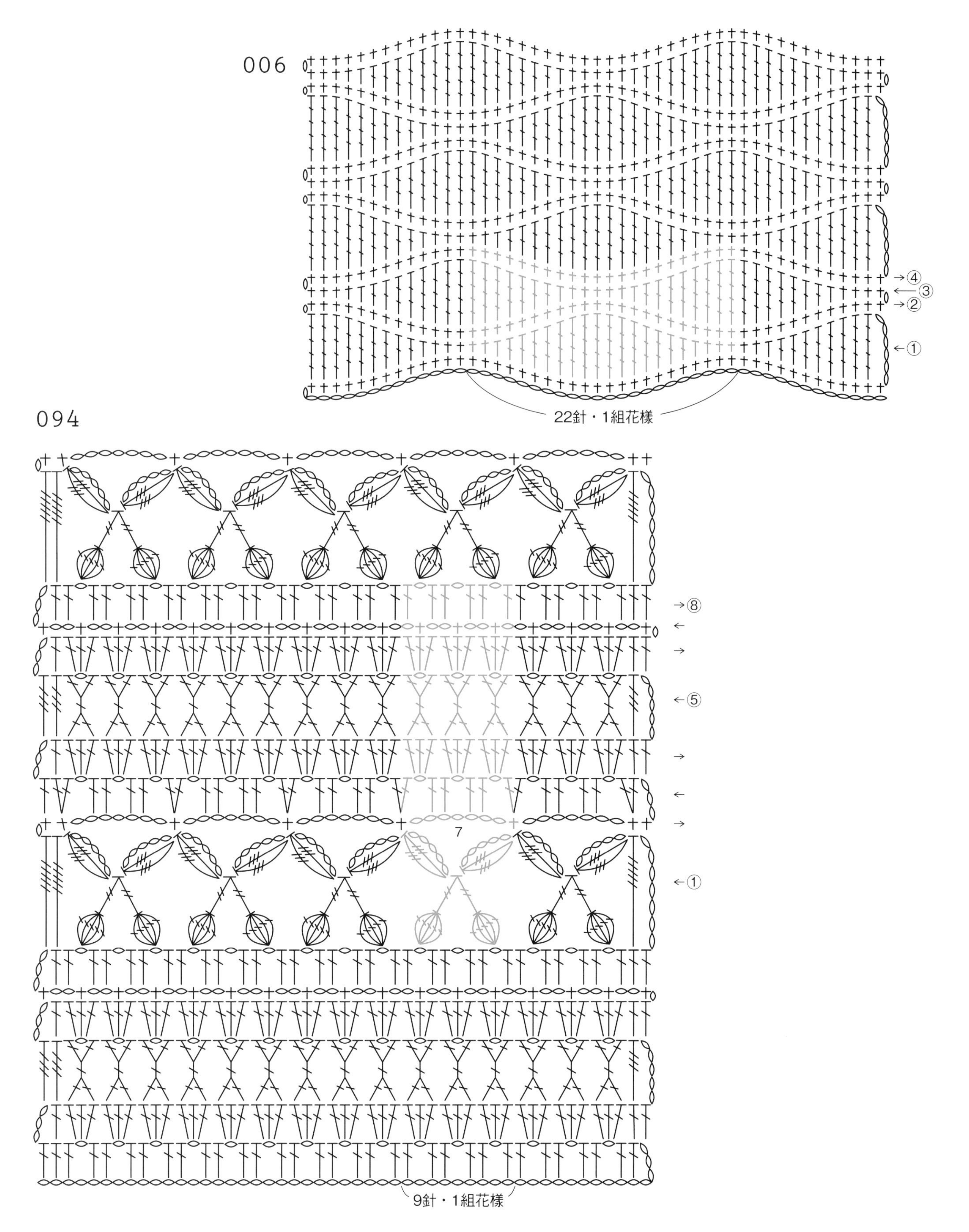
006
→④
←③
→②
←①
22針・1組花様
094
→⑧
←
→
←⑤
→
←
→
7
←①
9針・1組花様

022

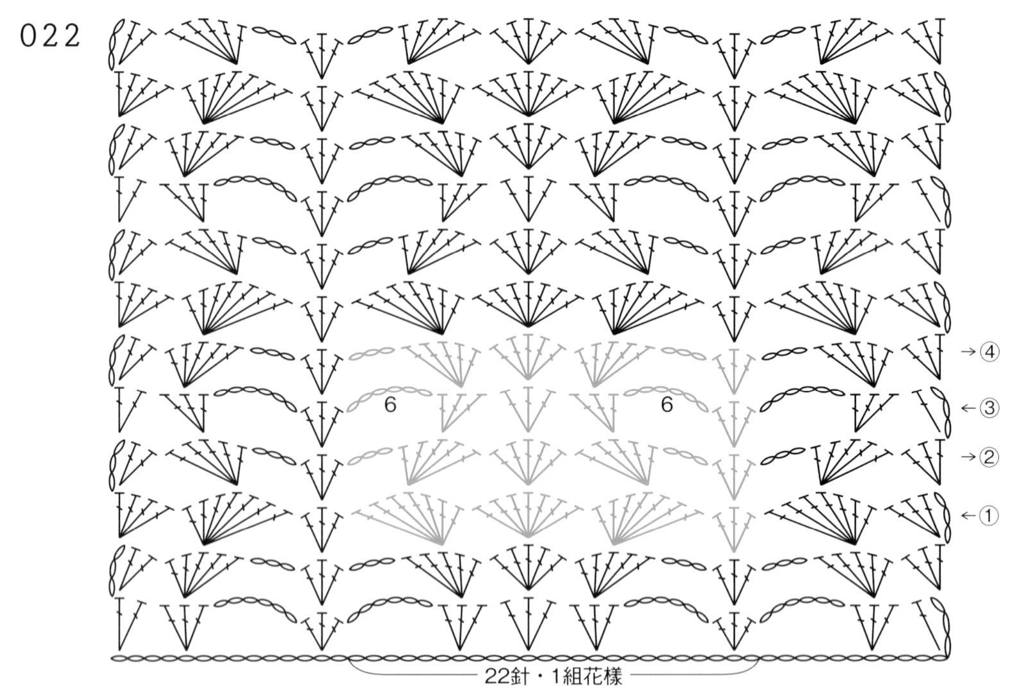
6
6
→④
←③
→②
←①
22針・1組花様

056

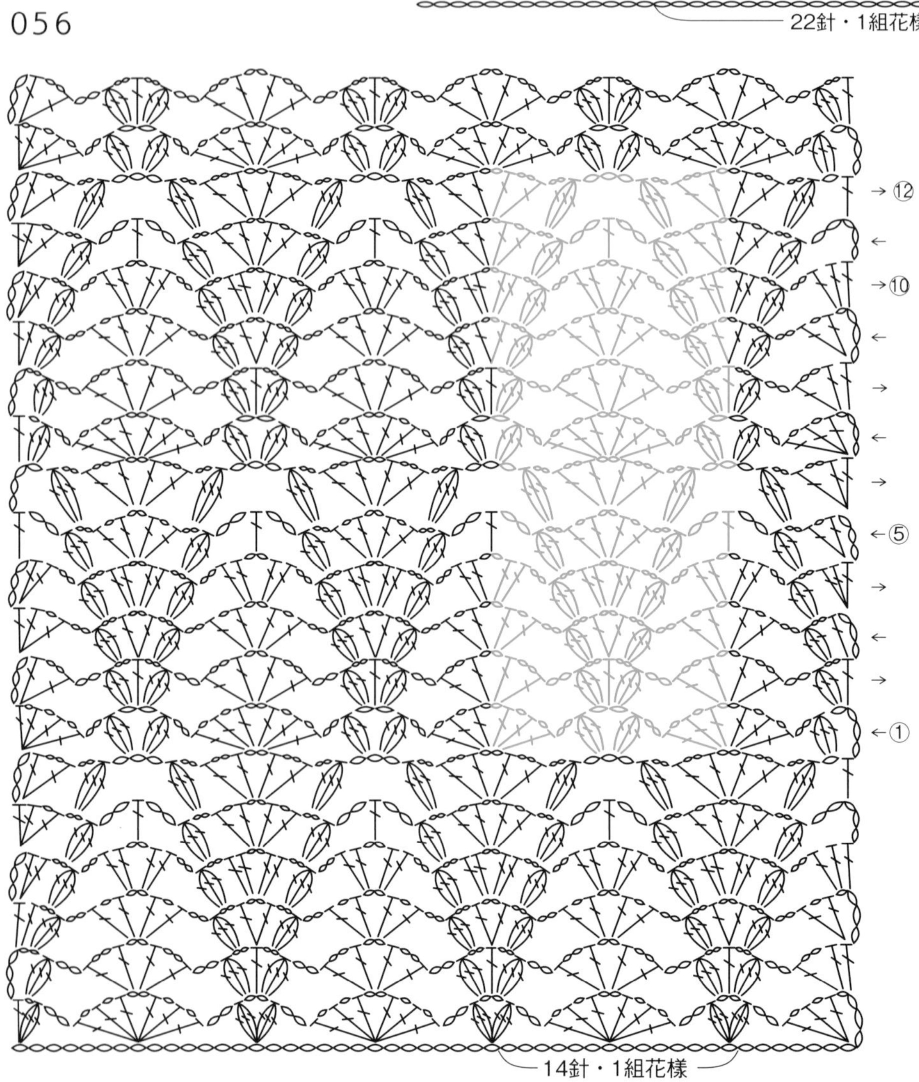
→⑫
←
→⑩
←
→
←
→
←⑤
→
←
→
←①
14針・1組花様

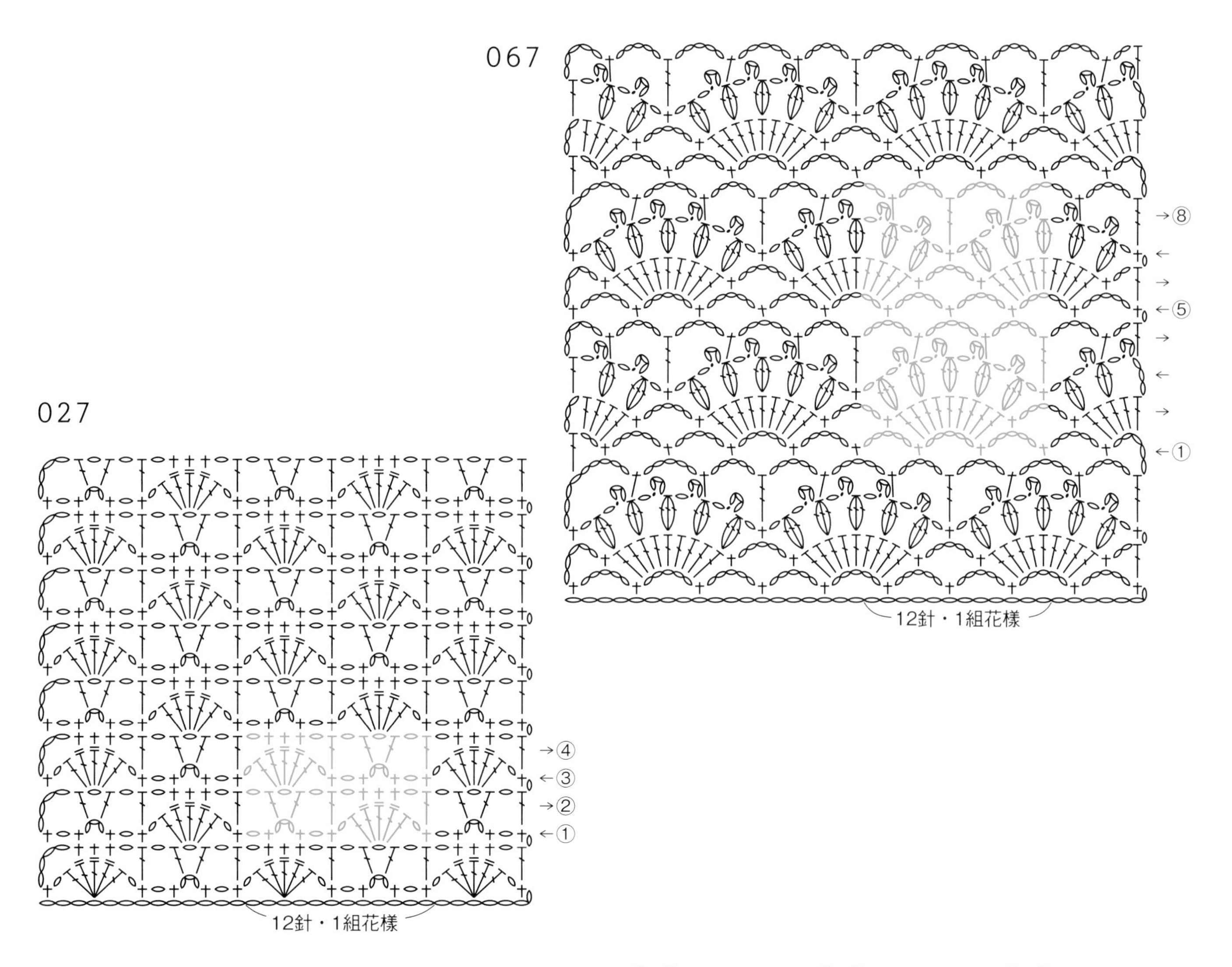
067
→⑧
←⑤
←①
12針・1組花樣
027
→④
←③
→②
←①
12針・1組花樣

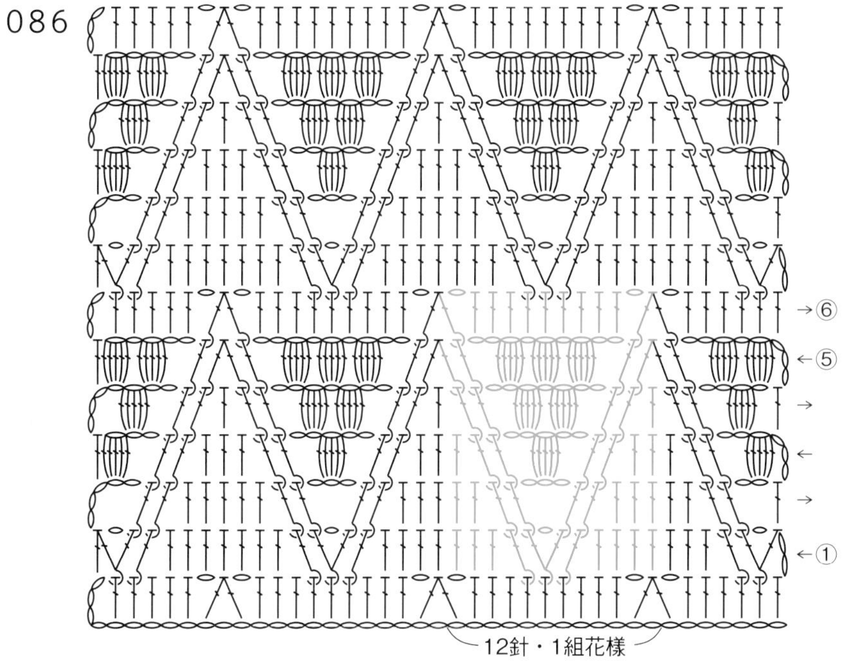
086
→⑥
←⑤
←①
12針・1組花樣

編織愛好者必備！
超詳細圖解の鉤針聖典系列

全新改訂版
初學
鉤針編織最強聖典
95款針法記號×50個實戰技巧×22枚實作練習全收錄
一次解決初學鉤織的入門難題！
一書在手好安心！
鉤織初學者必備針法速查「針目記號一覽表」
日本VOGUE社◎編著

頁數增加，解析更詳盡的
全新改訂版登場！

樂・鉤織06

全新改訂版　初學鉤針編織最強聖典
95款針法記號×50個實戰技巧×22枚實作練習全收錄 一次解決初學鉤織的入門難題！
日本VOGUE社◎編著　定價420元

本書是將鉤針編織的基礎，依照學習階段進行簡單易懂的實用教科書。從認識鉤針、線材、工具介紹；細心講解織圖的閱讀方法，解決初學者總是「看不懂織圖」的大問號；新手必學的基礎針法、針法變換應用、加減針等技巧剖析；實際製作作品教學，其中更加入了許多新手製作時會遇到的NG狀況，即使鉤錯了也不要緊，本書貼心提醒你如何運用所學，靈活應用技巧，完美呈現！

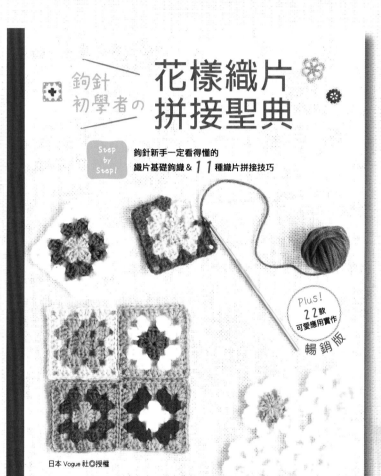

樂・鉤織 16

開始玩花樣！鉤針編織進階聖典
針法記號118款&花樣編123款（熱銷版）

作　　者／日本VOGUE社
譯　　者／彭小玲
發 行 人／詹慶和
執行編輯／蔡毓玲
特約編輯／明英
編　　輯／劉蕙寧・黃璟安・陳姿伶
執行美編／翟秀美・韓欣恬
美術編輯／陳麗娜・周盈汝
內頁排版／造極
出 版 者／Elegant-Boutique新手作
發 行 者／悅智文化事業有限公司
郵政劃撥帳號／19452608
戶　　名／悅智文化事業有限公司
地　　址／新北市板橋區板新路206號3樓
電　　話／（02）8952-4078
傳　　真／（02）8952-4084
網　　址／www.elegantbooks.com.tw
電子信箱／elegant.books@msa.hinet.net

2015年09月初版
2023年01月三版一刷　定價380元

經銷／易可數位行銷股份有限公司
地址／新北市新店區寶橋路235巷6弄3號5樓
電話／(02)8911-0825　傳真／(02)8911-0801

國家圖書館出版品預行編目資料

開始玩花樣！鉤針編織進階聖典：針法記號118款&花樣編123款 / 日本VOGUE社編著
-- 三版 .-- 新北市：Elegant-Boutique新手作出版：悅智文化事業有限公司發行，2023.01
面；　公分 . -- (樂 . 鉤織；16)
ISBN 978-957-9623-98-8(平裝)

1.CST: 編織 2.CST: 手工藝

426.4　　111021666

織片花樣設計／製作

太田隆澄
岡本真希子
風工房
志田ひとみ
柴田 淳
武田敦子
広瀬光治
本間さき子
茂木三紀子
横山純子

日文版STAFF

攝　　影／森谷則秋
書籍設計／アベユキコ
製　　圖／コマツ・コージ
編輯協力／關川あけみ
編輯執行／ゆず工房
責任編輯／NV企劃 矢野年江

材料提供

オリムパス製絲株式会社
http://www.olympus-thread.com/

Hamanaka株式会社
http://www.hamanaka.co.jp

Hamanaka株式会社　Rich More販賣部
http://www.richmore.jp